2016 注册测绘师资格考试用书

测绘管理与法律法规考点分析及模拟题详解

Cehui Guanli yu Falü Fagui Kaodian Fenxi ji Moniti Xiangjie

（第四版）

胡伍生 | 主编
于先文　章其祥 | 副主编

人民交通出版社股份有限公司
China Communications Press Co.,Ltd.

内 容 提 要

本书为注册测绘师资格考试三个科目应试辅导教材之一，依托现行考试大纲和历年考试真题，基于编写人员多年专业积累和本科目出题特点编写而成。

全书共15章，主要内容包括：法律法规概述、测绘资质资格、测绘项目管理、测绘基准和测绘系统、基础测绘、测绘标准化、测绘成果管理、界线测绘和其他测绘管理、测绘项目合同管理、测绘项目技术设计、质量管理体系、测绘项目组织与实施管理、测绘安全生产管理、测绘技术总结、测绘成果质量检查验收（部分考点有视频讲解）。

本书可供参加注册测绘师资格考试的考生复习备考使用。

图书在版编目(CIP)数据

测绘管理与法律法规考点分析及模拟题详解/胡伍生主编．—4版．—北京：人民交通出版社股份有限公司，2016.1

ISBN 978-7-114-12763-2

Ⅰ．①测… Ⅱ．①胡… Ⅲ．①测绘—行政管理—中国—工程师—资格考试—自学参考资料②测绘法令—中国—工程师—资格考试—自学参考资料 Ⅳ．①P205 ②D922.17

中国版本图书馆CIP数据核字(2016)第018559号

2016 注册测绘师资格考试用书

书 名：测绘管理与法律法规考点分析及模拟题详解（第四版）
著 作 者：胡伍生
责任编辑：刘彩云 李 坤
出版发行：人民交通出版社股份有限公司
地 址：(100011)北京市朝阳区安定门外外馆斜街3号
网 址：http://www.ccpress.com.cn
销售电话：(010)59757973
总 经 销：人民交通出版社股份有限公司发行部
经 销：各地新华书店
印 刷：北京盈盛恒通印刷有限公司
开 本：787×1092 1/16
印 张：14.5
字 数：330千
版 次：2016年1月 第4版
印 次：2016年1月 第1次印刷 累计第6次印刷
书 号：ISBN 978-7-114-12763-2
定 价：45.00元
（有印刷、装订质量问题的图书由本公司负责调换）

前　言

2007年,我国建立了"注册测绘师"制度。注册测绘师,是指经考试取得"中华人民共和国注册测绘师资格证书",并依法注册后,从事测绘活动的专业技术人员。根据《中华人民共和国测绘法》,原人事部和国家测绘局共同颁布了注册测绘师制度的有关规定及配套实施办法,并于2011年4月进行了首次注册测绘师考试,这标志着我国"注册测绘师"制度进入实施阶段。这对于加强测绘行业的管理,提高测绘专业人员素质,规范测绘行为,保证测绘成果质量,推动我国测绘工程技术人员走向国际测绘市场具有重要意义。

注册测绘师考试共设三个科目:《测绘管理与法律法规》、《测绘综合能力》和《测绘案例分析》。科目一《测绘管理与法律法规》,主要考查测绘地理信息专业技术人员在测绘地理信息项目实施和管理中,运用现行相关法律法规和标准规范解决实际问题的能力;考试题型为单选题(80题,每题1分),多选题(20题,每题2分),总分为120分。科目二《测绘综合能力》,主要考查测绘地理信息专业技术人员运用测绘地理信息专业理论和现行标准规范,分析、判断和解决测绘地理信息项目实施过程中专业技术问题的能力;考试题型为单选题(80题,每题1分),多选题(20题,每题2分),总分为120分。科目三《测绘案例分析》,主要考查测绘地理信息专业技术人员对《测绘管理与法律法规》和《测绘综合能力》科目在实务应用时体现的综合分析能力及实际执业能力;考试题型为综合分析题(7题,每题12~18分),总分为120分。

为了帮助广大测绘专业人员以及有志于测绘执业的考生快速、高效地掌握考试大纲要求的知识,顺利通过考试,人民交通出版社股份有限公司组织东南大学交通学院测绘领域的专家、学者,编写了本套辅导教材(共三册)及历年真题详解(共三册)。本套辅导资料具有如下特点:

(1)考点突出。针对考试,我们细致分析了考试大纲的深度和广度,将主要知识点汇总呈现在每一章的章首,并对其进行必要的阐释,便于考生抓住考点进行合理复习。

(2)题量丰富。做题的复习效果要远远好于看大段的文字,更有利于复习时间紧张的考生,在极为有限的复习时间内掌握大量考点。本套教材根据考点,优选数道经典例题,通过提供参考答案及具体解析,帮助考生掌握必备基础知识,提高复习效率。

(3)真题演练。书中收录2011~2015年真题,可以较好地检验考生的综合复习效果,增加考生实战经验,便于考生在短时间内提高应试能力。

(4)视频讲解。考生可通过扫描书中二维码,观看视频讲解;也可刮开**封面上的增值卡**,登录"注考网"(www.zhukaowang.com.cn)在线学习;或关注微信公众号"注册测绘师微课程"移动端学习。

2016年,我们在上一版的基础上,对以下内容进行了重点修订:

(1)通过对2011～2015年这五年的考题分析，对重要考点、新增考点进行针对性的补充和完善。

(2)参考实际考卷，对历年真题进行全新编排，并附答案及完整解析。

本书编写人员及分工如下：东南大学胡伍生（第9～15章），于先文（第1～8章），章其祥（参编第8、9章）。

书中难免有疏漏和不当之处，欢迎大家多提宝贵建议，主编的联系方式为QQ：109145221，Email：wusheng.hu@163.com。注册测绘师考试QQ群192881063。希望考生们多沟通、多进步，顺利通过考试！

胡伍生

2015年12月　南京

致读者

时光飞逝，岁月如梭。注册测绘师（Registered Surveyor）考试从 2011 年开考至今已经五年了。为了帮助大家系统、有效地复习应考，我们编写了这套考试复习丛书（包括三本考点分析和三本历年真题详解），同时录制了相应的视频课程。2016 年丛书再版时，我们结合五年来注册测绘师《测绘管理与法律法规》科目（以下简称《法律法规》科目）试卷的组卷方案和内容做个总结与剖析，以便明确任务与目标，理清考试重点与难点，为您顺利通过注册测绘师资格考试再助一臂之力。

1.《法律法规》科目组卷方案综合分析

为了便于分析，我们对历年《法律法规》科目试卷的考题分布按 15 个大类来统计，统计结果参见表 A（编者注：统计结果仅供参考）。

2011～2015 年《法律法规》科目试卷考题分布统计表　　表 A

分类	2011 年			2012 年			2013 年			2014 年			2015 年		
	单选	多选	分值	单选	多选	分值	单选	多选	分值	单选	多选	分值	单选	多选	分值
法律法规	3	1	5	4	2	8	7	2	11	4	2	8	6	2	10
测绘资质	10	1	12	12	1	14	8	2	12	9	2	13	8	2	12
项目管理	3	1	5	4	2	8	3	1	5	5	2	9	6	2	10
基准和系统	4	2	8	3	1	5	4	2	8	3	1	5	4	1	6
基础测绘	2	1	4	3	2	7	3	1	5	2	1	4	2	1	4
测绘标准化	2	2	6	4	1	6	3	1	5	3	1	5	3	1	5
测绘成果管理	19	4	27	16	3	22	17	3	23	22	3	28	19	4	27
界线测绘管理	5	0	5	2	0	2	3	0	3	0	0	0	0	0	0
项目合同	3	0	3	6	1	8	3	0	3	6	1	8	6	1	8
技术设计	7	2	11	3	1	5	6	2	10	3	1	5	4	1	6
ISO	1	1	3	3	1	5	2	1	4	4	1	6	3	1	5
项目组织实施	2	0	2	4	2	8	6	1	8	5	1	7	4	1	6
安全生产	6	1	8	6	0	6	6	1	8	3	1	5	3	1	5
技术总结	4	2	8	0	1	2	3	0	3	3	1	5	3	1	5
检查验收	9	2	13	10	2	14	6	3	12	8	2	12	9	1	11

从表 A 中可以看出："测绘成果管理"占比最高，分值在 22～28 之间，相应比例约为 18%～23%；排在第二位的是"测绘资质"，分值在 12～14 之间，相应比例约为 10%～12%；排在第三位的是"检查验收"，分值在 11～14 之间，相应比例约为 9%～12%；占比最少的是"界线测

绘管理",近两年未出题。

由此可知,《法律法规》科目考试的重点内容是:**测绘成果管理、测绘资质、检查验收。**

2. 如何准备《法律法规》科目考试

1)准确理解考试大纲要求

考生应准确理解《法律法规》科目考试的大纲要求,熟悉考试内容,注意每年可能出现的变化。

2)准备相关复习资料

工作忙、时间紧的考生,可以选择内容精炼、考点突出的辅导教材。本套丛书和相应的视频课程将是您不错的选择。

考生应准备的法律法规资料包括:《测绘法》、《测绘成果质量检查与验收》、《测绘资质分级标准》(2014 年版)、《测绘资质管理规定》、《测绘生产质量管理规定》、《注册测绘师制度暂行规定》、《注册测绘师执业管理办法(试行)》、《测绘作业证管理规定》、《测绘标准化工作管理办法》、《测绘成果质量监督抽查管理办法》、《测绘地理信息业务档案管理规定》、《测绘地理信息质量管理办法》、《测绘技术设计规定》、《测绘技术总结编写规定》、《测绘合同》示范文本、《测绘生产成本费用定额》(2009 年版)、《测绘作业人员安全规范》、《保守国家秘密法》、《测量标志保护条例》、《合同法》、《招标投标法》等。

3)掌握合理的学习方法

看到上面应该准备的复习资料,考生也许会感到压力很大。对此我们有几点建议:

(1)要通读,学会总结与概括。有的资料,其实内容很少,例如《测绘合同》示范文本,实际上只有 3～4 页纸,在通读的同时要多思考其主要知识点。

(2)适当的时候(如精力下降时),可以采用边做练习题边阅读相关资料的方法。如 2012 年第 1 题,是有关"测量标志保护条例"的,在《测绘法》第 36 条有详细规定,此时,就可以把《测绘法》第 36 条附近的有关条款顺便通读一遍,并思考对于这些规定,出题人会如何设置单选题。这样做,可以避免看书枯燥,也可以提高复习效率。

(3)《法律法规》科目复习总体上要全面过一遍,临近考试时,重点回顾,切忌把本科目放在后面几天突击,因为《法律法规》科目的相关内容与《案例分析》科目和《综合能力》科目联系紧密,要尽早融会贯通。

世上无难事,只怕有心人。只要不断努力、认真复习,加上您的聪明和智慧,一定能顺利过关,成为一名注册测绘师。

编者

2015 年 12 月　南京

目　录

1 法律法规概述

1.1 考点分析

1.1.1 我国测绘法律法规现状

1)法律

在我国,法律由全国人民代表大会及其常务委员会制定。

(1)《中华人民共和国测绘法》(以下简称《测绘法》),于 2002 年 8 月 29 日第九届全国人民代表大会常务委员会修订通过,自 2002 年 12 月 1 日起施行。《测绘法》是在我国从事测绘活动和进行测绘管理的基本准则和依据,它是我国测绘工作的基本法律,是从事测绘活动的基本准则。

(2)《中华人民共和国物权法》(以下简称《物权法》),于 2007 年 3 月 16 日第十届全国人民代表大会第五次会议通过。2007 年 3 月 16 日胡锦涛签署主席令公布《物权法》。《物权法》自 2007 年 10 月 1 日起施行。

(3)《中华人民共和国合同法》(以下简称《合同法》),于 1999 年 3 月 15 日第九届全国人民代表大会第二次会议通过。1999 年 3 月 15 日中华人民共和国主席令第十五号公布,自 1999 年 10 月 1 日起施行。

2)行政法规

行政法规由国务院根据宪法和法律,并且按照行政法规制定程序制定。目前,测绘行政法规主要有:

(1)《中华人民共和国地图编制出版管理条例》,于 1995 年 7 月 10 日由国务院发布,自 1995 年 10 月 1 日起施行。

(2)《中华人民共和国测量标志保护条例》,于 1996 年 9 月 4 日由国务院令公布,自 1997 年 1 月 1 日起施行。

(3)《中华人民共和国测绘成果管理条例》,于 2006 年 5 月 27 日由国务院公布,自 2006 年 9 月 1 日起施行。

(4)《基础测绘条例》,于 2009 年 5 月 12 日由国务院令第 556 号公布,自 2009 年 8 月 1 日起施行。

3)部门规章

部门规章由国务院各部、各委员会、中国人民银行、审计署和具有行政管理职能的直属机构,根据法律和国务院的行政法规、决定、命令,在本部门的权限范围内制定。目前现行的测绘部门规章如下:

(1)《测绘行政处罚程序规定》。

(2)《测绘行政执法证管理规定》。

(3)《房产测绘管理办法》。

(4)《重要地理信息数据审核公布管理规定》。

(5)《地图审核管理规定》。

(6)《外国的组织或者个人来华测绘管理暂行办法》。

4)国务院测绘地理信息行政主管部门及相关部门颁布的重要规范性文件

规范性文件指各级党政机关、团体、组织制发的各类文件中最主要的一类,因其内容具有约束和规范人们行为的性质,故而称为规范性文件。

5)地方性法规与政府规章

(1)地方性法规

省、自治区、直辖市的人民代表大会及其常务委员会根据本行政区域的具体情况和实际需要,在不同宪法、法律、行政法规相抵触的前提下,可以制定地方性法规。

(2)政府规章

省、自治区、直辖市和较大的市的人民政府,可以根据法律、行政法规和本省、自治区、直辖市的地方性法规制定规章。

1.1.2 我国测绘法规定的基本法律制度

1)测绘管理体制

(1)各级人民政府加强测绘工作领导。测绘事业是经济建设、国防建设、社会发展的基础性事业。

(2)测绘行政主管部门对测绘工作实行统一监督管理。国务院测绘行政主管部门负责全国测绘工作的统一监督管理。县级以上地方人民政府负责管理测绘工作的行政部门负责本行政区域测绘工作的统一监督管理。

(3)县级以上人民政府其他有关部门:按照本级人民政府规定的职责分工,负责本部门有关的测绘工作。

(4)军队测绘主管部门:负责管理军事部门的测绘工作,并按照国务院、中央军事委员会规定的职责分工负责管理海洋基础测绘工作。

2)测绘基准和测绘系统制度

(1)测绘基准

测绘基准有四个:大地基准、高程基准、深度基准和重力基准,由国家设立并全国统一采用。其数据由国务院测绘行政主管部门审核,并与国务院其他有关部门、军队测绘主管部门会商后,报国务院批准。

(2)测绘系统

测绘系统有五个:大地坐标系统、平面坐标系统、高程系统、地心坐标系统和重力测量系统,由国家建立并全国统一采用。

(3)建立相对独立的平面坐标系统制度

①因建设、城市规划和科学研究的需要,大城市和国家重大工程项目确需建立相对独立的平面坐标系统的,由国务院测绘行政主管部门批准。

②其他确需建立相对独立的平面坐标系统的,由省、自治区、直辖市人民政府测绘行政主

管部门批准。

建立相对独立的平面坐标系统，应当与国家坐标系统相联系。

违反规定，未经批准，擅自建立相对独立的平面坐标系统的，给予警告，责令改正，可以并处10万元以下的罚款；对负有直接责任的主管人员和其他直接责任人员，依法给予行政处分。

(4)采用国际坐标系统制度

在不妨碍国家安全的情况下，确有必要采用国际坐标系统的，必须经国务院测绘行政主管部门会同军队测绘主管部门批准。

违反规定，未经批准，在测绘活动中擅自采用国际坐标系统的，给予警告，责令改正，可以并处10万元以下的罚款；构成犯罪的，依法追究刑事责任；尚不够刑事处罚的，对负有直接责任的主管人员和其他直接责任人员，依法给予行政处分。

3)维护国家安全和权益的制度

(1)外国组织或个人来华测绘

①外国的组织或者个人在中华人民共和国领域和管辖的其他海域从事测绘活动，必须经国务院测绘行政主管部门会同军队测绘主管部门批准，并遵守中华人民共和国的有关法律、行政法规的规定。

②外国的组织或者个人在中华人民共和国领域从事测绘活动，必须与中华人民共和国有关部门或者单位依法采取合资、合作的形式进行，并不得涉及国家秘密和危害国家安全。

违反规定，有下列行为之一的，责令停止违法行为，没收测绘成果和测绘工具，并处1万元以上10万元以下的罚款；情节严重的，并处10万元以上50万元以下的罚款，责令限期离境；所获取的测绘成果属于国家秘密，构成犯罪的，依法追究刑事责任：

a.外国的组织或者个人未经批准，擅自在中华人民共和国领域和管辖的其他海域从事测绘活动的。

b.外国的组织或者个人未与中华人民共和国有关部门或者单位合资、合作，擅自在中华人民共和国领域从事测绘活动的。

(2)测绘成果的保密

测绘成果保管单位应当采取措施保障测绘成果的完整和安全，并按照国家有关规定向社会公开和提供利用。

测绘成果属于国家秘密的，适用国家保密法律、行政法规的规定；需要对外提供的，按照国务院和中央军事委员会规定的审批程序执行。

(3)国界线测绘

中华人民共和国国界线的测绘，按照中华人民共和国与相邻国家缔结的边界条约或者协定执行。

中华人民共和国地图的国界线标准样图，由外交部和国务院测绘行政主管部门拟订，报国务院批准后公布。

(4)行政区域界线测绘

行政区域界线的测绘，按照国务院有关规定执行。

省、自治区、直辖市和自治州、县、自治县、市行政区域界线的标准画法图，由国务院民政部门和国务院测绘行政主管部门拟订，报国务院批准后公布。

(5)地图管理

违反规定，编制、印刷、出版、展示、登载的地图发生错绘、漏绘、泄密，危害国家主权或者安全，损害国家利益，构成犯罪的，依法追究刑事责任；尚不够刑事处罚的，依法给予行政处罚或者行政处分。

4)测绘活动主体资质资格与权利保障制度

(1)测绘资质管理制度

从事测绘活动的单位应当具备下列条件，并依法取得相应等级的测绘资质证书后，方可从事测绘活动：

①有与其从事的测绘活动相适应的专业技术人员。

②有与其从事的测绘活动相适应的技术装备和设施。

③有健全的技术、质量保证体系和测绘成果及资料档案管理制度。

④具备国务院测绘行政主管部门规定的其他条件。

测绘单位的资质证书的式样，由国务院测绘行政主管部门统一规定。

测绘单位不得超越其资质等级许可的范围从事测绘活动或者以其他测绘单位的名义从事测绘活动，并不得允许其他单位以本单位的名义从事测绘活动。

违反规定，未取得测绘资质证书，擅自从事测绘活动的，责令停止违法行为，没收违法所得和测绘成果，并处测绘约定报酬 1 倍以上 2 倍以下的罚款。以欺骗手段取得测绘资质证书从事测绘活动的，吊销测绘资质证书，没收违法所得和测绘成果，并处测绘约定报酬 1 倍以上 2 倍以下的罚款。

测绘单位有下列行为之一的，责令停止违法行为，没收违法所得和测绘成果，处测绘约定报酬 1 倍以上 2 倍以下的罚款，并可以责令停业整顿或者降低资质等级；情节严重的，吊销测绘资质证书：

①超越资质等级许可的范围从事测绘活动的。

②以其他测绘单位的名义从事测绘活动的。

③允许其他单位以本单位的名义从事测绘活动的。

(2)测绘执业资格制度

从事测绘活动的专业技术人员应当具备相应的执业资格条件。

测绘专业技术人员的执业证书的式样，由国务院测绘行政主管部门统一规定。

未取得测绘执业资格，擅自从事测绘活动的，责令停止违法行为，没收违法所得，可以并处违法所得 2 倍以下的罚款；造成损失的，依法承担赔偿责任。

(3)测绘权利保障制度

测绘人员进行测绘活动时，应当持有测绘作业证件。任何单位和个人不得妨碍、阻挠测绘人员依法进行测绘活动。

测绘作业证件的式样由国务院测绘行政主管部门统一规定。

5)测绘项目承发包制度

测绘项目的发包单位不得向不具有相应测绘资质等级的单位发包或者迫使测绘单位以低于测绘成本承包。测绘单位不得将承包的测绘项目转包。

①测绘项目的发包单位将测绘项目发包给不具有相应资质等级的测绘单位或者迫使测绘单位以低于测绘成本承包的，责令改正，可以处测绘约定报酬 2 倍以下的罚款。

②发包单位的工作人员利用职务上的便利，索取他人财物或者非法收受他人财物，为他人谋取利益，构成犯罪的，依法追究刑事责任；尚不够刑事处罚的，依法给予行政处分。

③测绘单位将测绘项目转包的，责令改正，没收违法所得，处测绘约定报酬 1 倍以上 2 倍以下的罚款，并可以责令停业整顿或者降低资质等级；情节严重的，吊销测绘资质证书。

6)基础测绘制度

(1)基础测绘分级管理

基础测绘是公益性事业。国家对基础测绘实行分级管理。

(2)基础测绘规划编制

①国务院测绘行政主管部门会同国务院其他有关部门、军队测绘主管部门组织编制全国基础测绘规划，报国务院批准后组织实施。

②县级以上地方人民政府测绘行政主管部门会同本级人民政府其他有关部门，根据国家和上一级人民政府的基础测绘规划和本行政区域内的实际情况，组织编制本行政区域的基础测绘规划，报本级人民政府批准，并报上一级测绘行政主管部门备案后组织实施。

(3)基础测绘列入国民经济和社会发展年度计划及财政预算

①县级以上人民政府应当将基础测绘纳入本级国民经济和社会发展年度计划及财政预算。

②国家对边远地区、少数民族地区的基础测绘给予财政支持。

(4)基础测绘年度计划编制

①国务院发展计划主管部门会同国务院测绘行政主管部门，根据全国基础测绘规划，编制全国基础测绘年度计划。

②县级以上地方人民政府发展计划主管部门会同同级测绘行政主管部门，根据本行政区域的基础测绘规划，编制本行政区域的基础测绘年度计划，并分别报上一级主管部门备案。

(5)基础测绘成果更新

①基础测绘成果应当定期进行更新。

②基础测绘成果的更新周期根据不同地区国民经济和社会发展的需要确定。

③国民经济、国防建设和社会发展急需的基础测绘成果应当及时更新。

(6)海洋基础测绘

军队测绘主管部门按照国务院、中央军事委员会规定的职责分工负责编制海洋基础测绘规划，并组织实施。

7)维护不动产权益的测绘管理制度

(1)不动产权属测绘制度

测量土地、建筑物、构筑物和地面其他附着物的权属界址线，应当按照县级以上人民政府确定的权属界线的界址点、界址线或者提供的有关登记资料和附图进行。

(2)地籍测绘制度

①国务院测绘行政主管部门会同国务院土地行政主管部门编制全国地籍测绘规划。

②县级以上地方人民政府测绘行政主管部门会同同级土地行政主管部门编制本行政区域的地籍测绘规划。

③县级以上人民政府测绘行政主管部门按照地籍测绘规划，组织管理地籍测绘。

8)测绘标准化和质量管理制度

(1)测绘标准化

①国家统一确定大地测量等级和精度。国务院测绘行政主管部门会同国务院其他有关部门、军队测绘主管部门制定大地测量等级和精度的具体规范和要求。

②国家统一规定国家基本比例尺地图的系列和基本精度。国务院测绘行政主管部门会同国务院其他有关部门、军队测绘主管部门制定国家基本比例尺地图的系列和基本精度。

③国家制定工程测量规范。水利、能源、交通、通信、资源开发和其他领域的工程测量活动，应当按照国家有关的工程测量技术规范进行。城市建设领域的工程测量活动应当执行由国务院建设行政主管部门、国务院测绘行政主管部门负责组织编制的测量技术规范。

④国家制定房产测量规范。与房屋产权、产籍相关的房屋面积的测量，应当执行由国务院建设行政主管部门、国务院测绘行政主管部门负责组织编制的测量技术规范。

⑤建立地理信息系统，必须采用符合国家标准的基础地理信息数据。

(2)测绘质量管理制度

测绘单位应当对其完成的测绘成果质量负责。县级以上人民政府测绘行政主管部门应当加强对测绘成果质量的监督管理。

测绘成果质量不合格的，责令测绘单位补测或者重测；情节严重的，责令停业整顿，降低资质等级直至吊销测绘资质证书；给用户造成损失的，依法承担赔偿责任。

9)测绘成果管理制度

(1)测绘成果的汇交

①国家实行测绘成果汇交制度。

②测绘项目完成后，测绘项目出资人或者承担国家投资的测绘项目的单位，应当向国务院测绘行政主管部门或者省、自治区、直辖市人民政府测绘行政主管部门汇交测绘成果资料。

③属于基础测绘项目的，应当汇交测绘成果副本；属于非基础测绘项目的，应当汇交测绘成果目录。

④负责接收测绘成果副本和目录的测绘行政主管部门应当出具测绘成果汇交凭证，并及时将测绘成果副本和目录移交给保管单位。

⑤测绘成果汇交的具体办法由国务院规定。

不汇交测绘成果资料的，责令限期汇交；逾期不汇交的，对测绘项目出资人处以重测所需费用1倍以上2倍以下的罚款；对承担国家投资的测绘项目的单位处1万元以上5万元以下的罚款，暂扣测绘资质证书，自暂扣测绘资质证书之日起6个月内仍不汇交测绘成果资料的，吊销测绘资质证书，并对负有直接责任的主管人员和其他直接责任人员依法给予行政处分。

(2)测绘成果目录向社会公布

国务院测绘行政主管部门和省、自治区、直辖市人民政府测绘行政主管部门应当定期编制测绘成果目录，向社会公布。

(3)测绘成果提供和使用

基础测绘成果和国家投资完成的其他测绘成果，用于国家机关决策和社会公益性事业的，应当无偿提供。

前款规定之外的，依法实行有偿使用制度。但是，政府及其有关部门和军队因防灾、减灾、国防建设等公共利益需要的，可以无偿使用。

(4)重要地理信息数据的审核公布

中华人民共和国领域和管辖的其他海域的位置、高程、深度、面积、长度等重要地理信息数据，由国务院测绘行政主管部门审核，并与国务院其他有关部门、军队测绘主管部门会商后，报国务院批准，由国务院或者国务院授权的部门公布。

违反测绘法规定，擅自发布中华人民共和国领域和管辖的其他海域的重要地理信息数据的，给予警告，责令改正，可以并处10万元以下的罚款；构成犯罪的，依法追究刑事责任；尚不够刑事处罚的，对负有直接责任的主管人员和其他直接责任人员，依法给予行政处分。

(5)地理信息系统的建立

建立地理信息系统，必须采用符合国家标准的基础地理信息数据。

违反《测绘法》规定，建立地理信息系统，采用不符合国家标准的基础地理信息数据的，给予警告，责令改正，可以并处10万元以下的罚款；对负有直接责任的主管人员和其他直接责任人员，依法给予行政处分。

10)测绘基础设施保护制度

(1)建设测量标志设立明显标记并委托保管

永久性测量标志的建设单位应当对永久性测量标志设立明显标记，并委托当地有关单位指派专人负责保管。

(2)使用测量标志必须出示作业证

测绘人员使用永久性测量标志，必须持有测绘作业证件，并保证测量标志的完好。保管测量标志的人员应当查验测量标志使用后的完好状况。

(3)严禁损毁或擅自移动测量标志

有下列行为之一的，给予警告，责令改正，可以并处5万元以下的罚款；造成损失的，依法承担赔偿责任；构成犯罪的，依法追究刑事责任；尚不够刑事处罚的，对负有直接责任的主管人员和其他直接责任人员，依法给予行政处分：

①损毁或者擅自移动永久性测量标志和正在使用中的临时性测量标志的。

②侵占永久性测量标志用地的。

③在永久性测量标志安全控制范围内从事危害测量标志安全和使用效能的活动的。

④在测量标志占地范围内，建设影响测量标志使用效能的建筑物的。

(4)永久性测量标志的拆迁审批

①进行工程建设，应当避开永久性测量标志。

②确实无法避开，需要拆迁永久性测量标志或者使永久性测量标志失去效能的，应当经国务院测绘行政主管部门或者省、自治区、直辖市人民政府测绘行政主管部门批准。

③涉及军用控制点的，应当征得军队测绘主管部门的同意。所需迁建费用由工程建设单位承担。

擅自拆除永久性测量标志或者使永久性测量标志失去使用效能，或者拒绝支付迁建费用的，给予警告，责令改正，可以并处5万元以下的罚款；造成损失的，依法承担赔偿责任；构成犯罪的，依法追究刑事责任；尚不够刑事处罚的，对负有直接责任的主管人员和其他直接责任人员，依法给予行政处分。

(5)保护测量标志

县级以上人民政府应当采取有效措施加强测量标志的保护工作。乡级人民政府应当做好本行政区域内的测量标志保护工作。

(6)检查维护永久性测量标志

县级以上人民政府测绘行政主管部门应当按照规定检查、维护永久性测量标志。

1.2 例 题

1)单项选择题(每题1分。每题的备选项中,只有1个最符合题意)

(1)《测绘法》于2002年8月29日第九届全国人民代表大会常务委员会第29次会议修订通过,自(　　)起施行。

A. 2002年9月1日　　B. 2002年10月1日

C. 2002年11月1日　　D. 2002年12月1日

(2)《测绘资质管理规定》是为实施《测绘法》,落实测绘资质管理制度而制定的,于(　　)起施行。

A. 2006年7月1日　　B. 2007年6月1日

C. 2007年7月1日　　D. 2009年6月1日

(3)《注册测绘师制度暂行规定》于(　　)起施行。

A. 2007年3月1日　　B. 2007年7月1日

C. 2007年10月1日　　D. 2007年12月1日

(4)关于行政许可设定的说法,正确的是(　　)。

A. 行政许可只能由法律、行政法规规定

B. 法规、规章对实施上位法设定的行政许可作出的具体规定,可以增设行政许可

C. 法规、规章对实施上位法设定的行政许可作出的具体规定,不得增设行政许可

D. 地方性法规不得设定行政许可

(5)关于行政机关受理行政许可申请后,作出行政许可决定的说法,错误的是(　　)。

A. 申请人提交的申请材料齐全、符合法定形式,行政机关能够当场作出决定的,应当场作出书面的行政许可决定

B. 除可以当场作出行政许可决定外,行政机关应当自受理行政许可申请之日起30日内作出行政许可决定

C. 行政机关作出准予行政许可的决定,应当自作出决定之日起10日内向申请人颁发、送达行政许可证,或者加贴标签,加盖检验、检测、检疫印章

D. 申请人的申请符合法定条件、标准的,行政机关应依法作出准予行政许可的书面决定

(6)《测绘法》规定,采用不符合国家标准的基础地理信息数据建立地理信息系统,依法可以并处(　　)的罚款。

A. 1万元以上5万元以下　　B. 5万元以上10万元以下

C. 10万元以上　　D. 10万元以下

(7)《测绘法》规定,外国的组织或者个人在中华人民共和国领域或者管辖的其他海域从事测绘活动,必须经(　　)批准,并遵守中华人民共和国有关法律、行政法规的规定。

A. 军队测绘主管部门

B. 国务院测绘行政主管部门

C. 国务院测绘行政主管部门或者军队测绘主管部门任意一方

D. 国务院测绘行政主管部门会同军队测绘主管部门

(8)擅自发布未经国务院批准的重要地理信息数据的,由省级测绘行政主管部门依法给予

警告，责令改正，可以并处(　　)罚款。

A. 5 万元以下　　B. 1 万元以上 5 万元以下

C. 10 万元以下　　D. 5 万元以上 10 万元以下

(9)外国的组织或者个人未与中华人民共和国有关部门或者单位合资、合作，擅自在中华人民共和国领域从事测绘活动的，一般责令停止违法行为，没收测绘成果和测绘工具，并处(　　)的罚款。

A. 1 万元以上 10 万元以下　　B. 5 万元以上 10 万元以下

C. 10 万元以上 50 万元以下　　D. 20 万元以上 50 万元以下

(10)在测绘活动中擅自采用国际坐标系统的，可以处(　　)的罚款。

A. 2 万元以下　　B. 2 万元以上 10 万元以下

C. 10 万元以下　　D. 10 万元以上

(11)不汇交测绘成果资料的，暂扣测绘资质证书，自暂扣测绘资质证书之日起(　　)仍不汇交测绘成果资料的，吊销测绘资质证书。

A. 1 个月内　　B. 3 个月内

C. 6 个月内　　D. 12 个月内

(12)侵占永久性测量标志用地的，可以处(　　)的罚款。

A. 1 万元以下　　B. 5 万元以下

C. 1 万元以上 5 万元以下　　D. 5 万元以上 10 万元以下

(13)根据《测绘法》的规定，以其他测绘单位的名义从事测绘活动的，可以处测绘约定报酬(　　)的罚款。

A. 1 倍以上 2 倍以下　　B. 2 倍以上 3 倍以下

C. 2 倍以下　　D. 3 倍以下

(14)关于对外提供测绘成果的说法，错误的是(　　)。

A. 外国组织在我国境内从事测绘活动的成果归中方所有

B. 未经国家测绘局批准，不得向外方提供测绘成果

C. 经中方合作单位同意后外方可以传输出境

D. 未经依法批准，不得以任何形式携带出境

(15)关于行政许可的说法错误的是(　　)。

A. 设定和实施行政许可，应当遵循公开、公平、公正的原则

B. 实施行政许可，应当遵循便民的原则，提高办事效率，提供优质服务

C. 依法取得的行政许可，通过法律、法规规定、依照法定条件和程序可以转让

D. 行政许可的实施和结果，应当全部公开

(16)外国组织未经批准，擅自在中华人民共和国领域从事测绘活动，情节严重的处(　　)罚款。

A. 10 万元以上 20 万元以下　　B. 10 万元以上 30 万元以下

C. 10 万元以上 40 万元以下　　D. 10 万元以上 50 万元以下

(17)测绘项目的发包单位将测绘项目发包给不具有相应资质等级的测绘单位或者迫使测绘单位以低于测绘成本承包的，责令改正，并可以处测绘约定报酬(　　)的罚款。

A. 1 倍以上 2 倍以下　　B. 2 倍以下

C. 3 倍以下　　D. 4 倍以下

(18)测绘单位从事测绘活动的权利是有限的，得不到(　　)的许可是不能从事测绘活动的。

A. 国家　　　　　　　　　　　　　　B. 国务院

C. 测绘行政主管部门　　　　　　　　D. 军事测绘主管部门

(19)外国组织未经批准，擅自在中华人民共和国领域从事测绘活动，责令停止违法行为，没收测绘成果和测绘工具，并处(　　)罚款；情节严重的，并处10万元以上50万元以下的罚款，责令限期离境。

A. 1万元以上5万元以下　　　　　　B. 1万元以上10万元以下

C. 5万元以上10万元以下　　　　　D. 10万元以下

(20)不属于《测绘法》对测绘与地理信息标准化的规定的是(　　)。

A. 从事测绘活动应当使用国家规定的测绘基准和测绘系统，执行国家规定的测绘技术规范和标准

B. 国家确定大地测量等级和精度以及国家基本比例尺地图的系列和基本精度

C. 所有强制规范和标准

D. 建立地理信息系统，必须采用符合国家标准的基础地理信息数据

2)多项选择题(每题2分。每题的备选项中，有2个或2个以上符合题意，至少有1个错项。错选，本题不得分；少选，所选的每个选项得0.5分)

(21)目前，我国测绘行政法规主要有(　　)。

A.《中华人民共和国地图编制出版管理条例》

B.《基础测绘条例》

C.《中华人民共和国测量标志保护条例》

D.《中华人民共和国测绘成果管理条例》

E.《地图审核管理规定》

(22)测绘事业是(　　)的基础性事业。

A. 经济建设　　　　B. 人民生活　　　　C. 国防建设

D. 社会发展　　　　E. 科学研究

(23)下列情况中，行政机关依法将其有关行政许可手续注销的是(　　)。

A. 行政许可有效期届满未延续的　　　　B. 法人或者其他组织依法终止的

C. 法人代表触犯国家法律的　　　　　　D. 行政许可依法被撤销的

E. 因不可抗力导致行政许可事项无法实施的

(24)违反《测绘法》规定，建立地理信息系统，采用不符合国家标准的基础地理信息数据，可做的处罚是(　　)。

A. 给予警告，责令改正

B. 处10万元以下的罚款

C. 降低测绘资质等级

D. 对负有直接责任的技术人员，注销其测绘作业证

E. 对负有直接责任的主管人员和其他直接责任人员，依法给予行政处分

(25)下列属于测绘法律法规组成部分的是(　　)。

A.《测绘法》　　　　　　　　　　B.《基础测绘条例》

C.《房产测绘管理办法》　　　　　D.《测绘技术方案设计书》

E. 地方政府制定的测绘方面的政府规章

1.3 例题参考答案及解析

1)单项选择题(每题1分。每题的备选项中,只有1个最符合题意)

(1)D

解析:《测绘法》于2002年8月29日第九届全国人民代表大会常务委员会修订通过,自2002年12月1日起施行。

(2)D

解析:《注册测绘师制度暂行规定》于2007年3月1日起施行;《国家涉密基础测绘成果资料提供使用审批程序规定(试行)》于2007年7月1日起施行;《地理信息标准化工作管理规定》于2009年4月1日起试行;《测绘资质管理规定》于2009年6月1日起施行;《测绘资质分级标准》于2009年6月1日起施行。

(3)A

解析:同题(2)的解析。

(4)C

解析:《中华人民共和国行政许可法》第二章第十四条规定:本法第十二条所列事项,法律可以设定行政许可。尚未制定法律的,行政法规可以设定行政许可。必要时,国务院可以采用发布决定的方式设定行政许可。第十五条规定:本法第十二条所列事项,尚未制定法律、行政法规的,地方性法规可以设定行政许可。第十六条规定:行政法规可以在法律设定的行政许可事项范围内,对实施该行政许可作出具体规定。地方性法规可以在法律、行政法规设定的行政许可事项范围内,对实施该行政许可作出具体规定。规章可以在上位法设定的行政许可事项范围内,对实施该行政许可作出具体规定。法规、规章对实施上位法设定的行政许可做出的具体规定,不得增设行政许可;对行政许可条件做出的具体规定,不得增设违反上位法的其他条件。

(5)B

解析:《中华人民共和国行政许可法》第四章第四十二条规定:除可以当场作出行政许可决定外,行政机关应当自受理行政许可申请之日起20日内作出行政许可决定。

(6)D

解析:《测绘法》第四十条规定:违反本法规定,有下列行为之一的,给予警告,责令改正,可以并处10万元以下的罚款;对负有直接责任的主管人员和其他直接责任人员,依法给予行政处分。①未经批准,擅自建立相对独立的平面坐标系统的;②建立地理信息系统,采用不符合国家标准的基础地理信息数据的。

(7)D

解析:《测绘法》规定,外国的组织或者个人在中华人民共和国领域或者管辖的其海域从事测绘活动,必须经国务院测绘行政主管部门会同军队测绘主管部门批准,并遵守中华人民共和国有关法律、行政法规的规定。

(8)C

解析:《重要地理信息数据审核公布管理规定》第十六条规定:单位和个人具有下列情形之一的,由省级测绘行政主管部门依法给予警告,责令改正,可以并处10万元以下罚款;构成犯罪的,依法追究刑事责任;尚不够刑事处罚的,对负有直接责任的主管人员和其他直接责任人员,依法给予行政处分。①擅自发布已经国务院批准并授权国务院有关部门公布的重要地理信息数据的;②擅自发布未经国务院批准的重要地理信息数据的。

(9)A

解析:《测绘法》第五十一条规定:违反本法规定,有下列行为之一的,责令停止违法行为,没收测绘成果和测绘工具,并处1万元以上10万元以下的罚款;情节严重的,并处10万元以上50万元以下的罚款,责令限期离境;所获取的测绘成果属于国家秘密,构成犯罪的,依法追究刑事责任。①外国的组织或者个人未经批准,擅自在中华人民共和国领域和管辖的其他海域从事测绘活动的;②外国的组织或者个人未与中华人民共和国有关部门或者单位合资、合作,擅自在中华人民共和国领域从事测绘活动的。

(10)C

解析:《测绘法》第四十一条规定:违反本法的规定,未经批准,在测绘活动中擅自采用国际坐标系统的,给予警告,责令改正,可以并处10万元以下的罚款。

(11)C

解析:《测绘法》第四十七条规定:违反本法规定,不汇交测绘成果资料的,责令限期汇交;逾期不汇交的,对测绘项目出资人处以重测所需费用1倍以上2倍以下的罚款;对承担国家投资的测绘项目的单位处1万元以上,5万元以下的罚款,暂扣测绘资质证书,自暂扣测绘资质证书之日起6个月内仍不汇交测绘成果资料的,吊销测绘资质证书,并对负有直接责任的主管人员和其他直接责任人员依法给予行政处分。

(12)B

解析:《测绘法》第五十条规定:违反本法规定,有下列行为之一的,给予警告,责令改正,可以并处5万元以下的罚款;造成损失的,依法承担赔偿责任;构成犯罪的,依法追究刑事责任;尚不够刑事处罚的,对负有直接责任的主管人员和其他直接责任人员,依法给予行政处分。①损毁或者擅自移动永久性测量标志和正在使用中的临时性测量标志的;②侵占永久性测量标志用地的;③在永久性测量标志安全控制范围内从事危害测量标志安全和使用效能的活动的;④在测量标志占地范围内,建设影响测量标志使用效能的建筑物的;⑤擅自拆除永久性测量标志或者使永久性测量标志失去使用效能,或者拒绝支付迁建费用的;⑥违反操作规程使用永久性测量标志,造成永久性测量标志毁损的。

(13)A

解析:未取得测绘资质证书,擅自从事测绘活动的;以欺骗手段取得测绘资质证书从事测绘活动的;超越资质等级许可的范围从事测绘活动的;以其他测绘单位的名义从事测绘活动的;允许其他单位以本单位的名义从事测绘活动的,一经查出,处测绘约定报酬1倍以上2倍以下的罚款。

(14)C

解析:依法对外提供测绘成果,要做到:①经国家批准的中外经济、文化、科技合作项目,凡涉及对外提供我国涉密测绘成果的,要依法报国家测绘局或者省、自治区、直辖市测绘行政主管部门审批后再对外提供;②外国的组织或者个人经批准在中华人民共和国领域内从事测绘活动的,所产生的测绘成果归中方部门或单位所有,未经国家测绘局批准,不得向外方提供,不得以任何形式将测绘成果携带或者传输出境;③严禁任何单位和个人未经批准擅自对外提供涉密测绘成果。

(15)D

解析:《中华人民共和国行政许可法》第五条规定:设定和实施行政许可,应当遵循公开、公平、公正的原则。有关行政评可的规定应当公布;未经公布的,不得作为实施行政许可的依据。行政许可的实施和结果,除涉及国家秘密、商业秘密或者个人隐私之外,应当公开。

(16)D

解析:《测绘法》第五十一条规定:违反本法规定,有下列行为之一的,责令停止违法行为,没收测绘成果和测绘工具,并处1万元以上10万元以下的罚款;情节严重的,并处10万元以上50万元以下的罚款,责令限期离境;所获取的测绘成果属于国家秘密,构成犯罪的,依法追究刑事责任。①外国的组织或者个人未经批准,擅自在中华人民共和国领域和管辖的其他海域从事测绘活动的;②外国的组织或者个人未与中华人民共和国有关部门或者单位合资、合作,擅自在中华人民共和国领域从事测绘活动的。

(17)B

解析:测绘项目的发包单位将测绘项目发包给不具有相应资质等级的测绘单位或者迫使测绘单位以低于测绘成本承包的,责令改正,可以处测绘约定报酬2倍以下的罚款。

(18)A

解析:测绘资质管理制度是一项行政许可制度。测绘单位从事测绘活动的权利是由国家赋予的,是有限的,得不到国家的许可是不能从事测绘活动的。

(19)B

解析:《测绘法》第五十一条规定:有下列行为之一的,责令停止违法行为,没收测绘成果和测绘工具,并处1万元以上10万元以下的罚款;情节严重的,并处10万元以上50万元以下的罚款,责令限期离境;所获取的测绘成果属于国家秘密,构成犯罪的,依法追究刑事责任。①外同的组织或者个人未经批准,擅自在中华人民共和国领域和管辖的其他海域从事测绘活动的;②外国的组织或者个人未与中华人民共和国有关部门或者单位合资、合作,擅自在中华人民共和国领域从事测绘活动的。

(20)C

解析:①从事测绘活动应当使用国家规定的测绘基准和测绘系统,执行国家规定的测绘技术规范和标准;②国家确定大地测量等级和精度以及国家基本比例尺地形图的系列和基本精度;③国家制定工程测量规范和房产测基规范;④建立地理信息系统,必须采用符合国家标准的基础地理信息数据。

2)多项选择题(每题2分。每题的备选项中,有2个或2个以上符合题意,至少有1个错项。错选,本题不得分;少选,所选的每个选项得0.5分)

(21)ABCD

解析:我国测绘行政法规主要有《中华人民共和国地图编制出版管理条例》、《中华人民共和国测绘成果管理条例》、《基础测绘条例》、《中华人民共和国测量标志保护条例》。

(22)ACD

解析:《测绘法》第三条规定:测绘事业是经济建设、国防建设、社会发展的基础性事业。测绘广泛服务于经济、国防、科学研究、文化教育、行政管理和人民生活等诸多领域,属于责任较大、社会通用性强、专业技术性强、关系公共利益的技术工作。

(23)ABDE

解析:根据《中华人民共和国行政许可法》第七十条规定,有下列情形之一的,行政机关应当依法办理有关行政许可的注销手续:①行政许可有效期届满未延续的;②赋予公民特定资格的行政许可,该公民死亡或者丧失行为能力的;③法人或者其他组织依法终止的;④行政许可依法被撤销、撤回,或者行政许可证件依法被吊销的;⑤因不可抗力导致行政许可事项无法实施的;⑥法律、法规规定的应当注销行政许可的其他情形。

(24)ABE

解析:《测绘法》第四十条规定:违反测绘法规定,建立地理信息系统,采用不符合国家标准的基础地理信息数据的,给予警告,责令改正,并可以处10万元以下的罚款;对负有直接责任的主管人员和其他直接责任人员,依法给予行政处分。

(25)ABCE

解析:我国已经初步建立了由法律、行政法规、地方性法规、部门规章、重要规范性文件等共同组成的测绘法律法规体系。

2 测绘资质资格

2.1 考点分析

2.1.1 测绘资质管理

1)测绘资质管理的概念

(1)从事测绘活动的单位应当具备相应的素质和能力

①从事测绘活动单位的人员必须具备测绘专业技术素质。

②从事测绘活动的单位必须具备必要的仪器设备。

③从事测绘活动的单位必须具备严格的质量保证体系。

④从事测绘活动的单位必须具备严格的测绘成果资料保管和保密制度。

⑤从事测绘活动的单位要具备一定的测绘生产能力。

⑥从事测绘活动的单位的主体性质要符合我国法律规定。

(2)测绘资质管理是一项法定制度

《测绘法》规定,国家对从事测绘活动的单位实行测绘资质管理制度,测绘单位依法取得测绘资质证书后,方可从事相应的测绘活动。

(3)测绘资质实行统一监督管理

①测绘资质条件统一规定。

②资质管理的具体办法统一规定。

③测绘资质证书的式样统一规定。

④统一由测绘行政主管部门进行测绘资质审查和统一颁发资质证书。

⑤统一监督执法。

例外:军事测绘单位的资质审查由军队测绘主管部门负责。

(4)测绘资质管理制度是一项行政许可制度

行政许可是指国家行政机关根据相对人的申请,依法以颁发特定证照等方式,准许相对人行使某种权利,获得从事某种活动资格的一种具体行政行为。但是,这种权利和资格并非任何人都能取得。

《测绘法》明确规定了对从事测绘活动的单位进行资质审查制度,即一般情况下禁止任何单位和个人从事测绘活动,只有通过国务院测绘行政主管部门和省、自治区、直辖市人民政府测绘行政主管部门资质审查并领取资质证书的单位,才能解除法律规定的对从事测绘活动的禁止,才获得了从事测绘活动的权利和资格。

2)测绘资质管理的原则

测绘资质管理的原则包括:①依法原则;②统一管理原则;③公开、透明原则;④公正、公平原则；⑤便民、高效原则；⑥救济原则；⑦诚实信用、信誉保护原则；⑧监督与责任原则。

3)测绘资质等级

按照从事测绘活动单位的规模、管理水平、能力的大小，将测绘资质划分为甲、乙、丙、丁4个等级，甲级是最高等级，丁级是最低等级。

4)资质审批机关

(1)国家测绘地理信息局

负责审查甲级测绘资质申请并作出行政许可决定。

(2)省级测绘地理信息行政主管部门

负责受理并审查乙、丙、丁级测绘资质申请并作出行政许可决定。

负责受理甲级测绘资质申请并提出初步审查意见。

(3)市级测绘地理信息行政主管部门

接受省级测绘地理信息行政主管部门委托，受理本行政区域内乙、丙、丁级测绘资质申请并提出初步审查意见。

(4)县级测绘地理信息行政主管部门

接受省级测绘地理信息行政主管部门委托，受理本行政区域内丁级测绘资质申请并提出初步审查意见。

5)测绘资质业务范围

测绘业务划分为大地测量、测绘航空摄影、摄影测量与遥感、工程测量、不动产测绘、地理信息系统工程、海洋测绘、地图编制、导航电子地图制作、互联网地图服务等10项内容。

6)测绘资质申请与审批

(1)申请

初次申请测绘资质不得超过乙级。测绘资质单位申请晋升甲级测绘资质的，应当取得乙级测绘资质满2年。申请的专业范围只设甲级的，不受前款规定限制。

(2)受理、审查、发证

各等级测绘资质申请由单位所在地省、自治区、直辖市测绘行政主管部门受理。测绘资质受理机关应当自收到申请材料之日起5日内作出不予受理、补正材料或予以受理决定。申请单位涉嫌违法测绘被立案调查的，案件结案前，不受理其测绘资质申请。

测绘资质申请受理后，测绘资质审批机关应当自受理申请之日起20日内作出行政许可决定。20日内不能作出决定的，经本机关负责人批准，可以延长10日，并应当将延长期限的理由告知申请单位。

申请单位符合法定条件的，测绘资质审批机关应当作出拟准予行政许可的决定，通过本机关网站向社会公示5个工作日，并于作出准予行政许可决定之日起10个工作日内向申请单位颁发测绘资质证书。测绘资质审批机关作出不予行政许可的决定，应当向申请单位书面说明理由。

(3)测绘资质证书

①测绘资质证书分为正本和副本，由国家测绘地理信息局统一印制，正本和副本具有同等法律效力。

②测绘资质证书有效期不超过5年。编号形式为：等级＋测资字＋省级行政区编号＋顺序号校验位。

③测绘资质证书有效期满需要延续的，测绘单位应当在有效期满60日前，向测绘资质审

批机关申请办理延续手续。

④对继续符合测绘资质条件的单位，经测绘资质审批机关批准，有效期可以延续。

(4)测绘资质单位变更

①测绘资质单位的名称、注册地址、法定代表人发生变更的，应当在有关部门核准完成变更后 30 日内，向测绘资质审批机关提出变更申请。

②测绘资质单位转制或者合并的，被转制或者合并单位的测绘资质条件可以计入转制或者合并后的新单位。

③测绘资质单位分立的，分立后的单位可以重新申请原资质等级和专业范围的测绘资质。

(5)测绘资质证书的换新和补证

测绘单位在领取新的测绘资质证书的同时，须将原测绘资质证书交回测绘资质审批机关。

测绘单位遗失测绘资质证书，应当及时在公众媒体上刊登遗失声明，持补证申请等其他证明材料到测绘资质审批机关办理补证手续。

7)测绘资质监督管理

(1)实行测绘资质年度报告公示制度

①测绘资质单位应当于每年 2 月底前，通过测绘资质管理信息系统，按照规定格式向测绘地理信息行政主管部门报送本单位上一年度测绘资质年度报告，并向社会公示，任何单位和个人均可查询。

②测绘资质年度报告内容包括本单位符合测绘资质条件、遵守测绘地理信息法律法规、上一年度单位名称、注册地址、办公地址和法定代表人变更、专业技术人员流动、仪器设备更新、基本情况变化(含上市、兼并重组、改制分立、重大股权变化等)、测绘地理信息统计报表报送情况、测绘项目质量(用户认可或者通过质检机构检查验收)、诚信等级等情况。

③测绘资质单位应当对测绘资质年度报告的真实性、合法性负责。

④各级测绘地理信息行政主管部门可以对本行政区域内测绘资质单位的测绘资质年度报告公示内容进行抽查。经检查发现测绘资质年度报告隐瞒真实情况、弄虚作假的，测绘地理信息行政主管部门依法予以相应处罚。

⑤对未按规定期限报送测绘资质年度报告的单位，测绘地理信息行政主管部门应当提醒其履行测绘资质年度报告公示义务。

(2)实行测绘资质巡查制度

①各级测绘地理信息行政主管部门应当有计划地对测绘资质单位执行《测绘资质管理规定》和《测绘资质分级标准》的有关情况进行巡查。

②国家测绘地理信息局负责指导全国测绘资质巡查工作，并对省级测绘地理信息行政主管部门开展的巡查工作进行抽查。

③省级测绘地理信息行政主管部门负责制订本行政区域内测绘资质巡查工作计划，并组织实施。每年巡查比例不少于本行政区域内各等级测绘资质单位总数的 5%。

④各级测绘地理信息行政主管部门组织开展测绘资质巡查工作，应当事先向被巡查单位发出书面通知，告知巡查时间、巡查内容和具体要求。巡查结束后，应当向被巡查单位书面反馈意见。

(3)实行测绘地理信息市场信用管理制度

①各级测绘地理信息行政主管部门应当加强测绘地理信息市场信用管理，褒扬诚信，惩戒失信，营造依法经营、有序竞争的市场环境。

②测绘资质单位违法从事测绘活动被依法查处的，查处违法行为的测绘地理信息行政主管部门应当将违法事实、处理结果报告上级测绘地理信息行政主管部门和测绘资质审批机关。

8)有关处罚

作出的核减专业范围、降低资质等级、吊销测绘资质证书、办理注销手续等决定，由测绘资质审批机关实施，其他决定由各级测绘地理信息行政主管部门实施。

(1)通报批评

测绘资质单位有下列情形之一的，予以通报批评：

①在测绘资质申请和日常监督管理中隐瞒有关情况、提供虚假材料或者拒绝提供反映其测绘活动情况的真实材料的。

②两年未履行测绘资质年度报告公示义务的。

③测绘地理信息市场信用等级评定为不合格的。

(2)注销资质

测绘资质单位有下列情形之一的，应当依法予以办理注销手续：

①测绘资质证书有效期满未延续的。

②测绘资质单位法人资格终止的。

③测绘资质行政许可决定依法被撤销、撤回的。

④测绘资质证书依法被吊销的。

⑤测绘资质证书所载各专业范围均不再符合法定条件的。

⑥测绘资质单位在从事测绘活动中，因泄露国家秘密被国家安全机关查处的。

⑦测绘资质单位申请注销的。

(3)停业整顿或者降低资质等级

测绘资质单位有下列情形之一的，应当依法视情节责令停业整顿或者降低资质等级：

①超越资质等级许可的范围从事测绘活动的。

②以其他测绘资质单位的名义从事测绘活动的。

③将承揽的测绘项目转包的。

④测绘成果质量经省级以上测绘地理信息质检机构判定为批不合格的。

⑤涂改、倒卖、出租、出借或者以其他形式转让测绘资质证书的。

⑥违反保密规定加工、处理和利用涉密测绘成果，存在失泄密隐患被查处的。

(4)吊销测绘资质证书

测绘资质单位有下列情形之一的，应当依法吊销测绘资质证书：

①有应该停业整顿或者降低资质等级的情形之一且情节严重的。

②以欺骗手段取得测绘资质证书从事测绘活动的。

③承担国家投资的测绘项目，且经暂扣测绘资质证书 6 个月仍不汇交测绘成果资料的。

2.1.2 测绘执业资格

1)测绘执业资格概念

(1)执业资格是指政府对某些责任较大、社会通用性强、关系公共利益的专业实行准入控制，是依法从事某一特定专业所具备的学识、技术和能力的标准。

(2)《测绘法》确定了我国实行对测绘专业技术人员的执业资格管理制度。

(3)测绘执业资格是指自然人(公民、个人)从事测绘专业技术活动应当具备的知识、技术水平和能力等。包括:

①具有测绘理论知识。

②具有基本的测绘专业技术水平。

③具有所从事的专业技术工作的能力。

④具备一定的运用法律知识和管理知识处理事务的能力。

《注册测绘师制度暂行规定》将测绘执业资格确定为注册测绘师。

2)测绘执业资格管理制度

(1)从事测绘活动的专业技术人员应当具备相应的执业资格条件。

(2)国务院测绘行政主管部门会同国务院人事行政主管部门制定执业资格管理的具体办法。

(3)测绘专业技术人员的执业证书的式样由国务院测绘行政主管部门统一规定。

(4)对未取得测绘执业资格,擅自从事测绘活动的,责令停止违法行为,没收违法所得,可以并处违法所得2倍以下的罚款;造成损失的,依法承担赔偿责任。

2.1.3 注册测绘师

1)概念

《注册测绘师制度暂行规定》第四条规定:本规定所称注册测绘师,是指经考试取得《中华人民共和国注册测绘师资格证书》,并依法注册后,从事测绘活动的专业技术人员。注册测绘师英文译为Registered Surveyor。

注册测绘师的定义具有以下几个特征:

(1)注册测绘师资格的法定证件是《中华人民共和国注册测绘师资格证书》,只有取得该证书的人员,才具有注册测绘师资格;未取得该证书的人员,不具有注册测绘师资格。

(2)取得注册测绘师资格必须经过考试,未经考试或者考试不合格的,不能取得注册测绘师资格,也就不能获得《中华人民共和国注册测绘师资格证书》。

(3)取得注册测绘师资格的人员,必须经过注册后,才能以注册测绘师的名义执业。

(4)注册测绘师是从事测绘活动的专业技术人员。

2)取得注册测绘师资格应当具备的基本条件

(1)政治条件

中华人民共和国公民,遵守国家法律、法规,恪守职业道德。

(2)业务条件

①测绘类专业大学专科学历,从事测绘业务工作满6年。

②测绘类专业大学本科学历,从事测绘业务工作满4年。

③含测绘类专业在内的双学士学位或者测绘类专业研究生班毕业,从事测绘业务工作满3年。

④测绘类专业硕士学位,从事测绘业务工作满2年。

⑤测绘类专业博士学位,从事测绘业务工作满1年。

⑥其他理学类或者工学类专业学历或者学位的人员,其从事测绘业务工作年限相应增加

2年。

(3)考试合格

参加依照《注册测绘师制度暂行规定》组织的注册测绘师资格考试,并在一个考试年度内考试科目全部合格。

3)注册测绘师资格证书

符合注册测绘师资格基本条件者可以取得注册测绘师资格,由国家颁发《中华人民共和国注册测绘师资格证书》,该证书是持有人测绘专业水平能力的证明,在全国范围内有效。

对以不正当手段取得中华人民共和国注册测绘师资格证书的,由发证机关收回。自收回该证书之日起,当事人3年内不得再次参加注册测绘师资格考试。

4)注册测绘师的注册

(1)注册的意义

国家对注册测绘师资格实行注册执业管理,取得《中华人民共和国注册测绘师资格证书》的人员,经过注册后方可以注册测绘师的名义从事测绘活动。

执业资格不是终身制,随着行业的发展,它的标准是不断调整的,主要方法是继续教育和再注册。

(2)注册的管理主体

国家测绘地理信息局为注册测绘师资格的注册审批机构。

各省、自治区、直辖市人民政府测绘行政主管部门负责注册测绘师资格的注册审查工作。

(3)申请注册应当具备的条件

①持有《中华人民共和国注册测绘师资格证书》。

②应受聘于一个具有测绘资质的单位,并且只能受聘于一个有测绘资质的单位,以注册测绘师名义执业。

(4)申请注册

具有注册测绘师资格的人员,应当通过聘用单位所在地的测绘行政主管部门,向省、自治区、直辖市人民政府测绘行政主管部门提出注册申请。

①初始注册。初始注册者,可自取得《中华人民共和国注册测绘师资格证书》之日起1年内提出注册申请。逾期未申请者,在申请初始注册时,须符合《注册测绘师制度暂行规定》有关继续教育要求。初始注册需要提交《中华人民共和国注册测绘师初始注册申请表》、《中华人民共和国注册测绘师资格证书》、与聘用单位签订的劳动或者聘用合同、逾期申请注册人员的继续教育证明材料。

②延续注册。注册有效期届满需继续执业,且符合注册条件的,应在届满前30个工作日内申请延续注册。延续注册需要提交《中华人民共和国注册测绘师延续注册申请表》、与聘用单位签订的劳动或者聘用合同、达到注册期内继续教育要求的证明材料。

③变更注册。在注册有效期内,注册测绘师变更执业单位,应与原聘用单位解除劳动关系,并申请变更注册。变更注册后,其《中华人民共和国注册测绘师注册证》和执业印章在原注册有效期内继续有效。变更注册需要提交《中华人民共和国注册测绘师变更注册申请表》、与新聘用单位签订的劳动或者聘用合同以及工作调动证明或者与原聘用单位解除劳动或者聘用合同的证明、退休人员的退休证明。

(5)受理注册申请

省、自治区、直辖市人民政府测绘行政主管部门在收到注册测绘师资格注册的申请材料后，对申请材料不齐全或者不符合法定形式的，应当当场或者在5个工作日内，一次告知申请人需要补正的全部内容，逾期不告知的，自收到申请材料之日起即为受理。

对受理或者不予受理的注册申请，均应出具加盖省、自治区、直辖市人民政府测绘行政主管部门专用印章和注明日期的书面凭证。

(6)审批

省、自治区、直辖市人民政府测绘行政主管部门自受理注册申请之日起20个工作日内，按规定条件和程序完成申报材料的审查工作，并将申报材料和审查意见报国家测绘地理信息局审批。

国家测绘地理信息局自受理申报人员材料之日起20个工作日内作出审批决定。在规定的期限内不能作出审批决定的，应将延长的期限和理由告知申请人。

国家测绘地理信息局自作出批准决定之日起10个工作日内，将批准决定送达经批准注册的申请人，并核发统一制作的《中华人民共和国注册测绘师注册证》和执业印章。对作出不予批准的决定，应当书面说明理由，并告知申请人享有依法申请行政复议或者提起行政诉讼的权利。

对于不符合注册条件的、不具有完全民事行为能力的、刑事处罚尚未执行完毕和因在测绘活动中受到刑事处罚的，自刑事处罚执行完毕之日起至申请注册之日止不满3年的不予注册。

(7)注册有效期

《中华人民共和国注册测绘师注册证》每一注册有效期为3年。

《中华人民共和国注册测绘师注册证》和执业印章在有效期限内是注册测绘师的执业凭证，由注册测绘师本人保管、使用。

(8)注销注册

注册申请人有下列情形之一的，应由注册测绘师本人或者聘用单位及时向当地省、自治区、直辖市人民政府测绘行政主管部门提出申请，由国家测绘地理信息局审核批准后，办理注销手续，收回《中华人民共和国注册测绘师注册证》和执业印章：

①不具有完全民事行为能力的。

②申请注销注册的。

③注册有效期满且未延续注册的。

④被依法撤销注册的。

⑤受到刑事处罚的。

⑥与聘用单位解除劳动或者聘用关系的。

⑦聘用单位被依法取消测绘资质证书的。

⑧聘用单位被吊销营业执照的。

⑨因本人过失造成利害关系人重大经济损失的。

⑩应当注销注册的其他情形。

(9)不予注册

注册申请人有下列情形之一的不予注册：

①不具有完全民事行为能力的。

②刑事处罚尚未执行完毕的。

③因在测绘活动中受到刑事处罚，自刑事处罚执行完毕之日起至申请注册之日止不满3

年的。

④法律、法规规定不予注册的其他情形。不予注册的人员，重新具备初始注册条件，并符合本规定继续教育要求的，可按《注册测绘师制度暂行规定》第十四条规定的程序申请注册。

(10)注册撤销

注册申请人以不正当手段取得注册的，应当予以撤销，并由国家测绘地理信息局依法给予行政处罚；当事人在 3 年内不得再次申请注册；构成犯罪的，依法追究刑事责任。

(11)继续教育

继续教育是注册测绘师延续注册、重新申请注册和逾期初始注册的必备条件。在每个注册期内，注册测绘师应按规定完成本专业的继续教育。注册测绘师继续教育，分必修课和选修课，在一个注册期内必修课和选修课均为 60 学时。

5)注册测绘师的执业

(1)执业岗位

注册测绘师应在一个具有测绘资质的单位，开展与该单位测绘资质等级和业务许可范围相应的测绘执业活动。

(2)执业范围

①测绘项目技术设计。

②测绘项目技术咨询和技术评估。

③测绘项目技术管理、指导与监督。

④测绘成果质量检验、审查、鉴定。

⑤国务院有关部门规定的其他测绘业务。

(3)执业能力

①熟悉并掌握国家测绘及相关法律、法规和规章。

②了解国际、国内测绘技术发展状况，具有较丰富的专业知识和技术工作经验，能够处理较复杂的技术问题。

③熟练运用测绘相关标准、规范、技术手段，完成测绘项目技术设计、咨询、评估及测绘成果质量检验管理。

④具有组织实施测绘项目的能力。

(4)执业效力与责任

①在测绘活动中形成的技术设计和测绘成果质量文件，必须由注册测绘师签字并加盖执业印章后方可生效。

②修改经注册测绘师签字盖章的测绘文件，应由该注册测绘师本人进行；因特殊情况，该注册测绘师不能进行修改的，应由其他注册测绘师修改，并签字、加盖印章，同时对修改部分承担责任。

③因测绘成果质量问题造成的经济损失，接受委托的单位应承担赔偿责任；接受委托的单位依法向承担测绘业务的注册测绘师追偿。

(5)执业收费

注册测绘师从事执业活动，由其所在单位接受委托并统一收费。

6)注册测绘师的权利义务

(1)享有的权利

①使用注册测绘师称谓。

②保管和使用本人的《中华人民共和国注册测绘师注册证》和执业印章。

③在规定的范围内从事测绘执业活动。

④接受继续教育。

⑤对违反法律、法规和有关技术规范的行为提出劝告，并向上级测绘行政主管部门报告。

⑥获得与执业责任相应的劳动报酬。

⑦对侵犯本人执业权利的行为进行申诉。

(2)履行的义务

①遵守法律、行政法规和有关管理规定，恪守职业道德。

②执行测绘技术标准和规范。

③履行岗位职责，保证执业活动成果质量，并承担相应责任。

④保守知悉的国家秘密和委托单位的商业、技术秘密。

⑤只受聘于一个有测绘资质的单位执业。

⑥不准他人以本人名义执业。

⑦更新专业知识，提高专业技术水平。

⑧完成注册管理机构交办的相关工作。

2.1.4 测绘人员权利保护和测绘作业证

1)测绘人员权利保护

(1)测绘人员进行测绘活动时，应当持有测绘作业证件。

①明确测绘作业证件的发放对象。测绘作业证件的持有者必须是测绘人员，更确切地说应当是从事野外作业的测绘人员。

②明确测绘作业证件的使用条件。即持有测绘作业证件的人员，只有在从事测绘活动时才能使用，此时测绘作业证件才能具有法律效力。其他任何场合使用这个证件，都不具有法律效力。

③明确测绘人员的义务。测绘人员在从事测绘活动时要持有测绘作业证件，并接受有关权利人的查验。

(2)任何单位和个人不得妨碍、阻挠测绘人员依法进行测绘活动。

(3)测绘人员的测绘作业证件的式样由国务院测绘行政主管部门统一规定。

(4)测绘人员使用永久性测量标志，必须持有测绘作业证件。

2)测绘作业证的特征

(1)测绘作业证是测绘人员从事测绘活动的合法身份证明。

(2)测绘作业证为测绘人员提供权利保障，也有利于保护与测绘活动发生关系的单位和个人的合法权益。

(3)从事测绘活动出示测绘作业证件是测绘人员的义务，同时也可以防止非法测绘活动。从事测绘活动是测绘人员的法定权利，但是在测绘活动中向相关单位和个人出示测绘作业证件是测绘人员的法定义务。

(4)为持有测绘作业证件从事测绘活动的测绘人员提供便利是与测绘活动发生关系的单位和个人的义务。

(5)持有测绘作业证件的测绘人员的权利是有限的。一般来说，它适用于下列情况：

①测绘人员与从事测绘活动所在地的人民政府和有关单位、个人联系工作时。

②使用测量标志时。

③接受测绘管理部门的执法监督检查时。

④进入机关、厂矿、住宅、耕地或者其他地块时。

⑤办理与所进行的测绘活动相关的其他事项时。

不适用于测绘人员进入保密单位、军事禁区和法律法规规定的需要特殊审批的区域进行测绘活动时。

3)测绘作业证的取得

(1)取得测绘作业证的条件

①须在具有测绘资质的单位从业。申请测绘作业证是取得测绘资质证书的单位为本单位的测绘人员申请,未取得测绘资质证书的单位不得为测绘人员申请测绘作业证,个人不能直接申请。

②测绘作业证主要是保障外业测绘人员的合法权利。申请领取测绘作业证的人员应当主要是从事测绘外业工作的人员和其他需要持有测绘作业证的人员。

(2)申请测绘作业证的办法和程序

①准备申请材料。

②提出申请。申请单位向单位所在地的省、自治区、直辖市人民政府测绘行政主管部门或者其委托的市(地)级测绘行政主管部门提出申请,提交申请材料。

③审核发证。省、自治区、直辖市人民政府测绘行政主管部门或者其委托的市(地)级人民政府测绘行政主管部门应当自收到办证申请,并确认各种报表及各项手续完备之日起30日内,完成测绘作业证的审核发证工作。

(3)测绘作业证的注册

测绘作业证由省、自治区、直辖市人民政府测绘行政主管部门或者其委托的市(地)级人民政府测绘行政主管部门负责注册核准。

每次注册核准有效期为3年。注册核准有效期满前30日内,各测绘单位应当将测绘作业证送交单位所在地的省、自治区、直辖市人民政府测绘行政主管部门或者其委托的市(地)级人民政府测绘行政主管部门注册核准。过期不注册核准的测绘作业证无效。

(4)测绘作业证的补发和换新

①测绘人员调往其他测绘单位的,由新调入单位重新申领测绘作业证。

②测绘单位办理遗失证件的补证和旧证换新证的,省、自治区、直辖市人民政府测绘行政主管部门或者其委托的市(地)级人民政府测绘行政主管部门应当自收到补(换)证申请之日起30日内,完成补(换)证工作。

(5)测绘单位的责任

测绘单位申报材料不真实,虚报冒领测绘作业证的,由省、自治区、直辖市人民政府测绘行政主管部门收回冒领的证件,并根据其情节给予通报批评。

4)测绘作业证的使用

(1)测绘人员在下列情况下应当主动出示测绘作业证:

①进入机关、企业、住宅小区、耕地或者其他地块进行测绘时。

②使用测量标志时。

③接受测绘行政主管部门的执法监督检查时。

④办理与所进行的测绘活动相关的其他事项时。

进入保密单位、军事禁区和法律法规规定的需经特殊审批的区域进行测绘活动时，还应当按照规定持有关部门的批准文件。

(2)测绘人员的义务

①测绘人员进行测绘活动时，应当遵守国家法律法规，保守国家秘密，遵守职业道德，不得损毁国家、集体和他人的财产。

②测绘人员必须依法使用测绘作业证，不得利用测绘作业证从事与其测绘工作身份无关的活动。

③测绘人员对测绘作业证应当妥善保存，防止遗失，不得损毁，不得涂改。测绘作业证只限持证人本人使用，不得转借他人。

④测绘人员遗失测绘作业证，应当立即向本单位报告并说明情况。所在单位应当及时向发证机关书面报告情况。

⑤测绘人员离(退)休或调离工作单位的，必须由原所在测绘单位收回测绘作业证，并及时上交发证机关。

(3)测绘人员的责任

测绘人员有下列行为之一的，由所在单位收回其测绘作业证并及时交回发证机关，对情节严重者依法给予行政处分；构成犯罪的，依法追究刑事责任：

①将测绘作业证转借他人的。

②擅自涂改测绘作业证的。

③利用测绘作业证严重违反工作纪律、职业道德或者损害国家、集体或者他人利益的。

④利用测绘作业证进行欺诈及其他违法活动的。

2.1.5 涉外测绘

1)涉外测绘有关规定

(1)外国的组织或者个人在中华人民共和国领域和管辖的其他海域从事测绘活动，必须经国务院测绘行政主管部门会同军队测绘主管部门批准，并遵守中华人民共和国的有关法律、行政法规的规定。

(2)外国的组织或者个人在中华人民共和国领域从事测绘活动，必须与中华人民共和国有关部门或者单位依法采取合资、合作的形式进行，并不得涉及国家秘密和危害国家安全。

(3)县级以上各级人民政府测绘行政主管部门依法对来华测绘履行监督管理职责。

2)涉外测绘活动的原则

(1)必须遵守中华人民共和国的法律、行政法规的规定。

(2)不得涉及中华人民共和国的国家秘密。

(3)不得危害中华人民共和国的国家安全。

3)合资、合作企业申请测绘资质

合资、合作测绘应当取得国务院测绘行政主管部门颁发的测绘资质证书。合资、合作企业申请测绘资质，应当分别向国务院测绘行政主管部门和其所在地的省、自治区、直辖市人民政府测绘行政主管部门提交申请材料。

(1)合资、合作企业申请测绘资质应当具备的条件

①符合《测绘法》以及外商投资的法律法规的有关规定。

②符合《测绘资质管理规定》的有关要求。

③合资、合作企业须中方控股。

④已经依法进行企业登记,并取得中华人民共和国法人资格。

(2)合资、合作企业申请测绘资质应当提供的资料

①《测绘资质管理规定》中要求提供的申请材料。

②中方控股的证明文件。

③企业法人营业执照。

④国务院测绘行政主管部门规定应当提供的其他材料。

(3)合资、合作企业从事测绘活动的限制性规定

外国的组织或者个人与中华人民共和国有关部门或者单位合资、合作,不得从事下列测绘活动:

①大地测量。

②测绘航空摄影。

③行政区域界线测绘。

④海洋测绘。

⑤地形图和普通地图编制。

⑥导航电子地图编制。

⑦国务院测绘行政主管部门规定的其他测绘活动。

4)一次性测绘管理

(1)一次性测绘的概念

一次性测绘,是指外国的组织或者个人在不设立合资、合作企业的前提下,经国务院及其有关部门或者省、自治区、直辖市人民政府批准,来华开展科技、文化、体育等活动时,需要进行的一次性测绘活动,简称一次性测绘。

(2)一次性测绘的原则

①经国务院及其有关部门或者省、自治区、直辖市人民政府批准来华从事科技、文化、体育等特定活动。

②经国务院测绘行政主管部门会同军队测绘主管部门批准。

③与中华人民共和国的有关部门和单位的测绘人员共同进行。

④必须遵守中华人民共和国的有关法律、行政法规的规定,并不得涉及国家秘密和危害国家安全。

(3)一次性测绘申请

申请一次性测绘,应当向国务院测绘行政主管部门提交申请材料。

国务院测绘行政主管部门在决定受理后,应当及时通知省、自治区、直辖市人民政府测绘行政主管部门进行初审。省、自治区、直辖市人民政府测绘行政主管部门在接到初审通知后,应当在20个工作日内提出初审意见,并报国务院测绘行政主管部门。国务院测绘行政主管部门受理或者接到初审意见后5个工作日内送军队测绘主管部门会同审查,并在接到会同审查意见后8个工作日内作出审查决定。

(4)一次性测绘监督管理

从事一次性测绘活动,应当按照国务院测绘行政主管部门批准的内容进行。县级以上人民政府测绘行政主管部门应当依照法律、行政法规和规章的规定,对一次性测绘履行监督管理职责。

2.2 例题

1)单项选择题(每题1分。每题的备选项中,只有1个最符合题意)

(1)从事测绘活动的单位应当取得(　　)。

A. 测绘许可证　　B. 测绘资质证书

C. 注册测绘师证书　　D. 测绘作业证

(2)关于申请测绘资质的说法,正确的是(　　)。

A. 测绘资质受理机关应当自收到申请材料之日起15日内作出受理决定

B. 申请单位涉嫌违法测绘被立案调查的,应当受理其测绘资质申请,但结案后再审批

C. 申请单位涉嫌违法测绘被立案调查的,案件结案前,不受理其测绘资质申请

D. 初次申请测绘资质原则上不得超过丁级

(3)某测绘单位的测绘资质证书载明的业务范围是工程测量,对于大地测量项目的招标邀请,该单位正确的做法是(　　)。

A. 使用本单位测绘资质证书投标

B. 使用其他单位的测绘资质证书投标

C. 不参与投标

D. 联合其他单位进行投标

(4)关于注册测绘师应履行的义务的说法,错误的是(　　)。

A. 应当履行岗位职责,保证执业活动成果质量,并承担相应责任

B. 可以同时受聘于两个测绘单位执业

C. 不准他人以本人名义执业

D. 应当更新专业知识,提高专业技术水平

(5)关于《中华人民共和国注册测绘师资格证书》初始注册申请期限的说法,正确的是(　　)。

A. 1个月内　　B. 6个月内　　C. 1年内　　D. 2年内

(6)关于注册测绘师在一个注册周期内接受继续教育学时的说法,正确的是(　　)。

A. 必修课60学时,选修课30学时　　B. 必修课和选修课均为50学时

C. 必修课和选修课均为60学时　　D. 必修课5学时,选修课30学时

(7)关于测绘人员调离或退休后,其测绘作业证处理的做法,错误的是(　　)。

A. 收回调离人员的测绘作业证

B. 由调离或退休人员留作纪念

C. 收回退休人员测绘许可证

D. 对调离人员,由其新调入单位为其申领测绘作业证

(8)关于测绘作业证的说法,错误的是(　　)。

A. 由国家测绘局统一规定式样

B. 由省、自治区、直辖市测绘行政主管部门审核发放

C. 在省、自治区、直辖市区域内使用

D. 测绘人员从事测绘活动应当持有测绘作业证

(9)中外合资、合作企业申请测绘资质应当向(　　)提供申报资料。

A. 国务院测绘行政主管部门和其所在地的省、自治区、直辖市人民政府测绘行政主管部门

B. 所在地的省、自治区、直辖市人民政府测绘行政主管部门

C. 国务院测绘行政主管部门

D. 军队测绘主管部门

(10)关于外国组织和个人携带我国测绘成果出境的说法,正确的是(　　)。

A. 可以携带出境

B. 不可携带出境

C. 未经依法批准,不得以任何形式携带出境

D. 经中方合作单位同意后可以携带出境

(11)关于从事测绘活动的中外合资企业股权构成的说法,正确的是(　　)。

A. 由中方控制　　B. 外方股权比例不受任何限制

C. 由外方控制　　D. 中方和外方股份应当各为50%

(12)测绘资质年度注册时间为每年的(　　)月。

A. 1　　B. 3　　C. 6　　D. 9

(13)《注册测绘师制度暂行规定》第四条规定:本规定所称注册测绘师,是指经考试取得《中华人民共和国注册测绘师资格证书》,并依法注册后,从事测绘活动的(　　)人员。

A. 业余技术　　B. 专业技术　　C. 专业骨干　　D. 高层主管

(14)注册有效期届满需继续执业,且符合注册条件的,应在届满前(　　)工作日内申请延续注册。

A. 10个　　B. 20个　　C. 30个　　D. 60个

(15)《中华人民共和国注册测绘师注册证》每一次注册有效期为(　　)。

A. 1年　　B. 3年　　C. 5年　　D. 终身

(16)下列有关测绘作业证描述正确的是(　　)。

A. 个人可以申请测绘作业证

B. 测绘内业工作的人员和其他需要持有测绘作业证的人员可以领取测绘作业证

C. 测绘人员在进入住宅小区、耕地或其他地块进行测绘时应当主动出示测绘作业证

D. 测绘人员离(退)休或调离工作单位的,由原所在测绘单位收回测绘作业证,用于以后其他人员使用

(17)关于合资、合作企业申请测绘资质的说法,错误的是(　　)。

A. 合资、合作企业须中方控股

B. 外国的组织与中华人民共和国有关单位合资,可以进行大地测量

C. 外国的组织与中华人民共和国有关单位合资,不能进行海洋测绘

D. 合资、合作测绘应当取得国务院测绘行政主管部门颁发的测绘资质证书

(18)测绘资质证书有效期最长不超过5年,编号形式为(　　)。

A. 省、自治区、直辖市编号+顺序号+等级+测资字

B. 等级＋省、自治区、直辖市编号＋测资字＋顺序号

C. 等级＋测资字＋省、自治区、直辖市编号＋顺序号

D. 省、自治区、直辖市编号＋等级＋顺序号＋测资字

(19)测绘单位在从事测绘活动中，因泄露国家秘密被国家安全机关查处的，测绘资质审批机关应当(　　)。

A. 对其处 5 万元以上 20 万元以下罚款

B. 对其处 100 万元以下罚款

C. 注销其测绘资质证书

D. 注销其测绘资质证书并处 100 万元以下罚款

(20)凡中华人民共和国公民，遵守国家法律、法规，恪守职业道德，申请参加注册测绘师资格考试应具备的条件，说法正确的是(　　)。

A. 取得测绘类专业大学专科学历，从事测绘业务工作满 5 年

B. 取得测绘类专业大学本科学历，从事测绘业务工作满 3 年

C. 取得其他理学类或者工学类专业学历或者学位的人员，其从事测绘业务工作年限相应增加 2 年

D. 取得测绘类专业硕士学位，从事测绘业务工作满 1 年

(21)关于一次性测绘的说法，正确的是(　　)。

A. 初审：省、自治区、直辖市人民政府测绘行政主管部门应当在接到初审通知后 10 个工作日内提出初审意见，并报国务院测绘行政主管部门

B. 审查：国务院测绘行政主管部门受理后或者接到初审意见后 10 个工作日内送军队测绘主管部门会同审查

C. 合资、合作测绘单位来华测绘成果归中方部门或者单位所有的，可以进行复制、拷贝

D. 合资、合作测绘或者一次性测绘的，应当保证中方测绘人员全程参与具体测绘活动

(22)《测绘法》规定，测绘资质证书的式样由(　　)统一规定。

A. 测绘学会

B. 国务院测绘行政主管部门

C. 军队测绘主管部门

D. 国务院测绘行政主管部门会同军队测绘主管部门

(23)根据《测绘法》的规定，以欺骗手段取得测绘资质证书从事测绘活动的，由发证的测绘行政主管部门吊销测绘资质证书，同时没收违法所得和测绘成果，并处测绘约定报酬(　　)的罚款。

A. 1 倍以上 2 倍以下　　B. 2 倍以上 3 倍以下

C. 1 倍以上 3 倍以下　　D. 2 倍以上 5 倍以下

(24)测绘单位自取得测绘资质证书之日起，原则上(　　)年后方可申请升级。

A. 1　　B. 2　　C. 3　　D. 4

(25)测绘单位未按照规定汇交测绘成果的，在测绘资质年度注册时(　　)。

A. 可以注册　　B. 不予以注册

C. 增加注册条件　　D. 缓期注册

(26)(　　)制定了《注册测绘师制度暂行规定》，将测绘执业资格确定为注册测绘师。

A. 国务院人事行政主管部门

B. 国务院测绘行政主管部门

C. 军队测绘行政主管部门

D. 国务院测绘行政主管部门会同国务院人事行政主管部门

(27)对以不正当手段取得《中华人民共和国注册测绘师资格证书》的，由发证机关收回。当事人(　　)年内不得再次参加注册测绘师资格考试。

A. 1　　B. 2　　C. 3　　D. 4

(28)国家测绘局自作出批准决定之日起(　　)内，核发统一制作的《中华人民共和国注册测绘师注册证》和执业印章。

A. 5个工作日　　B. 10个工作日

C. 20个工作日　　D. 30个工作日

(29)注册测绘师继续教育的一个注册期内，一共需要(　　)学时，分必修课(　　)学时和选修课(　　)学时。

A. 60,30,30　　B. 120,60,60　　C. 90,45,45　　D. 60,60,0

(30)《测绘法》规定，测绘人员进行测绘活动时，应当持有(　　)。

A. 进出许可证　　B. 本单位工作证

C. 测绘作业证件　　D. 当地临时居住证

(31)测绘资质证书有效期最长不超过(　　)。

A. 1年　　B. 3年　　C. 5年　　D. 8年

(32)下列情形中，不符合测绘资质审批机关应当注销资质、降低资质等级或者核减相应业务范围条件的是(　　)。

A. 测绘资质有效期未延续的

B. 甲级测绘单位在3年内未承担单项合同额为80万元以上测绘项目的

C. 测绘单位依法终止的

D. 测绘单位连续2次被缓期注册的

(33)测绘类专业大学本科学历取得注册测绘师资格业务条件应具备：从事测绘业务工作满(　　)。

A. 2年　　B. 3年　　C. 4年　　D. 5年

(34)注册测绘师注册证被撤销的，当事人在(　　)内不得再次申请注册。

A. 1年　　B. 2年　　C. 3年　　D. 4年

(35)关于注册测绘师资格的说法，错误的是(　　)。

A. 注册测绘师资格考试制度原则上每年举行一次

B. 取得测绘类专业博士学位后即可申请参加注册测绘师资格考试

C. 注册测绘师继续教育，分必修课和选修课

D. 在一个注册期内必修课和选修课均为60学时

(36)取得测绘资质未满(　　)的单位，可以不参加测绘资质年度注册。

A. 3个月　　B. 6个月　　C. 9个月　　D. 12个月

(37)取得注册测绘师资格的人员，必须经过(　　)后，才能以注册测绘师的名义执业。

A. 审核　　B. 检查　　C. 审批　　D. 注册

(38)外国的组织或者个人来华测绘，必须采取(　　)的形式进行，并不得涉及国家秘密和危害国家安全。

A. 独资

B. 依法与中华人民共和国有关部门或者单位合资、合作

C. 一事一批

D. 与国家安全部门指定单位合作

(39)对于因在测绘活动中受到刑事处罚，自刑事处罚执行完毕之日起至申请注册之日止不满(　　)年的不予注册。

A. 1　　B. 2　　C. 3　　D. 4

(40)测绘单位申报材料不真实，虚报冒领测绘作业证的，由省、自治区、直辖市人民政府测绘管理与法律法规测绘行政主管部门(　　)，并根据其情节给予通报批评。

A. 吊销冒领的证件　　B. 销毁冒领的证件

C. 收回冒领的证件　　D. 不予处理，留待查看

(41)下列关于测绘资质等级的说法，正确的是(　　)。

A. 测绘资质等级是依据从事测绘活动的单位的注册资本划分的

B. 测绘资质划分为甲、乙、丙三级

C. 甲级是最高等级

D. 丙级是最低等级

(42)进行外业测绘活动时应当持有(　　)。

A. 测绘作业证　　B. 当地临时居住证

C. 本地单位工作证　　D. 进出许可证

2)多项选择题(每题 2 分。每题的备选项中，有 2 个或 2 个以上符合题意，至少有 1 个错项。错选，本题不得分；少选，所选的每个选项得 0.5 分)

(43)外国的组织或者个人在中华人民共和国领域测绘时，不得从事的活动有(　　)。

A. 大地测量　　B. 测绘航空摄影　　C. 与原单位进行交流沟通

D. 导航电子地图编制　　E. 与中国单位和个人进行合作

(44)中外合资企业申请测绘资质应当具备的条件有(　　)。

A. 符合《测绘法》以及外商投资的法律、法规的有关规定

B. 符合《测绘资质管理规定》的有关要求

C. 中方控股

D. 已经依法进行企业登记，并取得中华人民共和国法人资格

E. 申请的测绘业务涉及其他有关部门的须取得相应部门的批准

(45)测绘人员对于测绘作业证使用不正确的是(　　)。

A. 将测绘作业证转借他人

B. 自行涂改测绘作业证

C. 在出入住宅小区时主动出示测绘作业证

D. 丢失测绘作业证后立即报告本单位并说明情况

E. 利用测绘作业证进行欺诈及其他违法活动的

(46)下列情形中，有关注册测绘师不予注册的说法正确的是(　)。

A. 不具有完全民事行为能力的

B. 刑事处罚尚未执行完毕的

C. 因本人过失造成利益关系人重大经济损失的

D. 法律、法规规定不予注册的其他情形

E. 因在测绘活动中受到刑事处罚，自刑事处罚执行完毕之日起至申请注册之日止不满 2 年的

(47)测绘人员在下列(　　)，应当主动出示测绘作业证。

A. 使用测量标志时

B. 进入住宅小区进行测绘时

C. 接受测绘行政主管部门的执法监督检查时

D. 办理与所进行的测绘活动相关的其他事项时

E. 进入测绘人员自己单位时

(48)下列情况中，测绘人员的测绘作业证被单位收回的是(　　)。

A. 将测绘作业证转借他人的

B. 出入小区时，出示测绘作业证件的

C. 利用测绘作业证进行欺诈行为的

D. 擅自涂改测绘作业证的

E. 使用测量标志时，出示测绘作业证件的

(49)下列选项中属于注册测绘师的职业范围的是(　　)。

A. 测绘项目技术设计　　B. 测绘项目技术咨询

C. 测绘项目技术管理　　D. 测绘成果质量审查

E. 对他人进行测绘能力鉴定

(50)注册测绘师应履行的义务包括(　　)。

A. 遵守法律、行政法规和有关管理规定，恪守职业道德

B. 执行测绘技术标准和规范

C. 保证执业活动成果质量

D. 只受聘于一个有测绘资质的单位执业

E. 对侵犯本人执业权利的行为进行申诉

(51)下列属于从事测绘活动单位应当具备相应素质和能力的是(　　)。

A. 有与其从事的测绘活动相适应的专业技术人员

B. 具备严格的质量保证体系

C. 有与其从事的测绘活动相适应的技术装备和设施

D. 具备必要的仪器设备

E. 每年能完成一定合同额测绘任务的能力

2.3　例题参考答案及解析

1)单项选择题(每题 1 分。每题的备选项中，只有 1 个最符合题意)

(1)B

解析：从事测绘活动的单位应当具备一定的条件，并依法取得相应等级的测绘资质证书

后，方可从事测绘活动。

(2)C

解析：《测绘资质管理规定》第十一条规定：测绘资质受理机关应当自收到申请材料之日起5日内作出受理决定。申请单位涉嫌违法测绘被立案调查的，案件结案前，不受理其测绘资质申请。

(3)C

解析：《测绘资质管理规定》第二条规定：从事测绘活动的单位，应当依法申请取得测绘资质证书，并在测绘资质等级许可的范围内从事测绘活动。

(4)B

解析：注册测绘师应当履行的义务中明确指出：只受聘于一个有测绘资质的单位执业。

(5)C

解析：初始注册者，可自取得《中华人民共和国注册测绘师资格证书》之日起1年内提出注册申请。

(6)C

解析：注册测绘师继续教育分必修课和选修课，在一个注册期内必修课和选修课均为60学时。

(7)B

解析：测绘人员离(退)休或调离工作单位的，必须由原所在测绘单位收回测绘作业证，并及时上交发证机关。

(8)C

解析：《测绘法》第二十六条规定：测绘人员进行测绘活动时，应当持有测绘作业证件。任何单位和个人不得妨碍、阻挠测绘人员依法进行测绘活动。第二十七条规定：测绘单位的资质证书、测绘专业技术人员的执业证书和测绘人员的测绘作业证件的式样，由国务院测绘行政主管部门统一规定。因此，选项A、B、D规定为关于测绘作证的式样、审核发放程序以及使用，均是正确的，选项C为错项。

(9)A

解析：合资、合作企业申请测绘资质，应当分别向国务院测绘行政主管部门和其所在地的省、自治区、直辖市人民政府测绘行政主管部门提交申请材料，其审批程序按照《外国的组织或者个人来华测绘管理暂行办法》执行。

(10)C

解析：外国的组织或者个人经批准在中华人民共和国领域内从事测绘活动的，所产生的测绘成果归中方部门或单位所有；未经国家测绘局批准，不得向外方提供，不得以任何形式将测绘成果携带或者传输出境。

(11)A

解析：合资、合作企业须中方控股，这是合资、合作企业申请测绘资质应当具备的条件之一。

(12)B

解析：测绘资质年度注册时间为每年的3月1日到31日。

(13)B

解析：《注册测绘师制度暂行规定》第四条规定：本规定所称注册测绘师，是指经考试取得

《中华人民共和国注册测绘师资格证书》，并依法注册后，从事测绘活动的专业技术人员。

(14)C

解析：注册有效期届满需继续执业，且符合注册条件的，应在届满30个工作日内申请延续注册。

(15)B

解析：每一次注册有效期为3年。

(16)C

解析：测绘作业证是个人不能直接申请的，测绘外业工作人员应当申请领取，收回的测绘作业证应当及时上交发证机关。

(17)B

解析：合资、合作企业须中方控股，合资、合作测绘应当取得国务院测绘行政主管部门颁发的测绘资质证书，外国的组织与中华人民共和国有关单位合资，不能进行海洋测绘。

(18)C

解析：《测绘资质管理规定》第十五条规定：测绘资质证书分为正本和副本，由国家测绘局统一印制，正、副本具有同等法律效力。测绘资质证书有效期最长不超过5年。编号形式为：等级＋测资字＋省、自治区、直辖市编号＋顺序号。

(19)C

解析：《测绘资质管理规定》第三十二条规定：测绘单位在从事测绘活动中，因泄露国家秘密被国家安全机关查处的，测绘资质审批机关应当注销其测绘资质证书。

(20)C

解析：《注册测绘师制度暂行规定》第九条规定：凡中华人民共和国公民，遵守国家法律、法规，恪守职业道德，并具备下列条件之一的，可申请参加注册测绘师资格考试。①取得测绘类专业大学专科学历，从事测绘业务工作满6年；②取得测绘类专业大学本科学历，从事测绘业务工作满4年；③取得含测绘类专业在内的双学士学位或者测绘类专业研究生班毕业，从事测绘业务工作满3年；④取得测绘类专业硕士学位，从事测绘业务工作满2年；⑤取得测绘类专业博士学位，从事测绘业务工作满1年；⑥取得其他理学类或者工学类专业学历或者学位的人员，其从事测绘业务工作年限相应增加2年。

(21)D

解析：本题考查《外国的组织或者个人来华测绘管理暂行办法》中的一次性测绘有关知识。根据《外国的组织或者个人来华测绘管理暂行办法》，初审为20个工作日，审查为5个工作日，来华测绘成果未经依法批准，不准以任何形式传输出境。通过排除法故选D。

(22)B

解析：《测绘法》第二十七条规定：测绘单位的资质证书、测绘专业技术人员的执业证书和测绘人员的测绘作业证件的式样，由国务院测绘行政主管部门统一规定。

(23)A

解析：未取得测绘资质证书擅自从事测绘活动的，以欺骗手段取得测绘资质证书从事测绘活动的，超越资质等级许可的范围从事测绘活动，以其他测绘单位的名义从事测绘活动的，允许其他单位以本单位的名义从事测绘活动的，一经查出，处测绘约定报酬1倍以上2倍以下的罚款。

(24)C

解析:测绘单位自取得测绘资质证书之日起,原则上3年后方可申请升级。

(25)D

解析:《测绘资质管理规定》第二十二条规定:有下列行为之一的,予以缓期注册。①未按时报送年度注册材料或者年度注册材料不符合规定要求的;②《测绘资质证书》记载事项应当变更而未申请变更的;③测绘仪器未按期检定的;④未按照规定备案登记测绘项目的;⑤经监督检验发现有测绘成果质量批次不合格的;⑥未按照规定汇交测绘成果的;⑦测绘单位无正当理由未参加年度注册的;⑧单位信用不良经核查属实的。第二十三条规定,缓期注册的期限为60日。测绘行政主管部门应当书面告知测绘单位限期整改,整改后符合规定的,予以注册。

(26)D

解析:《测绘法》第二十五条规定:从事测绘活动的专业技术人员应当具备相应的执业资格条件,具体办法由国务院测绘行政主管部门会同国务院人事行政主管部门规定。

(27)C

解析:《注册测绘师制度暂行规定》第十一条规定:对以不正当手段取得《中华人民共和国注册测绘师资格证书》的,由发证机关收回。自收回该证书之日起,当事人3年内不得再次参加注册测绘师资格考试。

(28)B

解析:国家测绘局自作出批准决定之日起10个工作日内,核发统一制作的《中华人民共和国注册测绘师注册证》和执业印章。

(29)B

解析:根据《注册测绘师制度暂行规定》中继续教育的内容,注册测绘师继续教育,分必修课和选修课,在一个注册期内必修课和选修课均为60学时。

(30)C

解析:根据《测绘法》第二十六条规定,测绘人员进行测绘活动时,应当持有测绘作业证件。任何单位和个人不得妨碍、阻挠测绘人员依法进行测绘。

(31)C

解析:《测绘资质管理规定》第十五条规定,《测绘资质证书》分为正本和副本,由国家测绘局统一印制,正、副本具有同等法律效力。《测绘资质证书》有效期最长不超过5年。

(32)B

解析:《测绘资质管理规定》第二十九条规定,有下列情形之一的,测绘资质审批机关应当注销资质、降低资质等级或者核减相应业务范围:①测绘资质有效期满未延续的;②测绘单位依法终止的;③测绘资质审查决定依法被撤销、撤回的;④《测绘资质证书》依法被吊销的;⑤测绘单位在2年内未承担相应测绘项目的;⑥甲、乙级测绘单位在3年内未承担单项合同额分别为100万元以上和50万元以上测绘项目的;⑦测绘单位年度注册材料弄虚作假的;⑧测绘单位不符合相应测绘资质标准条件的;⑨缓期注册期间逾期未整改或者整改后仍不符合规定的;⑩测绘单位连续2次被缓期注册的。

(33)C

解析:《注册测绘师制度暂行规定》规定:测绘类专业大学专科学历,从事测绘业务工作需要满6年;本科需要4年;双学士学位需要3年;硕士需要2年;博士需要1年;其他理工学类专业学历学位的人员,从事测绘业务工作年限相应增加2年。

(34)C

解析:《注册测绘师制度暂行规定》第二十四条规定:注册申请人以不正当手段取得注册的,应当予以撤销,并由国家测绘局依法给予行政处罚;当事人在3年内不得再次申请注册;构成犯罪的,依法追究刑事责任。

(35)B

解析:根据《注册测绘师制度暂行规定》,取得测绘类专业博士学位,从事测绘业务工作满1年的,可以申请参加注册测绘师资格考试。

(36)B

解析:取得测绘资质未满6个月的单位,可以不参加测绘资质年度注册。

(37)D

解析:取得注册测绘师资格的人员,必须经过注册后,才能以注册测绘师的名义执业。

(38)B

解析:外国组织或者个人与我国有关部门或者单位采取合资、合作的方式从事测绘活动,包括以下几种情况:①我国有关部门与外国的组织或者个人合作,在我国开展以测绘科学研究为目的的测绘活动;②采取合资、合作设立测绘企业的形式,采取这种形式的测绘企业,必须依照《测绘法》、《中外合资经营企业法》、《中外合作经营企业法》以及其他相关法律、法规的规定设立企业和从事测绘活动。

(39)C

解析:对于因在测绘活动中受到刑事处罚,自刑事处罚执行完毕之日起至申请注册之日止不满3年的不予注册。

(40)C

解析:《测绘作业证管理规定》第十六条规定:测绘单位申报材料不真实,虚报冒领测绘作业证的,由省、自治区、直辖市人民政府测绘行政主管部门收回冒领的证件,并根据其情节给予通报批评。

(41)C

解析:按照从事测绘活动的单位的规模、管理水平、能力大小,将测绘资质划分为甲、乙、丙、丁4个等级,甲级是最高等级,丁级为最低等级。

(42)A

解析:《测绘作业证管理规定》第二条规定:测绘外业作业人员和需要持测绘作业证的其他人员应当领取测绘作业证。进行外业测绘活动时应当持有测绘作业证。

2)多项选择题(每题2分。每题的备选项中,有2个或2个以上符合题意,至少有1个错项。错选,本题不得分;少选,所选的每个选项得0.5分)

(43)ABD

解析:《外国的组织或者个人来华测绘管理暂行办法》第七条规定:合资、合作测绘不得从事下列活动:①大地测量;②测绘航空摄影;③行政区域界线测绘;④海洋测绘;⑤地形图和普通地图编制;⑥导航电子地图编制;⑦国务院测绘行政主管部门规定的其他测绘活动。

(44)ABCD

解析:合资、合作企业申请测绘资质应当具备的条件:①符合《测绘法》以及外商投资的法律法规的有关规定;②符合《测绘资质管理规定》的有关要求;③合资、合作企业须中方控股;

④已经依法进行企业登记,并取得中华人民共和国法人资格。

(45)ABE

解析:《测绘作业证管理规定》第十五条规定,测绘人员有下列行为之一的,由所在单位收回其测绘作业证并及时交回发证机关,对情节严重者依法给予行政处分;构成犯罪的,依法追究刑事责任。具体规定如下:①将测绘作业证转借他人的;②擅自涂改测绘作业证的,③利用测绘作业证严重违反工作纪律、职业道德或者损害国家、集体或者他人利益的;④利用测绘作业证进行欺诈及其他违法活动的。

(46)ABD

解析:《注册测绘师制度暂行规定》第二十三条规定,注册申请人有下列情形之一的,不予注册:①不具有完全民事行为能力的;②刑事处罚尚未执行完毕的;③因在测绘活动中受到刑事处罚,自刑事处罚执行完毕之日起至申请注册之日止不满3年的;④法律、法规规定不予注册的其他情形。

(47)ABCD

解析:测绘人员在下列情况下应当主动出示测绘作业证:①进入机关、企业、住宅小区、耕地或者其他地块进行测绘时;②使用测量标志时;③接受测绘行政主管部门的执法监督检查时;④办理与所进行的测绘活动相关的其他事项时。进入保密单位、军事禁区和法律法规规定的需经特殊审批的区域进行测绘时,还应当按照规定,持有关部门的批准文件。

(48)ACD

解析:《测绘作业证管理规定》第十五条规定,测绘人员有下列行为之一的,由所存单位收回其测绘作业证并及时交回发证机关,对情节严重者依法给予行政处分;构成犯罪的,依法追究刑事责任。①将测绘作业证转借他人的;②擅自涂改测绘作业证的;③利用测绘作业证严重违反工作纪律、职业道德或者损害国家、集体或者他人利益的;④利用测绘作业证进行欺诈及其他违法活动的。

(49)ABCD

解析:注册测绘师的职业范围是:①测绘项目技术设计;②测绘项目技术咨询和技术评估;③测绘项目技术管理、指导与监督;④测绘成果质量检验、审查、鉴定;⑤国务院有关部门规定的其他测绘业务。

(50)ABCD

解析:《注册测绘师制度暂行规定》第三十五条规定,注册测绘师应履行下列义务:①遵守法律、行政法规和有关管理规定,恪守职业道德;②执行测绘技术标准和规范;③履行岗位职责,保证执业活动成果质量,并承担相应责任;④保守知悉的国家秘密和委托单位的商业、技术秘密;⑤只受聘于一个有测绘资质的单位执业;⑥不准他人以本人名义执业;⑦更新专业知识,提高专业技术水平;⑧完成注册管理机构交办的相关工作。

(51)ABCD

解析:《测绘法》第二十二条规定,从事测绘活动的单位应当具备下列条件,并依法取得相应等级的测绘资质证书后,方可从事测绘活动:①有与其从事的测绘活动相适应的专业技术人员;②有与其从事的测绘活动相适应的技术装备和设施;③有健全的技术、质量保证体系和测绘成果及资料档案管理制度;④具备国务院测绘行政主管部门规定的其他条件。

3 测绘项目管理

3.1 考点分析

3.1.1 承包发包与招标投标

1)概念

(1)测绘项目发包

测绘项目发包有两种方式:招标发包和直接发包。

较大规模的工程测绘项目、地籍测绘项目、房产测绘项目等一般采取招标发包的方式;小规模的工程测绘项目、地籍测绘项目、房产测绘项目采取直接发包的方式。由于基础测绘成果往往属于保密范畴,目前仍以直接发包为主。

(2)测绘项目承包

承担测绘项目的单位须具备如下条件:

①必须具备相应的测绘资质。

②要有完成所承担测绘项目的能力,不能将测绘项目转包他人。

③应当对测绘成果质量负责。

(3)招标

招标是发包的一种方式,招标发包是业主对自愿参加某一特定工程项目的承包单位进行审查、评比和选定的过程。

招标有三种方式:公开招标、邀请招标、议标。

公开招标也称为无限竞争性招标,是招标方按照法定程序,在公开的媒体上发布招标公告,所有符合条件自愿承包的单位都可以平等参加投标竞争,从中选择承包者的方式。

邀请招标也称有限竞争性选择招标,是招标方选择若干自愿承包的单位,向其发出邀请,由被邀请的单位竞争,从中选择承包者的方式。

议标也称非竞争性招标或指定性招标,是发包者邀请两家或者两家以上愿意承包的单位直接协商确定承包者。

(4)投标

投标是有意承包项目的单位响应招标,向招标方书面提出自己提供的项目报价及其他响应招标要求的条件,参与项目竞争。

2)《测绘法》的有关规定

《测绘法》对测绘项目发包承包作出的规定,主要包括以下内容:

(1)测绘项目的发包单位不得向不具有相应测绘资质等级的单位发包。

(2)测绘项目的发包单位不得迫使测绘单位以低于测绘成本承包。

(3)测绘单位不得将承包的测绘项目转包。所谓转包是指承包方将所承揽的测绘项目全部转给他人完成,或者将测绘项目的主体工作或大部分工作转包给他人完成。

(4)法律责任

①测绘项目的发包单位将测绘项目发包给不具有相应资质等级的测绘单位或者迫使测绘单位以低于测绘成本承包的,责令改正,可以处测绘约定报酬2倍以下的罚款。发包单位的工作人员利用职务上的便利,索取他人财物或者非法收受他人财物,为他人谋取利益,构成犯罪的,依法追究刑事责任;尚不够刑事处罚的,依法给予行政处分。

②测绘单位将测绘项目转包的,责令改正,没收违法所得,处测绘约定报酬1倍以上2倍以下的罚款,并可以责令停业整顿或者降低资质等级;情节严重的,吊销测绘资质证书。

3.1.2 测绘合同

1)合同的基本原则

合同是平等主体的自然人、法人、其他组织之间设立、变更、终止民事权利义务关系的协议。订立合同应遵循以下基本原则:①当事人法律地位平等;②自愿的原则;③公平的原则;④诚实信用的原则;⑤遵守法律和不得损害社会公共利益的原则。

2)合同的订立

(1)合同当事人的资格

当事人订立合同,应当具有相应的民事权利能力和民事行为能力。当事人依法可以委托代理人订立合同。

(2)合同的形式

当事人订立合同的形式包括:书面形式、口头形式、其他形式。法律、行政法规规定采用书面形式的,应当采用书面形式。当事人约定采用书面形式的,应当采用书面形式。

(3)合同的主要条款

合同的内容由当事人约定,一般包括以下条款:①当事人的名称或者姓名和住所;②标的;③数量;④质量;⑤价款或者报酬;⑥履行期限、地点和方式;⑦违约责任;⑧解决争议的方法。

(4)合同订立的方式

当事人订立合同,采取要约、承诺方式。

(5)缔约过失责任

当事人在订立合同过程中有下列情形之一,给对方造成损失的,应当承担损害赔偿责任:①假借订立合同,恶意进行磋商;②故意隐瞒与订立合同有关的重要事实或者提供虚假情况;③有其他违背诚实信用原则的行为。

(6)当事人保密义务

当事人在订立合同过程中知悉的商业秘密,无论合同是否成立,不得泄露或者不正当地使用。泄露或者不正当地使用该商业秘密给对方造成损失的,应当承担损害赔偿责任。

3)合同的效力

(1)合同生效时间

依法成立的合同,自成立时生效。法律、行政法规规定应当办理批准、登记等手续生效的,依照其规定。

(2)附条件合同的效力

所谓附条件的合同,是指合同的双方当事人在合同中约定某种事实状态,并以其将来发生或者不发生作为合同生效或者不生效的限制条件的合同。

附生效条件的合同,自条件成就时生效。附解除条件的合同,自条件成就时失效。当事人为自己的利益不正当地阻止条件成就的,视为条件已成就;不正当地促成条件成就的,视为条件不成就。

(3)无效合同

有下列情形之一的,合同无效:①一方以欺诈、胁迫的手段订立合同,损害国家利益;②恶意串通,损害国家、集体或者第三人利益;③以合法形式掩盖非法目的;④损害社会公共利益;⑤违反法律、行政法规的强制性规定。

所谓无效合同就是不具有法律约束力和不发生履行效力的合同。

3.1.3 反不正当竞争

1)市场交易的基本原则

市场交易的基本原则包括:①自愿原则;②平等原则;③公平原则;④诚实信用原则;⑤遵守公认的商业道德。

2)不正当竞争的概念

(1)不正当竞争是经营者违反《反不正当竞争法》的行为,包括:

①采用假冒或混淆等不正当手段从事市场交易的行为。

②商业贿赂行为。

③利用广告或其他方法,对商品作引人误解的虚假宣传行为。

④侵犯商业秘密。

⑤违反本法规定的有奖销售行为。

⑥诋毁竞争对手商业信誉、商品声誉的行为。

⑦公用企业或者其他依法具有独占地位的经营者限定他人购买其指定的经营者的商品,以排挤其他经营者公平竞争的行为。

⑧以排挤竞争对手为目的,以低于成本的价格倾销商品的行为。

⑨招标、投标中的串通行为。

⑩政府及其所属部门滥用行政权力限制经营者正当经营活动和限制商品地区间正当流通行为。

⑪搭售商品或附加其他不合理条件的行为。

(2)不正当竞争是损害其他经营者合法权益的行为。

(3)不正当竞争是扰乱社会经济秩序的行为。

3)对不正当竞争行为的监督检查

(1)县级以上监督检查部门对不正当竞争行为,可以进行监督检查。

(2)监督检查部门包括人民政府工商行政管理机关和法律、法规规定的其他机关。

(3)县级以上人民政府工商行政部门是反不正当竞争的主管部门。

3.2 例　　题

1)单项选择题(每题1分。每题的备选项中,只有1个最符合题意)

(1)下列合同订立情形中,不属于《中华人民共和国合同法》(以下简称《合同法》)规定的合同无效的情形的是(　　)。

A. 一方以欺诈、胁迫的手段订立合同,损害国家利益

B. 恶意串通,损害国家、集体或第三人利益

C. 订立合同显失公平

D. 以合法形式掩盖非法目的

(2)投标人的下列投标行为中,不违反《招标投标法》的是(　　)。

A. 互相串通投标

B. 投标人以低于成本的报价投标

C. 以他人名义投标

D. 法人联合体以一个投标人的身份共同投标

(3)关于当事人订立合同形式的说法,错误的是(　　)。

A. 订立合同可以采用口头形式

B. 订立合同必须采用书面形式

C. 订立合同可以采用书面形式

D. 法律规定采用书面形式的应当采用书面形式

(4)下列关于测绘项目承发包说法不正确的是(　　)。

A. 测绘项目发包单位不得向不具有相应测绘资质等级的单位发包

B. 测绘项目发包单位不得迫使测绘单位以低于测绘成本承包

C. 测绘单位可以将承包的测绘项目转包

D. 对于测绘项目发包单位来说,必须查验承包单位的测绘资质

(5)在《中华人民共和国招标投标法》(以下简称《招标投标法》)中规定了两种招标方式,即(　　)。

A. 公开招标和邀请招标　　B. 公开招标和内部招标

C. 邀请招标和内部招标　　D. 公开招标和议标

(6)在招标方式中,被称为无限竞争性招标的是(　　)。

A. 议标　　B. 邀请招标　　C. 秘密招标　　D. 公开招标

(7)招标人采用邀请招标方式的,应当向(　　)具备承担招标项目的能力、资信良好的特定的法人或者其他组织发出投标邀请书。

A. 1个以上　　B. 2个以上　　C. 3个以上　　D. 4个以上

(8)基础测绘项目目前主要以(　　)的方式确定承担单位。

A. 公开招标　　B. 议标　　C. 直接发包　　D. 邀请招标

(9)在测绘项目中,技术依据及质量标准的确定需要在合同签订前由(　　)认定。

A. 发包方　　B. 承包方

C. 承包方或发包方任意一方　　D. 当事人双方协商

(10)向对方提出合同条件作出签订合同的意思表示称为(　　)。

A. 要约　　B. 邀请　　C. 承诺　　D. 预订合同

(11)投标者和招标者相互勾结,以排挤竞争对手的公平竞争的,其中标无效,监督检查部门可以根据情节处以(　　)的罚款。

A. 5 万元以下　　B. 2 万元以上 10 万元以下

C. 1 万元以上 20 万元以下　　D. 2 万元以上 20 万元以下

(12)下列关于测绘合同的说法错误的是(　　)。

A. 测绘合同的制定应在平等协商的基础上来对合同的各项条款进行规定

B. 应当遵循公平原则来确定各方的权利和义务

C. 必须遵守国家的相关法律和法规

D. 合同内容由发包人确定

(13)市场交易的基本原则不包括(　　)。

A. 自愿原则　　B. 平等原则　　C. 风险共担原则　　D. 公平原则

(14)关于测绘项目的承发包中,测绘单位义务的描述不正确的是(　　)。

A. 不得超越其资质等级许可的范围从事测绘活动

B. 不得以其他测绘单位的名义从事测绘活动

C. 不得允许其他单位以本单位的名义从事测绘活动

D. 测绘单位可以将承包的测绘项目转包给同资质的其他测绘单位

(15)测绘项目的发包单位将测绘项目发包给不具有相应资质等级的测绘单位或者迫使测绘单位以低于测绘成本承包的,责令改正,可以处测绘约定报酬(　　)倍以下的罚款。

A. 1　　B. 2　　C. 3　　D. 4

2)多项选择题(每题 2 分。每题的备选项中,有 2 个或 2 个以上符合题意,至少有 1 个错项。错选,本题不得分;少选,所选的每个选项得 0.5 分)

(16)对于合同当事人的资格,《合同法》规定,当事人签订合同,应当具有相应的(　　)。

A. 民事权利能力　　B. 注册资金　　C. 民事行为能力

D. 良好社会信誉　　E. 履行合同能力

(17)根据《合同法》的规定,关于订立合同应遵循原则的说法正确的是(　　)。

A. 当事人法律地位平等

B. 诚实信用的原则

C. 遵守法律和不得损害社会公共利益的原则

D. 自愿的原则

E. 守时的原则

(18)下列情形中,属于不正当竞争行为的是(　　)。

A. 商业贿赂行为　　B. 利用广告对商品做引人误解的虚假宣传

C. 搭售商品的行为　　D. 通过专利后,对商品进行专利宣传的行为

E. 低价倾销

(19)下列情况下构成受迫使而订立合同的要件的是(　　)。

A. 必须有受迫使方因迫使行为而违背自己的真实意思与迫使方订立合同

B. 迫使人对部分信息进行了刻意隐瞒

C. 迫使行为必须是合法的

D. 迫使方必须实施了迫使行为

E. 迫使人具有迫使的故意

(20)发包是指将工程项目、加工生产项目等生产经营项目交给承担单位或者个人来完成，发包的方式包括(　　)。

A. 招标发包　　B. 直接发包　　C. 间接发包

D. 定向发包　　E. 委托发包

(21)下列情况中，属于投标中的禁止事项的是(　　)。

A. 互相串通投标

B. 以他人名义投标

C. 投标人以低于成本的报价投标

D. 法人联合体以一个投标人的身份共同投标

E. 投标人以其他方式弄虚作假，骗取中标

3.3　例题参考答案及解析

1)单项选择题(每题1分。每题的备选项中，只有1个最符合题意)

(1)C

解析:《合同法》第五十二条规定，有下列情形之一的，合同无效：①一方以欺诈、胁迫的手段订立合同，损害国家利益；②恶意串通，损害国家、集体或者第三人利益；③以合法形式掩盖非法目的；④损害社会公共利益；⑤违反法律、行政法规的强制性规定。

(2)D

解析:《招标投标法》对投标人组成联合体共同投标是允许的。投标中的禁止事项：①禁止串通投标；②禁止投标人以向招标人或者评标委员会成员行贿的手段谋取中标；③投标人不得以低于成本的报价竞标；④投标人不得以他人名义投标或者以其他方式弄虚作假，骗取中标。

(3)B

解析:《合同法》第十条规定：当事人订立合同，有书面形式、口头形式和其他形式。法律、行政法规规定采用书面形式的，应当采用书面形式。当事人约定采用书面形式的，应当采用书面形式。

(4)C

解析:《测绘法》第二十四条规定：测绘单位不得超越其资质等级许可的范围从事测绘活动或者以其他测绘单位的名义从事测绘活动，并不得允许其他单位以本单位的名义从事测绘活动。测绘项目实行承发包的，测绘项目的发包单位不得向不具有相应测绘资质等级的单位发包或者迫使测绘单位以低于测绘成本承包。测绘单位不得将承包的测绘项目转包。

(5)A

解析:《招标投标法》规定的投标方式包括公开招标和邀请招标。

(6)D

解析:招标是发包的一种方式,招标分为公开招标、邀请招标、议标三种方式。其中,公开招标又称为无限竞争性招标,邀请招标也称为有限竞争性选择招标,议标也称非竞争性招标或指定性招标。

(7)C

解析:《招标投标法》第十七条规定:招标人采用邀请招标方式的,应当向3个以上具备承担招标项目的能力、资信良好的特定的法人或者其他组织发出招标邀请书。

(8)C

解析:由于基础测绘成果往往属于保密范畴,基础测绘项目上不宜采用招标的方式确定承担单位,目前仍以直接发包为主。就当前情况来说,较大规模的工程测绘项目、地籍测绘项目、房产测绘项目等,一般采取招标发包的方式;小规模的工程测绘项目、地籍测绘项目、房产测绘项目采取直接发包的方式。

(9)D

解析:一般情况下,技术依据及质量标准的确定需要合同签订前由当事人双方协商认定;对于未做约定的情形,应注明按照本行业相关规范及技术规程执行,以避免出现合同漏洞导致不必要的争议。

(10)A

解析:《合同法》第十三条规定:当事人订立合同,采取要约、承诺方式。当事人对合同内容协商一致的过程,就是经过要约、承诺完成的。向对方提出合同条件做出签订合同的意思表示称为“要约”。而另一方如果表示接受就称为“承诺”。

(11)C

解析:投标者串通投标,抬高标价或者压低标价;投标者和招标者相互勾结,以排挤竞争对手的公平竞争的,其中标无效。监督检查部门可以根据情节处以1万元以上20万元以下的罚款。

(12)D

解析:测绘合同的制定应在平等协商的基础上来对合同的各项条款进行规定,应当遵循公平原则来确定各方的权利和义务,并且必须遵守国家的相关法律和法规。合同内容由当事人约定。

(13)C

解析:市场交易的基本原则包括:自愿原则、平等原则、公平原则、诚实信用原则和遵守公认的商业道德。

(14)D

解析:《测绘法》第二十四条规定:测绘单位不得超越其资质等级许可的范围从事测绘活动或者以其他测绘单位的名义从事测绘活动,并不得允许其他单位以本单位的名义从事测绘活动。测绘项目实行承发包的,测绘项目的发包单位不得向不具有相应测绘资质等级的单位发包或者迫使测绘单位以低于测绘成本承包。测绘单位不得将承包的测绘项目转包。

(15)B

解析:测绘项目发包中,《测绘法》对其规定的法律责任为:测绘项目的发包单位将测绘项目发包给不具有相应资质等级的测绘单位或者迫使测绘单位以低于测绘成本承包的,责令改正,可以处测绘约定报酬2倍以下的罚款。

2)多项选择题(每题 2 分。每题的备选项中,有 2 个或 2 个以上符合题意,至少有 1 个错项。错选,本题不得分;少选,所选的每个选项得 0.5 分)

(16)AC

解析:《合同法》第九条规定:当事人订立合同,应当具有相应的民事权利能力和民事行为能力。

(17)ABCD

解析:《合同法》第五条规定,当事人应当遵循公平原则确定各方的权利和义务;第六条规定,当事人行使权利、履行义务应当遵循诚实信用原则;第七条规定,当事人订立、履行合同,应当遵守法律、行政法规,尊重社会公德,不得扰乱社会经济秩序,损害社会公共利益。

(18)ABCE

解析:《反不正当竞争法》第二条规定,本法所称的不正当竞争,是指经营者违反本法规定,损害其他经营者的合法权益,扰乱社会经济秩序的行为。

(19)ADE

解析:测绘项目的发包单位不得迫使测绘单位以低于测绘成本承包。所谓"迫使",是指测绘项目发包方不正确地利用自己所处的项目发包优势地位,以将要发生的损害或者以直接实施损害相威胁,使对方测绘单位产生恐惧而与之订立合同。因迫使而订立合同要具有如下构成要件:①迫使方具有迫使的故意;②迫使方必须实施了迫使行为;③迫使行为必须是非法的;④必须要有受迫使方因迫使行为而违背自己的真实意思与迫使方订立合同。

(20)AB

解析:发包是指将工程项目、加工生产项目等生产经营项目交给承担单位或者个人来完成,发包的方式包括招标发包、直接发包。

(21)ABCE

解析:投标中的禁止事项:①禁止串通投标;②禁止投标人以向招标人或者评标委员会成员行贿的手段谋取中标;③投标人不得以低于成本的报价竞标;④投标人不得以他人名义投标或者以其他方式弄虚作假,骗取中标。

4 测绘基准和测绘系统

4.1 考点分析

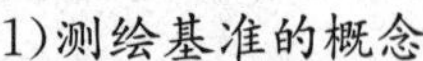

4.1.1 测绘基准

1)测绘基准的概念

测绘基准是指一个国家的整个测绘的起算依据和各种测绘系统的基础。我国目前采用的四个测绘基准如下。

(1)大地基准:大地基准是建立大地坐标系统和测量空间点点位的大地坐标的基本依据。我国目前大多数地区采用的大地基准是1980年西安坐标系。

(2)高程基准:高程基准是建立高程系统和测量空间点高程的基本依据。我国目前采用的高程基准为1985年国家高程基准。

(3)重力基准:重力基准是建立重力测量系统和测量空间点的重力值的基本依据。我国目前采用的重力基准为2000年国家重力基准。

(4)深度基准:深度基准是海洋深度测量和海图上图载水深的基本依据。我国目前采用的深度基准因海区不同而有所不同。

2)测绘基准的特征

测绘基准的特征包括:①科学性;②统一性;③法定性;④稳定性。

3)测绘基准管理

(1)国家规定测绘基准

①测绘基准的数据由国务院测绘行政主管部门审核后,还必须与国务院其他有关部门、军队测绘主管部门进行会商,充分听取各相关部门的意见。

②测绘基准的数据经相关部门审核后,必须经过国务院批准后才能实施,各项测绘基准数据经国务院批准后,便成为所有测绘活动的起算依据。

(2)国家要求使用统一的测绘基准

《测绘法》规定从事测绘活动应当使用国家规定的测绘基准和测绘系统。实施基础测绘项目,不使用全国统一的测绘基准和测绘系统或者不执行国家规定的测绘技术规范和标准的,责令限期改正,给予警告,可以并处10万元以下罚款;对负有直接责任的主管人员和其他直接责任人员,依法给予处分。

4.1.2 测绘系统

1)测绘系统的概念

测绘系统是指由测绘基准延伸,在一定范围内布设的各种测量控制网,它们是各类测绘成果的依据。

五个测绘系统包括大地坐标系统、平面坐标系统、高程系统、地心坐标系统和重力测量系统。

2)测绘系统管理的基本法律规定

(1)从事测绘活动要使用国家规定的测绘系统。

(2)国家建立全国统一的大地坐标系统、平面坐标系统、高程系统、地心坐标系统和重力测量系统，确定国家大地测量等级和精度。

(3)采用国际坐标系统和建立相对独立的平面坐标系统要依法经过批准。

(4)未经批准擅自采用国际坐标系统和建立相对独立的平面坐标系统的，应当承担相应的法律责任。

3)测绘系统管理的职责

(1)国务院测绘行政主管部门的职责

①负责建立全国统一的大地坐标系统、平面坐标系统、高程系统、地心坐标系统和重力测量系统。

②会同国务院其他有关部门、军队测绘主管部门制定国家大地测量等级和精度以及国家基本比例尺地图的系列和基本精度的具体规范和要求。

③会同军队测绘主管部门审批国际坐标系统。

④负责因建设、城市规划和科学研究的需要，大城市和国家重大工程项目确需建立相对独立的平面坐标系统的审批。

⑤负责全国测绘系统的维护和统一监督管理。

(2)省级测绘行政主管部门的职责

①建立本省行政区域内与国家测绘系统相统一的大地控制网和高程控制网。

②负责因建设、城市规划和科学研究的需要，除大城市和国家重大工程项目以外确需建立相对独立的平面坐标系统的审批。

③负责本省行政区域内全国统一的测绘系统的维护和统一监督管理。

(3)市、县级测绘行政主管部门的职责

①建立本行政区域内与国家测绘系统相统一的大地控制网和高程控制网的加密网。

②负责测绘系统的维护和统一监督管理。

4)国际坐标系统管理

(1)国际坐标系统的概念

国际坐标系统是指全球性的坐标系统，或者国际区域性的坐标系统，或者其他国家建立的坐标系统。

(2)采用国际坐标系统的原则

①在我国采用国际坐标系统必须以不妨碍国家安全为原则，对于妨碍国家安全的，不允许其采用国际坐标系统。

②采用国际坐标系统必须以确有必要为原则。

③采用国际坐标系统，必须以经国务院测绘行政主管部门会同军队测绘主管部门审批为原则。

(3)采用国际坐标系统的条件

采用国际坐标系统必须符合下列条件：

①国家现有坐标系统不能满足需要，而采用国际坐标系统的。

②采用国际坐标系统后的资料，将为社会公众提供的。

③在较大区域范围内采用国际坐标系统的。

④其他确有必要采用国际坐标系统的。

⑤独立的法人单位或者政府相关部门。

⑥有健全的测绘成果及资料档案管理制度。

(4)申请采用国际坐标系统需要提交的材料

①采用国家坐标系统申请书。

②采用国际坐标系统的理由。

③申请人企业法人营业执照或机关、事业单位法人证书。

④能够反映申请单位的测绘成果与资料档案管理制度的证明文件。

5)相对独立的平面坐标系统管理

(1)相对独立的平面坐标系统的概念

相对独立的平面坐标系统，是指为满足在局部地区进行大比例尺测图和工程测量的需要，以任意点和方向起算建立的平面坐标系统或者在全国统一的坐标系统基础上，进行中央子午线投影变换以及平移、旋转等而建立的平面坐标系统。

(2)建立相对独立的平面坐标系统的原则

①必须是因建设、城市规划和科学研究的需要，如果不是满足建设、城市规划和科学研究的需要，必须按照国家规定采用全国统一的测绘系统。

②确实需要建立。建立相对独立的平面坐标系统必须有明确的目的和理由，不建设就会对工程建设、城市规划等造成严重影响的。

③必须经过批准，未按照规定程序经省级以上测绘行政主管部门批准，任何单位都不得建立相对独立的平面坐标系统。

④应当与国家坐标系统相联系，建立的相对独立的平面坐标系统必须与国家统一的测量控制网点进行联测，建立与国家坐标系统之间的联系。

(3)建立相对独立的平面坐标系统的审批

建立相对独立的平面坐标系统审批是一项有数量限制的行政许可。一个城市只能建设一个相对独立的平面坐标系统。

①国家测绘地理信息局的审批职责，包括50万人口以上的城市，列入国家计划的国家重大工程项目，其他确需国家测绘地理信息局审批的。

②省级测绘行政主管部门的审批职责，包括50万人口以下的城市，列入省级计划的大型工程项目，其他确需省级测绘行政主管部门审批的。

(4)不予批准的情形

有以下情况之一的，对建立相对独立的平面坐标系统的申请不予批准：

①申请材料内容虚假的。

②国家坐标系统能够满足需要的。

③已依法建有相关的相对独立的平面坐标系统的。

④测绘行政主管部门依法认定的应当不予批准的其他情形。

6)建立相对独立的平面坐标系统的法律责任

《测绘法》对未经批准、擅自建立相对独立的平面坐标系统的，设定了严格的法律责任，主要包括给予警告、责令改正，可以并处10万元以下的罚款；构成犯罪的，依法追究刑事责任；尚不够刑事处罚的，对负有直接责任的主管人员和其他直接责任人员，依法给予行政处分。

4.1.3 测量标志

1)测量标志的概念

测量标志是指在陆地和海洋标定测量控制点位置的标石、觇标以及其他标记的总称。

2)测量标志管理体制

(1)各级人民政府

①加强对测量标志保护工作的领导，采取有效措施加强测量标志保护工作，增强公民依法保护测量标志的意识。

②对在测量标志保护工作中做出显著成绩的单位和个人，给予奖励。

③将测量标志保护经费列入当地政府财政预算和年度计划。

(2)国务院测绘行政主管部门

①研究制定有关测量标志保护的行政法规(草案)、规章和相关政策，制定测量标志有偿使用的具体办法。

②组织制定全国测量标志保护规划和普查、维修年度计划。

③组织测量标志保护法律、法规的宣传，提高全民的测量标志保护意识。

④负责国家一、二等永久性测量标志的拆迁审批。

⑤检查、维护国家一、二等永久性测量标志。

⑥依法查处损毁测量标志的违法行为。

(3)省级测绘行政主管部门

①组织贯彻实施有关测量标志保护的法律、法规和规章。

②参与制定或者制定测量标志保护的地方法规、规章和规范性文件。

③负责国家和本省统一设置的四等以上三角点、水准点和D级以上全球卫星定位控制点的测量标志的迁建审批工作。

④制定全省测量标志普查和维修年度计划及定期普查维护制度。

⑤组织建立永久性测量标志档案。

⑥组织实施永久性测量标志的检查、维护和管理工作。

⑦查处永久性测量标志违法案件。

(4)市、县(市)级人民政府测绘行政主管部门

①组织贯彻实施有关测量标志保护的法律、法规、规章和相关政策。

②负责本市、县(市)级设置的永久性测量标志的迁建审批工作。

③建立和修订永久性测量标志档案。

④负责永久性测量标志的检查、维护和管理工作。

⑤负责永久性测量标志的统计、报告工作。

⑥处理永久性测量标志损毁事件以及因测量标志损坏造成的事故。

⑦查处违反测量标志保护有关法律、法规和规章的行为。

(5)乡(镇)人民政府

①宣传贯彻测量标志保护的法律、法规、规章和测量标志保护政策。

②确定永久性测量标志的保管单位或者人员,并对其保管责任的落实情况进行监督检查。

③根据测绘行政主管部门委托,办理永久性测量标志委托保管手续。

④负责永久性测量标志的日常检查,制止损毁永久性测量标志的行为,并定期向当地测绘行政主管部门报告测量标志保护情况。

3)测量标志建设

(1)使用国家规定的测绘基准和测绘标准。

(2)选择有利于测量标志长期保护和管理的点位。

(3)应当对永久性测量标志设立明显标记;设置基础性测量标志的,还应当设立由国务院测绘行政主管部门统一监制的专门标牌。

(4)建设永久性测量标志需要占用土地的,地面标志占用土地的范围为 36～100m^2,地下标志占用土地的范围为 16～36m^2。

(5)设置永久性测量标志的部门应当将永久性测量标志委托当地有关单位或者人员负责保管。

(6)符合法律、法规规定的其他要求。

4)测量标志保管

(1)设立明显标记。

(2)实行委托保管制度。

测量标志保管人员的职责主要包括:

①经常检查测量标志的使用情况,查验永久性测量标志使用后的完好状况。

②发现永久性测量标志有移动或者损毁的情况,及时向当地乡级人民政府报告。

③制止、检举和控告移动、损毁、盗窃永久性测量标志的行为。

④查询使用永久性测量标志的测绘人员的有关情况。

(3)工程建设要避开永久性测量标志。

(4)拆迁永久性测量标志要经过批准,并支付拆迁费用。

(5)使用测量标志应当持有测绘作业证件,并保证测量标志的完好。

(6)定期组织开展测量标志普查和维护。

5)测量标志拆迁审批职责

(1)国务院测绘行政主管部门审批职责

①国家一、二等三角点(含同等级的大地点)、水准点(含同等级的水准点)。

②国家天文点、重力点(包括地壳形变监测点等具有物理因素的点),GPS 点(B 级精度以上)。

③国家明确规定需要重点保护的其他永久性测量标志等。

(2)省级测绘行政主管部门审批职责

①国家三、四等三角点(含同等级的大地点)、水准点(含同等级的水准点)。

②省级测绘行政主管部门建立的不同等级的三角点、水准点、GPS 点等。

③省级测绘行政主管部门明确需要重点保护的其他永久性测量标志。

(3)市、县级测绘行政主管部门的审批职责

①国家平面控制网、高程控制网和空间定位网的加密网点。

②市、县测绘行政主管部门自行建造的其他不同等级的三角点、水准点和GPS点。

6)测量标志的使用

(1)测量标志使用的基本规定

①测绘人员使用永久性测量标志,应当持有测绘作业证件,接受县级以上人民政府管理测绘工作的部门的监督和负责保管测量标志的单位和人员的查询,并按照操作规程进行测绘,保证测量标志的完好。

②国家对测量标志实行有偿使用,但是使用测量标志从事军事测绘任务的除外。测量标志有偿使用的收入应当用于测量标志的维护、维修,不得挪作他用。

(2)测绘人员的义务

①测绘人员使用永久性测量标志,必须持有测绘作业证件,并保证测量标志的完好。

②测绘人员根据测绘项目开展情况建立永久性测量标志,应当按照国家有关的技术规定执行,并设立明显的标记。

③接受县级以上测绘行政主管部门的监督和测量标志保管人员的查询。

④依法交纳测绘基础设施使用费。

⑤积极宣传测量标志保护的法律、法规和相关政策。

7)法律责任

有下列行为之一的,给予警告,责令改正,可以并处5万元以下的罚款;造成损失的,依法承担赔偿责任;构成犯罪的,依法追究刑事责任;尚不够刑事处罚的,对负有直接责任的主管人员和其他直接责任人员,依法给予行政处分:

(1)损毁或者擅自移动永久性测量标志和正在使用中的临时性测量标志的。

(2)侵占永久性测量标志用地的。

(3)在永久性测量标志安全控制范围内从事危害测量标志安全和使用效能的活动的。

(4)在测量标志占地范围内,建设影响测量标志使用效能的建筑物的。

(5)擅自拆除永久性测量标志或者使永久性测量标志失去使用效能,或者拒绝支付迁建费用的。

(6)违反操作规程使用永久性测量标志,造成永久性测量标志毁损的。

(7)无证使用永久性测量标志并且拒绝县级以上人民政府管理测绘工作的部门监督和负责保管测量标志的单位和人员查询的。

(8)干扰或者阻挠测量标志建设单位依法使用土地或者在建筑物上建设永久性测量标志的。

4.2 例　　题

1)单项选择题(每题1分。每题的备选项中,只有1个最符合题意)

(1)《测绘法》规定批准全国统一的大地基准、高程基准、深度基准和重力基准数据的机构是(　　)。

A. 国务院
B. 国务院测绘行政主管部门
C. 军队测绘主管部门
D. 国家标准化管理委员会

(2)某中等城市拟启动建立城市 GPS 控制网基础测绘项目。坐标系统应当基于(　　)。

A. 1954 年北京坐标系
B. 2000 年国家坐标系
C. 1980 年西安坐标系
D. WGS-84 坐标系

(3)根据《测绘标志保护条例》,下列工作中,不属于测量标志保管人员义务的是(　　)。

A. 收取测量标志有偿使用费
B. 制止、检举和控告移动、损毁、盗窃测量标志的行为
C. 发现测量标志有移动或者损毁的情况时,及时向当地乡级人民政府报告
D. 经常检查保管测量标志

(4)拆迁永久性测量标志或者使永久性测量标志失去效能的,依法应当经(　　)批准。

A. 测量标志建筑单位
B. 测量标志所在地市级测绘行政主管部门
C. 测量标志管理单位
D. 省级以上测绘行政主管部门

(5)我国目前采用的高程基准为(　　)。

A. 1956 年国家高程基准
B. 1985 年国家高程基准
C. 1997 年国家高程基准
D. 2000 年国家高程基准

(6)《测绘法》对未经批准、擅自建立相对独立的平面坐标系统的,设定了严格的法律责任,主要包括给予警告、责令改正,可以并处(　　)罚款。

A. 5 万元以下
B. 1 万元以上 5 万元以下
C. 10 万元以下
D. 1 万元以上 10 万元以下

(7)测绘人员在使用测量标志的过程中,下列情况不符合测绘人员义务的是(　　)。

A. 测绘人员使用永久性测量标志,不必履行手续和出示证件
B. 接受县级以上测绘行政主管部门的监督和测量标志管理人员的查询
C. 依法缴纳测绘基础设施使用费
D. 积极宣传测量标志保护的法律、法规和相关政策

(8)我国正式开始启用 2000 年国家大地坐标系的时间是(　　)。

A. 2007 年 7 月 1 日
B. 2007 年 10 月 1 日
C. 2008 年 7 月 1 日
D. 2008 年 10 月 1 日

(9)下列不属于我国重力测量系统的是(　　)。

A. 1957 年重力测量系统
B. 1980 年重力测量系统
C. 1985 年重力测量系统
D. 2000 年重力测量系统

(10)2000 国家大地坐标系与现行国家大地坐标系转换、衔接的过渡期为(　　)。

A. 8 年　　B. 10 年　　C. 8～10 年　　D. 5 年

(11)采用国际坐标系统,在不妨碍国家安全的前提下,必须经(　　)批准。

A. 国务院测绘行政主管部门
B. 军队测绘主管部门
C. 国务院测绘行政主管部门会同军队测绘主管部门
D. 国务院测绘行政主管部门或者军队测绘主管部门

(12)下列选项中，属于临时性测量标志的是(　　)。

A. 国家二等三角点钢质觇标

B. 国家四等导线点标石

C. 水准点和卫星定位点的木质觇标

D. 活动的航空摄影的地面标志和测旗

(13)《测绘法》对国家建立统一的测绘系统进行了规定，并明确测绘系统的具体规范和要求由(　　)制定。

A. 军队测绘主管部门

B. 国务院测绘行政主管部门

C. 国务院测绘行政主管部门会同军队测绘主管部门

D. 国务院测绘行政主管部门会同国务院其他有关部门、军队测绘主管部门

(14)国家一、二等三角点、水准点的拆迁审批权属于(　　)。

A. 国务院测绘行政主管部门　　B. 省级测绘行政主管部门

C. 市级测绘行政主管部门　　D. 军事测绘主管部门

2)多项选择题(每题 2 分。每题的备选项中，有 2 个或 2 个以上符合题意，至少有 1 个错项。错选，本题不得分；少选，所选的每个选项得 0.5 分)

(15)某城市建立相对独立的平面坐标系统，申请人应当依法向测绘行政主管部门提交的申请材料有(　　)。

A. 建立相对独立的平面坐标系统申请书

B. 立项批准文件

C. 申请建立相对独立的平面坐标系统的区域内及周边地区现有坐标系统的情况

D. 该市人民政府同意建立该系统的文件

E. 工程项目申请人的有效身份证明

(16)建设永久性测量标志，应当遵守的基本规定有(　　)。

A. 使用国家规定的测绘基准和测绘标准

B. 选择有利于测量标志长期保护和管理的点位

C. 地面标志占用土地的范围不小于 $100m^2$

D. 应当对永久性测量标志设立明显标记

E. 委托当地有关单位指派专人负责保管

(17)下列确需建立相对独立的平面坐标系统的，由国务院测绘行政主管部门负责审批的是(　　)。

A. 50 万人口以上的城市　　B. 50 万人口以下的城市

C. 列入省级计划的大型工程项目　　D. 列入国家计划的国家重大工程项目

E. 项目合同额在 500 万元以上的

(18)关于拆迁永久性测量标志的说法，正确的是(　　)。

A. 永久性测量标志的重建工作，由收取测量标志迁建费用的部门组织实施

B. 拆迁基础性测量标志或者使基础性测量标志失去使用效能的，由国务院测绘行政主管部门或者省、自治区、直辖市人民政府管理测绘工作的部门批准

C. 拆迁永久性测量标志，还应当通知负责保管测量标志的有关单位和人员

D. 永久性测量标志的重建工作，由测绘单位组织实施

E. 经批准拆迁部门专用的测量标志或使用部门专用的测量标志失去使用效能的，工程建设单位应当按照国家有关规定向拆迁部门支付迁建费用

(19)建立相对独立的平面坐标系统的原则是(　　)。

A. 必须是因建设、城市规划和科学研究的需要

B. 确实需要建立　　　　　　　　　C. 必须经过批准

D. 应当与国家坐标系统相联系　　　　E. 实用原则

(20)测绘系统包括(　　)。

A. 大地坐标系统　　B. 平面坐标系统　　C. 高程系统

D. 地心坐标系统　　E. 引力测量系统

(21)以下选项中，属于测量标志保管人员义务职责的是(　　)。

A. 发现永久性测量标志有移动或者损毁的情况，及时向当地县级人民政府报告

B. 收取测量标志有偿使用费

C. 查询使用永久性测量标志的测绘人员的有关情况

D. 制止、检举和控告移动、损毁、盗窃永久性测量标志的行为

E. 经常检查测量标志的使用情况，查验永久性测量标志使用后的完好状况

(22)下列情况中，符合申请采用国际坐标系统条件的是(　　)。

A. 国家现有坐标系统可以满足需要，但为了远期发展考虑的

B. 采用国际坐标系统后的资料，将为社会公众提供的

C. 在较大区域范围内采用国际坐标系统的

D. 有健全的测绘成果及资料档案管理制度

E. 其他确有必要采用国际坐标系统的

(23)关于测量标志的使用说法，正确的是(　　)。

A. 国家对测量标志实行无偿使用

B. 测绘人员使用永久性测量标志，必须持有测绘作业证件

C. 接受县级以上人民政府管理测绘工作的部门的监督和负责保管测量标志的单位和人员的查询

D. 根据测绘项目开展情况建立永久性测量标志，应当按照国家有关的技术规定执行，并设立明显的标记

E. 测绘人员损坏永久性测量标志的只要及时恢复即可

4.3　例题参考答案及解析

1)单项选择题(每题 1 分。每题的备选项中，只有 1 个最符合题意)

(1)A

解析：《测绘法》第八条规定，国家设立和采用全国统一的大地基准、高程基准、深度基准和重力基准，其数据由国务院测绘行政主管部门审核，并与国务院其他有关部门、军队测绘主管部门会商后，报国务院批准。

(2)B

解析：国家测绘局在 2008 年发布的 2 号公告中指出，2000 国家大地坐标系与现行国家大

地坐标系转换、衔接的过渡期为8～10年。现有各类测绘成果在过渡期内可沿用现行国家大地坐标系。2008年7月1日后新生产的各类测绘成果应采用2000国家大地坐标系。

(3)A

解析:测量标志保管人员的职责,主要包括:①经常检查测量标志的使用情况,查验永久性测量标志使用后的完好状况;②发现永久性测量标志有被移动或者损毁的情况,及时向当地乡级人民政府报告;③制止、检举和控告移动、损毁、盗窃永久性测量标志的行为;④查询使用永久性测量标志的测绘人员的有关情况。

(4)D

解析:《测绘法》第三十七条规定:进行工程建设,应当避开永久性测量标志;确实无法避开,需要拆迁永久性测量标志或者使永久性测量标志失去效能的,应当经国务院测绘行政主管部门或者省、自治区、直辖市人民政府测绘行政主管部门批准;涉及军用控制点的,应当征得军队测绘主管部门的同意。所需迁建费用由工程建设单位承担。

(5)B

解析:我国目前采用的高程基准为"1985国家高程基准"。同时注意,不要混淆2000国家大地坐标系和2000国家重力基准。

(6)C

解析:《测绘法》第四十条规定,违反本法规定,有下列行为之一的,给予警告,责令改正,可以并处10万元以下的罚款;对负有直接责任的主管人员和其他直接责任人员,依法给予行政处分:①未经批准,擅自建立相对独立的平面坐标系统的;②建立地理信息系统,采用不符合国家标准的基础地理信息数据的。

(7)A

解析:测绘人员在使用测量标志时的义务为:①测绘人员使用永久性测量标志,必须持有测绘作业证件,并保证测量标志的完好;②测绘人员根据测绘项目开展情况建立永久性测量标志,应当按照国家有关的技术规定执行,并设立明显的标记;③接受县级以上测绘行政主管部门的监督和测量标志保管人员的查询;④依法缴纳测绘基础设施使用费;⑤积极宣传测量标志保护的法律。

(8)C

解析:2008年7月1日,经国务院批准,我国正式开始启用2000国家大地坐标系,2000国家大地坐标系是全球地心坐标系在我国的具体体现。

(9)B

解析:我国先后使用了1957重力测量系统、1985重力测量系统、2000重力测量系统。我国目前采用的重力基准为2000国家重力基准。

(10)C

解析:国家测绘局在2008年发布的2号公告中指出,2000国家大地坐标系与现行国家大地坐标系转换、衔接的过渡期为8～10年。

(11)C

解析:《测绘法》明确规定:在不妨碍国家安全的情况下,确有必要采用国际坐标系统的,必须经国务院测绘行政主管部门会同军队测绘主管部门批准。因建设、城市规划和科学研究的需要,大城市和国家重大工程项目确需建立相对独立的平面坐标系统的,由国务院测绘行政主管部门批准;其他确需建立相对独立的平面坐标系统的,由省、自治区、直辖市人民政府测绘行政主管部门批准。

(12)D

解析:永久性测量标志是指设有固定标志物以供测量标志使用单位长期使用的需要永久保存的测量标志,包括国家各等级的三角点、基线点、导线点、军用控制点、重力点、天文点、水准点和卫星定位点的木质觇标、钢质觇标和标识标志,以及用于地形图测量、工程测量和变形测量等的固定标志和海底大地点设施等。临时性测量标志是指测绘单位在测量过程中临时设立和使用的,不需要长期保存的标志和标记。如测站点的木桩、活动觇标、测旗、测杆、航空摄影的地面标志、描绘在地面或者建筑物上的标记等,都属于临时性测量标志。

(13)D

解析:《测绘法》第九条规定:国家建立全国统一的大地坐标系统、平面坐标系统、高程系统、地心坐标系统和重力测量系统,确定国家大地测量等级和精度以及国家基本比例尺地图的系列和基本精度。具体规范和要求由国务院测绘行政主管部门会同国务院其他有关部门、军队测绘主管部门制定。

(14)A

解析:国家一、二等三角点、水准点的拆迁应由国务院测绘行政主管部门审批。

2)多项选择题(每题2分。每题的备选项中,有2个或2个以上符合题意,至少有1个错项。错选,本题不得分;少选,所选的每个选项得0.5分)

(15)ABDE

解析:申请建立相对独立的平面坐标系统应当提交的材料是:①建立相对独立的平面坐标系统申请书;②工程项目的申请人的有效身份证明;③立项批准文件;④能够反映建设单位测绘成果及材料档案管理设施和制度的证明文件;⑤建立城市相对独立的平面坐标系统的,应当提供该市人民政府同意建立的文件;⑥建立相对独立的平面坐标系统的城市市政府同意的文件,应当提交原件。

(16)ABDE

解析:永久性测量标志需要占用土地的,地面占用土地范围为36～100m^2,地下占用为16～36m^2。

(17)AD

解析:建立相对独立的平面坐标系统,国家测绘局的审批职责是:①50万人口以上的城市;②列入国家计划的国家重大工程项目;③其他确需国家测绘局审批的。

(18)ABC

解析:《中华人民共和国测量标志保护条例》第十二条规定:经批准拆迁部门专用的测量标志或者使用部门专用的测量标志失去使用效能的,工程建设单位应当按照国家有关规定向设置测量标志的部门支付迁建费用。第二十一条规定:永久性标志的重建工作,由收取测量标志迁建费用的部门组织实施。

(19)ABCD

解析:《测绘法》第十条规定:因建设、城市规划和科学研究的需要,大城市和国家重大工程项目确需建立相对独立的平面坐标系统的,由国务院测绘行政主管部门批准;其他确需建立相对独立的平面坐标系统的,由省、自治区、直辖市人民政府测绘行政主管部门批准。建立相对独立的平面坐标系统,应当与国家坐标系统相联系。

(20)ABCD

解析:测绘系统是指由测绘基准延伸,在一定范围内布设的各种测量控制网,它们是各类测绘成果的依据,包括大地坐标系统、平面坐标系统、高程系统、地心坐标系统和重力测量系统。

(21)CDE

解析:测量标志保管人员的职责是:①经常检查测量标志的使用情况,查验永久性测量标志使用后的完好状况;②发现永久性测量标志有移动或者损毁的情况,及时向当地乡级人民政府报告;③制止、检举和控告移动、损毁、盗窃永久性测量标志的行为;④查询使用永久性测量标志的测绘人员的有关情况。

(22)BCDE

解析:按照《测绘法》规定,采用国际坐标系统,必须坚持三个原则:①在我国采用国际坐标系必须不妨碍国家安全为原则,对于妨碍国家安全的,不允许其采用国际坐标系统;②采用国际坐标系统必须确有必要为原则;③采用国际坐标系统,必须以经国务院测绘行政主管部门会同军队测绘主管部门审批为原则。按照上述原则,申请采用国际坐标系统,必须符合下列条件:①国家现有坐标系统不能满足需要,而采用国际坐标系统的;②采用国际坐标系统后的资料,将为社会公众提供的;③在较大区域范围内采用国际坐标系统的;④其他确有必要采用国际坐标系统的;⑤独立的法人单位或者政府相关部门;⑥有健全的测绘成果及资料档案管理制度。

(23)BCD

解析:测量标志使用的基本规定如下:①测绘人员使用永久性测量标志,应当持有测绘作业证件,接受县级以上人民政府管理测绘工作的部门的监督和负责保管测量标志的单位和人员的查询,并按照操作规程进行测绘,保证测量标志的完好;②国家对测量标志实行有偿使用,但是使用测量标志从事军事测绘任务的除外。测量标志有偿使用的收入应当用于测量标志的维护、维修,不得挪作他用。

5 基础测绘

5.1 考点分析

5.1.1 基础测绘的概念及范围

1)基础测绘的内容

(1)建立全国统一的测绘基准和测绘系统。

(2)进行基础航空摄影。

(3)获取基础地理信息的遥感资料。

(4)测制和更新国家基本比例尺地图、影像图和数字化产品。

(5)建立、更新基础地理信息系统。

2)基础测绘的性质

基础测绘的性质包括:①基础性;②公益性;③通用性;④权威性;⑤持续性。

3)基础测绘的工作原则

基础测绘的工作原则包括:①统筹规划;②分级管理;③定期更新;④保障安全。

4)基础测绘管理体制

国务院测绘行政主管部门负责全国基础测绘工作的统一监督管理。县级以上地方人民政府负责管理测绘工作的行政部门负责本行政区域基础测绘工作的统一监督管理。

5.1.2 基础测绘的规划和审批

1)基础测绘规划的编制

(1)分级编制制度。

(2)专家论证制度。

(3)征求意见制度。

2)基础测绘规划审批和公布

(1)全国基础测绘规划须报国务院批准,地方基础测绘规划报本级政府批准。

(2)经批准的基础测绘规划应当依法公布,但涉及国家秘密的内容不得公布。公布主体是组织编制机关。

3)基础测绘应急保障预案的制定

(1)县级以上人民政府测绘行政主管部门制定基础测绘应急保障预案。

(2)基础测绘应急保障预案的内容包括:①应急保障组织体系;②应急装备和器材配备;③应急响应;④基础地理信息数据的应急测制和更新。

5.1.3 基础测绘项目的组织实施

1)基础测绘实施的原则

(1)分级实施的原则。基础测绘的实施分为三级:国务院测绘行政主管部门,省、自治区、直辖市测绘行政主管部门,设区的市、县级人民政府。

(2)依据基础测绘规划和年度计划实施的原则。

2)基础测绘的技术要求

(1)基础测绘活动应当使用国家统一基准和系统。

(2)基础测绘活动应当执行国家测绘技术规范和标准。

(3)建立相对独立的平面坐标系统应当与国家坐标系统相联系。

3)基础测绘项目承担单位的要求和责任

(1)测绘资质要求

基础测绘项目承担单位的资质必须与承担的基础测绘项目要求相一致。

(2)保密责任

①基础测绘项目承担单位应当具备健全的保密制度和完善的保密设施。

②基础测绘项目承担单位应当严格执行有关保守国家秘密的法律、法规规定。

4)基础测绘设施建设和保护

(1)基础测绘设施建设的基本原则

基础测绘设施,指为实现基础地理信息资源共享,用于基础地理信息的获取、处理、存储、传输、分发和提供的设备、软件及其他有关设施。

基础测绘设施在建设中应遵循的原则包括科学规划、合理布局、有效利用、兼顾当前与长远需要。

(2)基础测绘设施建设的优先原则

①航空摄影测量、卫星遥感等基础测绘设施建设优先;②数据传输基础设施建设优先;③基础测绘应急保障设施建设优先。

5.1.4 基础测绘成果的更新与利用

1)基础测绘成果的更新制度

(1)基础测绘成果更新周期

1∶100 万至 1∶5000 国家基本比例尺地图、影像图和数字化产品至少 5 年更新一次;自然灾害多发地区以及国民经济、国防建设和社会发展急需的基础测绘成果应当及时更新。

确定基础测绘成果更新周期主要考虑以下三个因素:

①国民经济和社会发展对基础地理信息的需求。

②测绘科学技术水平和测绘生产能力。

③基础地理信息变化情况。

(2)确定基础测绘成果更新周期的职责

《基础测绘条例》授权国务院测绘行政主管部门会同军队测绘主管部门和国务院其他有关部门具体确定基础测绘成果的更新周期。

2)基础测绘成果质量监督管理

(1)县级以上人民政府测绘行政主管部门应履行基础测绘成果质量监督管理义务

①完善测绘行业国家标准和行业标准。

②实行以抽查为主要方式的监督检验制度。

③加强对测绘单位在生产中使用的测量器具定期检定情况进行监督检查。

④依法查处质量不合格的测绘成果。

(2)基础测绘项目承担单位应履行基础测绘成果质量管理义务

基础测绘项目承担单位应当建立健全基础测绘成果质量管理制度,严格执行国家规定的测绘技术规范和标准,对其完成的基础测绘成果质量负责。

3)基础测绘成果的使用

基础测绘成果是由公共财政支付的用于公共服务的产品。作为国家意志的实际执行者的国家机关在决策时,有权无偿使用国家所有的测绘成果。

5.2 例　　题

1)单项选择题(每题1分。每题的备选项中,只有1个最符合题意)

(1)(　　)指建立全国统一的测绘基准和测绘系统,进行基础航空摄影,获取基础地理信息的遥感资料,测制和更新国家基本比例尺地图、影像图和数字化产品,建立、更新基础地理信息系统。

A. 国家测绘　　B. 数字测绘

C. 基础测绘　　D. 大比例尺地形图测绘

(2)1∶100万至1∶5000国家基本比例尺地形图、影像图和数字化产品至少(　　)年更新一次。

A. 1　　B. 2　　C. 5　　D. 8

(3)《基础测绘条例》规定,(　　)应当及时收集有关行政区域界线、地名、水系、交通、居民点、植被等地理信息的变化情况,定期更新基础测绘成果。

A. 县级人民政府测绘行政主管部门

B. 县级以上人民政府测绘行政主管部门

C. 省、自治区、直辖市人民政府测绘行政主管部门

D. 国务院测绘行政主管部门

(4)基础测绘成果包括全国性基础测绘成果和(　　)基础测绘成果。

A. 区域性　　B. 国际性　　C. 地区性　　D. 行业性

2)多项选择题(每题2分。每题的备选项中,有2个或2个以上符合题意,至少有1个错项。错选,本题不得分;少选,所选的每个选项得0.5分)

(5)基础测绘内容包括(　　)。

A. 建立全国统一的测绘基准和测绘系统

B. 进行遥感监测

C. 获取基础地理信息的遥感资料

D. 测制和更新国家基本比例尺地图、影像图和数字化产品

E. 建立、更新基础地理信息系统

(6)基础测绘的工作原则是(　　)。

A. 统筹规划　　B. 分级管理　　C. 定期更新

D. 公益性　　E. 保障安全

(7)基础测绘的技术要求是(　　)。

A. 基础测绘活动应当使用国家统一基准和系统

B. 基础测绘活动应当执行国家测绘技术规范和标准

C. 基础测绘图件应采用 6°带投影

D. 建立相对独立的平面坐标系统应当与国家坐标系统相联系

E. 基础测绘要比普通测绘工作采用更为严格的技术指标

5.3　例题参考答案及解析

1)单项选择题(每题 1 分。每题的备选项中,只有 1 个最符合题意)

(1)C

解析:基础测绘是指建立全国统一的测绘基准和测绘系统,进行基础航空摄影,获取基础地理信息的遥感资料,测制和更新国家基本比例尺地图、影像图和数字化产品,建立、更新基础地理信息系统。

(2)C

解析:《基础测绘条例》第二十一条规定:国家实行基础测绘成果定期更新制度。基础测绘成果更新周期应当根据不同地区国民经济和社会发展的需要、测绘科学技术水平和测绘生产能力、基础地理信息变化情况等因素确定。其中,1∶100 万至 1∶5000 国家基本比例尺地图、影像图和数字化产品至少 5 年更新一次;自然灾害多发地区以及国民经济、国防建设和社会发展急需的基础测绘成果应当及时更新。基础测绘成果更新周期确定的具体办法,由国务院测绘行政主管部门会同军队测绘主管部门和国务院其他有关部门制定。

(3)B

解析:《基础测绘条例》第二十二条规定:县级以上人民政府测绘行政主管部门应当及时收集有关行政区域界线、地名、水系、交通、居民点、植被等地理信息的变化情况,定期更新基础测绘成果。县级以上人民政府其他有关部门和单位应当对测绘行政主管部门的信息收集工作予以支持和配合。

(4)C

解析:测绘成果分为基础测绘成果和非基础测绘成果。基础测绘成果包括全国性基础测绘成果和地区性基础测绘成果。

2)多项选择题(每题 2 分。每题的备选项中,有 2 个或 2 个以上符合题意,至少有 1 个错项。错选,本题不得分;少选,所选的每个选项得 0.5 分)

(5)ACDE

解析:基础测绘包括以下 5 个方面:①建立全国统一的测绘基准和测绘系统;②进行基础

航空摄影；③获取基础地理信息的遥感资料；④测制和更新国家基本比例尺地图、影像图和数字化产品；⑤建立、更新基础地理信息系统。

(6)ABCE

解析：基础测绘的工作原则是：①统筹规划；②分级管理；③定期更新；④保障安全。

(7)ABD

解析：基础测绘的技术要求包括：①基础测绘活动应当使用国家统一基准和系统；②基础测绘活动应当执行国家测绘技术规范和标准；③建立相对独立的平面坐标系统应当与国家坐标系统相联系。

6 测绘标准化

6.1 考点分析

6.1.1 测绘标准化管理

1)测绘标准的概念和特征

(1)标准的概念

国家标准、行业标准均可分为强制性标准和推荐性标准两种。

保障人体健康及人身、财产安全的标准和法律、行政法规规定强制执行的标准是强制性标准;其他标准是推荐性标准。

省、自治区、直辖市标准化行政主管部门制定的工业产品安全、卫生要求的地方标准,在本地区内是强制性标准。

强制性标准是由法律规定必须遵照执行的标准。强制性标准以外的标准是推荐性标准,也叫非强制性标准。推荐性国家标准的代号为"GB/T",强制性国家标准的代号为"GB"。行业标准中的推荐性标准也是在行业标准代号后加个"T"字,如"JB/T"即机械行业推荐性标准,不加"T"字即为强制性行业标准。

(2)标准的层级

我国标准划分为四个层次:国家标准、行业标准、地方标准和企业标准等。

行业标准不得与国家标准相违背,地方标准不得与国家标准和行业标准相违背。

(3)测绘标准的特征

测绘标准的特征包括:①科学性;②实用性;③权威性;④法定性;⑤协调性。

2)标准的制定

(1)测绘国家标准

①测绘术语、分类、模式、代号、代码、符号、图式、图例等技术要求。

②国家测绘基准的定义和技术参数,国家测绘系统的实现、更新和维护的仪器、方法、过程等方面的技术要求。

③国家基本比例尺地图、公众版地图及其测绘的方法、过程、质量、检验和管理等方面的技术要求。

④基础航空摄影的仪器、方法、过程、质量、检验和管理等方面的技术指标和技术要求,用于测绘的遥感卫星影像的质量、检验和管理等方面的技术要求。

⑤基础地理信息数据生产及基础地理信息系统建设、更新与维护的方法、过程、质量、检验和管理等方面的技术要求。

⑥测绘工作中需要统一的其他技术要求。

(2)强制性测绘标准

①涉及国家安全、人身及财产安全的技术要求。

②建立和维护测绘基准与测绘系统必须遵守的技术要求。

③国家基本比例尺地图测绘与更新必须遵守的技术要求。

④基础地理信息标准数据的生产和认定。

⑤测绘行业范围内必须统一的技术术语、符号、代码、生产与检验方法等。

⑥需要控制的重要测绘成果质量的技术要求。

⑦国家法律、行政法规规定强制执行的内容及其技术要求。

(3)测绘标准化指导性技术文件

符合下列情形之一的,可以制定测绘标准化指导性技术文件:

①技术尚在发展中,需要有相应的测绘标准文件引导其发展或者具有标准化价值,尚不能制定为标准的。

②采用国际标准化组织以及其他国际组织(包括区域性国际组织)技术报告的。

③国家基础测绘项目及有关重大专项实施过程中,没有国家标准和行业标准而又需要统一的技术要求。

3)测绘标准的分类

(1)定义与描述类

通过对基础地理信息的相对确定的定义与描述,使得标准化涉及的各方在一定的时间和空间范围内达到对地理信息相对一致的理解。

基于地理标识的参考系统、分类与代码、要素词典、地图图式等标准都属于定义与描述类标准。

(2)获取与处理类

以测绘和地理信息数据获取与处理中各专业技术、各类工程中的需要协调统一的各种技术、方法、过程等为对象制定的标准。

《全球定位系统(GPS)测量规范》(GB/T 18314—2009)、《测量外业电子记录基本格式》(CH/T 2004—1999)、《1∶500 1∶1000 1∶2000 地形图航空摄影规范》(GB/T 6962—2005)、《国家基本比例尺地形图更新规范》(GB/T 14268—2008)、《地籍测绘规范》(CH 5002—1994)等都属于获取与处理类标准。

(3)检验与测试类

检验各种测绘和地理信息产品(成果)质量,以检测对象、质量要求、检测方法及其技术要求为对象制定的标准。

《测绘产品检查验收规定》(CH 1002—1995)、《公开版地图质量评定标准》(GB/T 1996—2005)、《地理信息质量原则》(GB/T 21337—2008)、《光电测距仪检定规范》(CH 8001—1991)、《全球定位系统(GPS)测量型接收机检定规程》(CH 8016—1995)等都属于检验与测试类标准。

(4)成果与服务类

为保证测绘与地理信息产品(成果)满足用户需要,对一种或一组测绘和基础地理信息产品应达到的技术要求作出规定的标准。

《地理空间数据交换格式》(GB/T 17798—2007)、《数字地形图产品基本要求》(GB/T 17278—2009)、《基础地理信息标准数据基本规定》(GB 21139—2007)等都属于成果与服务类标准。

(5)管理类

以测绘和基础地理信息项目管理、成果管理、归档管理、认证管理为对象制定的标准。

《测绘技术设计规定》(CH/T 1004—2005)、《测绘技术总结编写规定》(CH/T 1001—2005)、《测绘作业人员安全规范》(CH 1016—2008)、《导航电子地图安全处理技术基本要求》(GB 20263—2006)等都属于管理类标准。

4)测绘标准的发布

(1)发布主体

①属于测绘国家标准和国家标准化指导性技术文件的,报国务院标准化行政主管部门批准、编号、发布。

②属于测绘行业标准和行业标准化指导性技术文件的,由国家测绘地理信息局批准、编号、发布。

(2)标准编号

编号由行业标准代号、标准发布的顺序号及标准发布的年号构成。

强制性测绘行业标准编号:

CH ××××(顺序号)—××××(发布年号)。

推荐性测绘行业标准编号:

CH/T ××××(顺序号)—××××(发布年号)。

测绘行业标准化指导性技术文件编号:

CH/Z ××××(顺序号)—××××(发布年号)。

(3)测绘标准的复审

测绘标准的复审工作由国家测绘地理信息局组织测绘标委会实施。标准复审周期一般不超过5年。下列情况应当及时进行复审:

①不适应科学技术的发展和经济建设需要的。

②相关技术发生了重大变化的。

③标准实施过程中出现重大技术问题或有重要反对意见的。

测绘国家和行业标准化指导性技术文件发布后3年内必须复审,以决定是否继续有效、转化为标准或者撤销。

5)《测绘法》对测绘标准化的规定

(1)从事测绘活动应当使用国家规定的测绘基准和测绘系统,执行国家规定的测绘技术规范和标准。

(2)国家确定大地测量等级和精度以及国家基本比例尺地图的系列和基本精度。

(3)国家制定工程测量规范和房产测量规范。

(4)建立地理信息系统必须采用符合国家标准的基础地理信息数据。

6.1.2 测绘计量管理

1)测绘计量管理的法律规定

(1)对计量检定的法律规定

计量检定活动，是指法律规定或者质量技术监督部门授权的用于保障量值溯源和准确传递而进行的强制检定和其他检定活动。

①对执行国家计量检定规程的规定

计量检定必须执行计量检定规程。国家计量检定规程由国务院计量行政部门制定。没有国家计量检定规程的，由国务院有关主管部门和省、自治区、直辖市人民政府计量行政部门分别制定部门计量检定规程和地方计量检定规程，并向国务院计量行政部门备案。

②对强制性检定的规定

县级以上人民政府计量行政部门对社会公用计量标准器具，部门和企业、事业单位使用的最高计量标准器具，以及用于贸易结算、安全防护、医疗卫生、环境监测方面的列入强制检定目录的工作计量器具，实行强制检定。未按照规定申请检定或者检定不合格的，不得使用。

③对周期检定的规定

使用实行强制检定的工作计量器具的单位和个人，应当向当地县级以上人民政府计量行政部门指定的计量检定机构申请周期检定。任何单位和个人不准在工作岗位上使用无检定合格印、证或者超过检定周期以及经检定不合格的计量器具。

(2)对产品质量检验机构的规定

①为社会提供公证数据的产品质量检验机构，必须经省级以上人民政府计量行政部门对其计量检定、测试的能力和可靠性进行考核。取得计量认证合格证书方可开展检验。

②测绘产品质量监督检验机构，必须向省级以上政府计量行政主管部门申请计量认证。取得计量认证合格证书后，在测绘产品质量监督检验、委托检验、仲裁检验、产品质量评价和成果鉴定中提供作为公证的数据，具有法律效力。

(3)对计量检定人员资格的规定

①法定计量检定人员的资格

国家法定计量检定机构的计量检定人员，必须经县级以上人民政府计量行政部门考核合格，并取得计量检定证件。其他单位的计量检定人员，由其主管部门考核发证。无计量检定证书的，不得从事计量检定工作。

②对计量检定人员的禁止性规定

伪造、篡改数据、报告、证书或技术档案等资料，违反计量检定规程开展计量检定，使用未经考核合格的计量标准开展计量检定，变造、倒卖、出租、出借或者以其他方式非法转让计量检定员证或注册计量师注册证。

2)测绘计量检定人员资格

测绘计量检定人员，是指受聘于测绘计量检定机构，从事非强制性测绘计量检定工作的专业技术人员。测绘计量检定人员资格审批是测绘行政主管部门的一项重要职责。

(1)申请测绘计量检定人员资格的条件

①具有中专以上文化程度。

②具有技术员以上技术职称。

③了解计量工作的相关法律、法规、规章。

④熟练掌握所从事测绘计量检定项目的专业知识和操作技能。

⑤受聘于测绘计量检定机构。

(2)测绘计量检定人员资格考试

①申请测绘计量检定人员资格，必须通过由测绘行政主管部门组织的考试。

②测绘计量检定人员资格考试实行全国统一命题。

③国家测绘地理信息局负责组织考试试题的命题和提供工作。

④测绘计量检定人员资格考试于每年第三季度举行一次。

⑤测绘计量检定人员资格考试的合格分数线由国家测绘地理信息局确定。

⑥测绘计量检定人员资格考试结果，由组织考试的测绘行政主管部门书面通知申请人所在单位。

(3)发证

组织考核认证的测绘行政主管部门应当对所颁发的计量检定员证进行登记造册。由省级测绘行政主管部门颁发《计量检定员证》的人员名单及证书编号、检定项目、有效期限等，应当向国家测绘地理信息局备案。

《计量检定员证》有效期为5年。在有效期届满90日前，测绘计量检定人员应当按照相关规定，向原颁证机关提出复审申请；逾期未经复审的，其《计量检定员证》自动失效。

(4)监督管理

①测绘计量检定人员有下列行为之一的，由县级以上计量行政主管部门给予行政处分；构成犯罪的，依法追究刑事责任：

a. 伪造检定数据的。

b. 出具错误数据，给送检一方造成损失的。

c. 违反计量检定规程进行计量检定的。

d. 使用未经考核合格的计量标准开展检定的。

e. 未取得计量检定证件执行计量检定的。

②测绘计量检定人员未按照国家规定的服务标准、资费标准和行政机关依法规定的条件，向用户提供安全、方便、稳定和价格合理的服务，并履行普遍服务的义务的，测绘行政主管部门应当责令限期改正，或者依法采取有效措施督促其履行义务。

③被许可人涂改、倒卖、出租、出借测绘计量检定人员证件，或者以其他形式非法转卖的，超越行政许可范围进行测绘计量检定的，向负责监督检查的行政机关隐瞒有关情况、提供虚假材料或者拒绝提供反映其活动情况的真实材料的，以及法律法规、规章规定的其他违法行为的，行政机关应当依法给予行政处罚；构成犯罪的，一并追究刑事责任。

6.2 例　　题

1)单项选择题(每题1分。每题的备选项中，只有1个最符合题意)

(1)《测绘计量管理暂行办法》规定，测绘产品质量监督检验机构必须向(　　)申请计量认证。

A. 省级以上测绘行政主管部门　　B. 省级以上计量行政主管部门

C. 国务院测绘行政主管部门　　D. 国务院计量行政主管部门

(2)下列标准中，属于获取与处理类标准的是(　　)。

A.《测绘技术设计规定》

B.《测绘成果质量检查与验收》

C.《基础地理信息数字成果 1∶10000　1∶50000 数字高程模型》

D.《全球定位系统(GPS)测量规范》

(3)下列选项中,属于成果与服务类标准的是(　　)。

A.《基础地理信息数字产品 1:10000　1:50000 数字高程模型》

B.《测绘技术设计规定》

C.《1:500　1:1000　1:2000 地形图航空摄影规范》

D.《测绘产品检查验收规定》

(4)根据《测绘计量管理暂行办法》的规定,为社会提供公证数据的产品质量检验机构,必须经(　　)对其计量检定、测试的能力和可靠性进行考核。

A. 国务院计量行政部门　　B. 国务院测绘行政主管部门

C. 省级以上行政主管部门　　D. 省级以上人民政府计量行政部门

(5)下列选项中,全部是计量标准器具的一项为(　　)。

A. 温度计、气压计、GPS 接收机检定场、经纬仪检定仪

B. 因瓦基线尺、高低温箱、长度基线场、毫伽级重力仪

C. 激光干涉仪、微伽级重力仪、水准标尺、准直仪

D. 光学平板仪、激光经纬仪、计时设备、频率计

(6)测绘国家标准及测绘行业标准分为(　　)。

A. 强制性标准和推荐性标准　　B. 专业性标准和国家性标准

C. 强制性标准和专业性标准　　D. 国家性标准和推荐性标准

(7)测绘地方标准发布后(　　),省级测绘行政主管部门应当向国家测绘局备案。

A. 10 日内　　B. 20 日内　　C. 30 日内　　D. 60 天

(8)测绘计量检定人员资格考试于每年(　　)举行一次。

A. 第一季度　　B. 第二季度　　C. 第三季度　　D. 第四季度

(9)目前,我国国家标准由(　　)发布。

A. 国家标准化管理委员会

B. 国家质检总局

C. 国家质检总局或国家标准化管理委员会

D. 国家质检总局和国家标准化管理委员会

(10)下列选项中,属于检验与测试类标准的是(　　)。

A.《公开版地图质量评定标准》

B.《全球定位系统(GPS)测量规范》

C.《导航电子地图安全处理技术基本要求》

D.《基础地理信息标准数据基本规定》

(11)测绘标准的复审周期一般不超过(　　)。

A. 2 年　　B. 5 年　　C. 8 年　　D. 10 年

(12)《计量检定员证》的有效期为(　　)。

A. 1 年　　B. 3 年　　C. 5 年　　D. 10 年

(13)测绘计量标准在合格证书期满前(　　),应按规定向原发证机关申请复查。

A. 3 个月　　B. 6 个月

C. 12 个月　　D. 15 个月

(14)(　　)是标准化活动的成果,是标准化系统中最基本的要素,也是标准化学科中最基本的术语和概念。

A. 修订　　B. 标准

C. 规范　　D. 查询

(15)下列情况中，不属于《测绘法》对测绘与地理信息标准化的规定的是(　　)。

A. 从事测绘活动应当使用国家规定的测绘基准和测绘系统，执行国家规定的测绘技术规范和标准

B. 国家确定大地测量等级和精度以及国家基本比例尺地图的系列和基本精度

C. 对测绘成果实行统一的管理

D. 国家制定工程测量规范和房产测量规范

(16)根据标准化法的规定，我国积极鼓励采用(　　)。

A. 国际标准　　B. 国家标准

C. 行业标准　　D. 地方标准

(17)我国在 1998 年规定的四级标准之外，增加了一种(　　)作为对国家标准的补充，其代号为“GB/Z”。

A. 国家标准化指导性技术文件　　B. 食业标准

C. 区域标准　　D. 地方标准

(18)“GB/T”为(　　)的代号。

A. 国家标准　　B. 高级标准

C. 推荐性国家标准　　D. 强制性国家标准

(19)测绘计量检定人员应当在有效期届满(　　)前按照相关规定，向原颁证机关提出《计量检定员证》的复审申请。

A. 30 日　　B. 60 日

C. 90 日　　D. 120 日

2)多项选择题(每题 2 分。每题的备选项中，有 2 个或 2 个以上符合题意，至少有 1 个错项。错选，本题不得分；少选，所选的每个选项得 0.5 分)

(20)根据《测绘标准化工作管理办法》，下列情形中，可以制定测绘标准化指导性技术文件的有(　　)。

A. 国家基本比例尺地图、公众版地图及其测绘的方法、过程、质量、检验和管理等方面的技术要求

B. 采用国际标准化组织及其他国际组织的技术报告

C. 国家基础测绘项目及有关重大专项实施中，没有国家标准和行业标准而又需要统一的技术要求

D. 技术尚在发展中，需要有相应的标准文件引导其发展或者具有标准化价值

E. 测绘术语、分类、模式、代号、代码、符号、图式、图例等技术要求

(21)《测绘计量管理暂行办法》规定，测绘单位使用未经检定，或者检定不合格或者超过检定周期的测绘计量器具进行测绘生产的，测绘行政主管部门可以采取的处理措施有(　　)。

A. 测绘成果不予验收　　B. 销毁测绘成果

C. 测绘成果不准使用　　D. 没收测绘仪器

E. 成果质量监督检验时作不合格处理

(22)关于测绘计量仪器检定的说法，正确的有(　　)。

A. 测绘单位使用的测绘仪器须经周期检定合格，方可用于测绘生产

B. 教学示范用测绘仪器可以免检，无须向测绘主管部门登记，即可使用

C. 教学示范用测绘仪器经检定合格后方可用于测绘生产

D. 教学示范用测绘仪器无论是否合格，均不可用于测绘生产

E. 测绘仪器经国家权威科研机构检测合格后即可用于测绘生产

(23)测绘产品质量监督检验机构取得计量认证合格证书后，在测绘产品(　　)中提供作为公证的数据，具有法律效力。

A. 质量监督检验　　B. 委托检验　　C. 使用

D. 产品质量评价　　E. 成果鉴定

(24)测绘标准应具备的特征是(　　)。

A. 时效性　　B. 科学性　　C. 权威性

D. 协调性　　E. 实时性

(25)下列属于测绘计量管理法律规定的是(　　)。

A. 实行委托保管制度　　B. 对执行国家计量检定规程的规定

C. 对强制性检定的规定　　D. 对周期检定的规定

E. 实行资格考试制度

(26)使用测绘计量标准器具，必须具备的条件是(　　)。

A. 经计量检定合格　　B. 具有正常工作所需的环境条件

C. 具有职称的保存、维护、使用人员　　D. 具有完善的管理制度

E. 具有 3C 认证

(27)对计量检定人员的禁止性规定包括(　　)。

A. 违反计量检定规程

B. 伪造、篡改数据、报告、证书或技术档案材料

C. 使用未经考核合格的计量标准开展计量检定

D. 使用考核合格的计量标准开展计量检定

E. 变造、倒卖、出租、出借或者以其他方式转让《计量检定员证》或《注册计量师注册证》

(28)下列属于测绘标准分类的是(　　)。

A. 定义与描述类　　B. 获取与处理类　　C. 检验与测试类

D. 程序类　　E. 管理类

(29)《测绘法》对标准化管理作出了特别规定，主要体现在(　　)。

A. 测绘专业人员必须经过全国性的统一上岗培训

B. 从事测绘活动应当使用国家规定的测绘基准和测绘系统，执行国家规定的测绘技术规范和标准

C. 国家确定大地测量等级和精度以及国家基本比例尺地图的系列和基本精度

D. 国家制定工程测量规范和房产测量规范

E. 建立地理信息系统，必须采用符合国家标准的基础地理信息数据

(30)下列选项中，属于管理类标准的是(　　)。

A.《基础地理信息标准数据基本规定》

B.《公开版地图质量评定标准》

C.《导航电子地图安全处理技术基本要求》

D.《全球定位系统(GPS)测量规范》

E.《测绘作业人员安全规范》

6.3 例题参考答案及解析

1)单项选择题(每题1分。每题的备选项中,只有1个最符合题意)

(1)B

解析:测绘产品质量监督检验机构必须向省级以上政府计量行政主管部门申请计量认证。

(2)D

解析:选项A为管理类标准,选项B为检验与测试类标准,选项C为成果与服务类标准,选项D为获取与处理类标准。

(3)A

解析:根据测绘标准的分类:《测绘产品检查验收规定》为检验与测试类标准;《1:500 1:1000 1:2000地形图航空摄影规范》为获取与处理类标准;《测绘技术设计规定》为管理类标准。

(4)D

解析:为社会提供公共数据产品质量检验机构,必须经省级以上计量行政主管部门对其计量检定、测试的能力及可靠性进行考核。

(5)A

解析:计量标准器具包括温度计、气压计、GPS接收机检定场、经纬仪检定仪、计时设备、频率计、因瓦基线尺、长度基线场、高低温箱;工作计量器具包括光学平板仪、激光经纬仪、激光干涉仪、微伽级重力仪、水准标尺、准直仪、毫伽级重力仪。

(6)A

解析:测绘国家标准及测绘行业标准分为强制性标准和推荐性标准。

(7)C

解析:测绘地方标准发布后30日内,省级测绘行政主管部门应当向国家测绘局备案。同时需要具备备案材料,包括地方标准批文、地方标准文本、标准编制说明及相关材料等。

(8)C

解析:测绘计量检定人员资格考试于每年第三季度举行一次。计量检定员证有效期为5年。

(9)D

解析:国家标准是由国家标准机构通过并公开发布的标准。目前,我国国家标准由国家质检总局和国家标准化管理委员会联合发布。

(10)A

解析:根据测绘标准的分类,《全球定位系统(GPS)测量规范》属于获取与处理类标准;

《导航电子地图安全处理技术基本要求》属于管理类标准;《基础地理信息标准数据基本规定》属于成果与服务类标准。

(11)B

解析:测绘标准的复审工作由国家测绘局组织测绘标委会实施。标准复审周期一般不超过5年。

(12)C

解析:计量检定员证有效期为5年。在有效期届满90日前,测绘计量检定人员应当按照相关规定,向原颁证机关提出复审申请;逾期未经复审的,其计量检定员证自动失效。

(13)B

解析:测绘计量标准在合格证书期满前6个月,应按规定向原发证机关申请复查。

(14)B

解析:标准是为在一定范围内获得最佳效果,对活动或其结果规定共同的和重复使用的规则、导则或者特性的文件。

(15)C

解析:《测绘法》对测绘与地理信息标准化的规定为:①从事测绘活动应当使用国家规定的测绘基准和测绘系统,执行国家规定的测绘技术规范和标准;②国家确定大地测量等级和精度以及国家基本比例尺地形图的系列和基本精度;③国家制定工程测量规范和房产测量规范;④建立地理信息系统,必须采用符合国家标准的基础地理信息数据。

(16)A

解析:根据《标准化法》的规定,我国积极鼓励采用国际标准。

(17)A

解析:为适应某些领域标准快速发展和快速变化的需要,我国在1998年规定的四级标准之外,增加了一种国家标准化指导性技术文件,作为对国家标准的补充,其代号为“GB/Z”。

(18)C

解析:推荐性国家标准的代码为GB/T。

(19)C

解析:测绘计量检定人员应当在有效期届满90日前按照相关规定,向原颁证机关提出《计量检定员证》的复审申请。

2)多项选择题(每题2分。每题的备选项中,有2个或2个以上符合题意,至少有1个错项。错选,本题不得分;少选,所选的每个选项得0.5分)

(20)BCD

解析:测绘标准化管理中可以制定测绘标准化指导性技术文件的条件是:①技术尚在发展中,需要有相应的文件引导其发展或具有标准化价值,尚不能制定为标准的。②采用国际标准化组织、其他国际组织(包括区域性国际组织)的技术报告的。③国家基础测绘项目及有关重大专项实施过程中,没有国家标准和行业标准而又需要统一的技术要求。

(21)ACE

解析:《测绘计量管理暂行办法》第十六条规定:违反本办法第十三条规定,使用未经检定,或检定不合格或超过检定周期的测绘计量器具进行测绘生产的,所测成果成图不予验收并不准使用,产品质量监督检验时作不合格处理;给用户造成损失的,按合同约定赔偿损失;情节严重的,由测绘主管部门吊销其测绘资格证书。

(22)AC

解析:测绘计量器具校准基本规定:①承担测绘任务的单位和个体测绘业者,其所使用的测绘计量器具必须经政府计量行政主管部门考核合格的测绘计量检定之后或测绘计量标准检定合格,方可申领测绘资格证书。无检定合格证书的,不予受理资格审查申请。②测绘单位和个体测绘业者使用的测绘计量器具,必须经周期检定合格,才能用于测绘生产。未经检定、检定不合格或超过检定周期的测绘计量器具,不得使用。教学示范用测绘计量器具可以免检,但须向省级测绘主管部门登记,并不得用于测绘生产。

(23)ABDE

解析:《测绘计量管理暂行办法》第十四条规定:测绘产品质量监督检验机构,必须向省级以上政府计量行政主管部门申请计量认证。取得计量认证合格证书后,在测绘产品质量监督检验、委托检验、仲裁检验、产品质量评价和成果鉴定中提供作为公证的数据,具有法律效力。计量认证的具体事项,执行国务院计量行政主管部门发布的《产品质量检验机构计量认证管理办法》的规定。

(24)BCD

解析:测绘标准的特征为:①科学性;②实用性;③权威性;④法定性;⑤协调性。

(25)BCD

解析:计量检定的法律规定包括:对执行国家计量检定规程的规定、对强制性检定的规定、对周期检定的规定。

(26)ABCD

解析:使用测绘计量标准器具,必须具备的条件是:经计量检定合格,具有正常工作所需的环境条件,具有职称的保存、维护、使用人员,具有完善的管理制度。

(27)ABCE

解析:对计量检定人员的禁止性规定包括:①违反计量检定规程;②伪造、篡改数据、报告、证书或技术档案材料;③使用未经考核合格的计量标准开展计量检定;④变造、倒卖、出租、出借或者以其他方式转让"计量检定员证"或"注册计量师注册证"。

(28)ABCE

解析:测绘标准的分类包括:定义与描述类、获取与处理类、检验与测试类、管理类和成果与服务类标准。

(29)BCDE

解析:《测绘法》对测绘与地理信息标准化的规定:①从事测绘活动应当使用国家规定的测绘基准和测绘系统,执行国家规定的测绘技术规范和标准;②国家确定大地测量等级和精度以及国家基本比例尺地形图的系列和基本精度;③国家制定工程测量规范和房产测量规范;④建立地理信息系统,必须采用符合国家标准的基础地理信息数据。

(30)CE

解析:根据测绘标准的分类,《全球定位系统(GPS)测量规范》属于获取与处理类标准;《导航电子地图安全处理技术基本要求》、《测绘作业人员安全规范》属于管理类标准;《基础地理信息标准数据基本规定》属于成果与服务类标准;《公开版地图质量评定标准》属于检验与测试类标准。

7　测绘成果管理

7.1　考点分析

7.1.1　测绘成果概念与特征

1)测绘成果的概念

(1)测绘成果的概念

测绘成果是指通过测绘形成的数据、信息、图件以及相关的技术资料，是各类测绘活动形成的记录和描述自然地理要素或者地表人工设施的形状、大小、空间位置及其属性的地理信息、数据、资料、图件和档案。

测绘成果分为基础测绘成果和非基础测绘成果。

基础测绘成果包括全国性基础测绘成果和地区性基础测绘成果。

(2)测绘成果的表现形式

测绘成果有如下几种表现形式：

①天文测量、大地测量、卫星大地测量、重力测量的数据和图件。

②航空航天摄影和遥感的底片、磁带。

③各种地图(包括地形图、普通地图、地籍图、海图和其他有关的专题地图等)及其数字化成果。

④各类基础地理信息以及在基础地理信息基础上挖掘、分析形成的信息。

⑤工程测量数据和图件。

⑥地理信息系统中的测绘数据及其运行软件。

⑦其他有关地理信息数据。

⑧与测绘成果直接有关的技术资料、档案等。

2)测绘成果的特征

测绘成果的特征包括：①科学性；②保密性；③系统性；④专业性。

7.1.2　测绘成果质量

1)测绘成果质量的概念

测绘成果质量是指测绘成果满足国家规定的测绘技术规范和标准，以及满足用户期望目标值的程度。

2)测绘成果质量的监督管理制度

(1)测绘行政主管部门质量监管的措施

①加强测绘标准化管理。一方面，测绘行政主管部门要通过制定国家标准和行业标准，加强质量、标准及计量基础工作，确保测绘成果质量；另一方面，测绘行政主管部门要加强对测绘计量检定人员资格的考核，严格测绘计量检定人员资格审批，做到持证上岗，保证量值的准确溯源和传递。

②开展测绘成果质量监督检查。对测绘单位完成的测绘成果定期或者不定期进行监督检查，是各级测绘行政主管部门测绘成果质量监督的重要方法。检查的主要内容一般包括质量管理制度建立情况，执行测绘技术标准的情况，产品质量状况，仪器设备的检定情况等。

③加强对测绘仪器设备计量检定情况的监督检查。未按规定申请检定或检定不合格的测绘计量器具，不准使用。J2 级以上经纬仪、S3 级以上水准仪、GPS 接收机、精度优于 $5mm+5\times10^{-6}D$ 的测距仪、全站仪、微伽级重力仪，以及尺类等仪器设备的检定周期为一年，其他精度的仪器设备检定周期一般为两年。

④引导测绘单位建立健全质量管理制度。建立健全完善的测绘技术、质量保证体系是测绘资质申请的一个基本条件。

⑤依法查处不合格的测绘成果。测绘成果质量不合格的，责令测绘单位补测或者重测；情节严重的，责令停业整顿，降低资质等级，直至吊销测绘资质证书；给用户造成损失的，依法承担赔偿责任。

(2)测绘单位的质量责任

①测绘单位应当建立健全测绘成果质量管理制度

甲、乙级单位应当设立专门的质量管理或者质量检查机构，丙级测绘单位应当设立专职质量检查人员，丁级测绘单位应当设立兼职质量检查人员。

甲级测绘单位应当通过 ISO 9000 系列质量保证体系认证，乙级测绘单位应当通过 ISO 9000系列质量保证体系认证或者通过省级测绘行政主管部门考核，丙级测绘单位应当通过 ISO 9000 系列质量保证体系认证或者通过设区的市(州)级以上测绘行政主管部门考核，丁级测绘单位应当通过县级以上测绘行政主管部门考核。

②测绘单位主要人员的质量责任(见表 7-1)

测绘单位主要人员的质量责任 表 7-1

责 任 人	质 量 责 任
测绘单位的法定代表人	①确定本单位的质量方针和质量目标。 ②签发质量手册。 ③建立本单位的质量体系并保证有效运行。 ④对本单位提供的测绘成果承担质量责任
测绘单位的行政领导及总工程师(质量主管负责人)	①按照职责分工负责质量方针、质量目标的贯彻实施。 ②签发有关的质量文件及作业指导书。 ③处理生产过程中的重大技术问题和质量争议。 ④审议技术总结，对本单位成果的技术设计质量负责
测绘单位的质量管理机构及质量检查人员	①在规定的职权范围内，负责质量管理的日常工作。 ②编制年度质量计划。 ③贯彻技术标准和质量文件。 ④对作业过程进行现场监督和检查。 ⑤处理质量问题。 ⑥组织实施内部质量审核工作

测绘单位按照测绘项目的实际情况实行项目质量负责人制度。项目质量负责人对该测绘项目的产品质量负直接责任。

测绘成果质量不合格的，责令测绘单位补测或者重测；情节严重的，责令停业整顿，降低资质等级，直至吊销测绘资质证书；给用户造成损失的，依法承担赔偿责任。

③测绘成果必须经过检查验收，验收合格后方能对外提供利用

测绘单位对测绘成果质量实行过程检查和最终检查。测绘成果过程检查由测绘单位的中队(室、车间)检查人员承担。测绘成果最终检查由测绘单位的质量管理机构负责实施。

验收工作由测绘项目的委托单位组织实施，或由该单位委托具有检验资格的检验机构验收，验收工作应在测绘成果最终检查合格后进行。

检查、验收人员与被检查单位在质量问题的处理上有分歧时，属检查中的，由测绘单位的总工程师裁定；属验收中的，由测绘单位上级质量管理机构裁定。凡委托验收中产生的分歧可报各省、自治区、直辖市测绘行政主管部门的质量管理机构裁定。

7.1.3 测绘成果汇交

1)测绘成果汇交的概念和特征

(1)测绘成果汇交的概念

测绘成果汇交指向法定的测绘公共服务和公共管理机构提交测绘成果副本或者目录，由测绘公共服务和公共管理机构编制测绘成果目录，并向社会发布信息，利用汇交的测绘成果副本更新测绘公共产品和依法向社会提供利用。

(2)测绘成果汇交的特征

测绘成果汇交的特征包括：①法定性；②无偿性；③完整性；④时效性。

(3)测绘成果汇交期限

自测绘项目验收完成之日起三个月内，向测绘行政主管部门汇交测绘成果副本或者目录。

2)测绘成果汇交的主体和内容

(1)测绘成果汇交的主体

①测绘项目出资人

对没有使用国家投资的测绘项目，或者是由公民、法人或者其他组织自行出资的测绘项目，由测绘项目出资人按照规定向测绘项目所在地的省、自治区、直辖市测绘行政主管部门汇交测绘成果目录。

②承担测绘项目的测绘单位

基础测绘项目或者国家投资的其他测绘项目，测绘成果汇交的主体为承担测绘项目的单位，由测绘单位汇交测绘成果副本或者目录。

中央财政投资完成的测绘项目，由承担测绘项目的单位向国务院测绘行政主管部门汇交测绘成果资料；地方财政投资完成的测绘项目，由承担测绘项目的单位向测绘项目所在地的省、自治区、直辖市人民政府测绘行政主管部门汇交测绘成果资料。

属于基础测绘的，承担测绘项目的单位要依法汇交测绘成果副本。

③中方部门或者单位

外国的组织或者个人与中华人民共和国有关部门或者单位合资、合作，经批准在中华人民共和国领域内从事测绘活动的，测绘成果归中方部门或者单位所有，并由中方部门或者单位向国务院测绘行政主管部门汇交测绘成果副本。

④市、县级测绘行政主管部门

测绘单位或者测绘项目出资人按照属地管理的原则，将测绘成果资料汇交至所在地测绘行政主管部门，然后按照规定的时限，由市、县级测绘行政主管部门统一汇交至省级测绘行政主管部门。

(2)测绘成果汇交的内容

①测绘成果目录

按国家基准和技术标准施测的一、二、三、四等天文、三角、导线、长度、水准测量成果的目录；重力测量成果的目录；具有稳固地面标志的全球定位测量(GPS)、多普勒定位测量、卫星激光测距(SLR)等空间大地测量成果的目录；用于测制各种比例尺地形图和专业测绘的航空摄影底片的目录；我国自己拍摄的和收集国外的可用于测绘或修测地形图及其他专业测绘的卫星摄影底片和磁带的目录；面积在 $10km^2$ 以上的 1∶500～1∶2000 比例尺地形图和整幅的 1∶5000～1∶100 万比例尺地形图(包括影像地图)的目录；其他普通地图、地籍图、海图和专题地图的目录；上级有关部门主管的跨省区、跨流域，面积在 $50km^2$ 以上，以及其他重大国家项目的工程测量的数据和图件目录；县级以上地方人民政府主管的面积在省管限额以上的工程测量的数据和图件目录。

②测绘成果副本

按国家基准和技术标准施测的一、二、三、四等天文、三角、导线、长度、水准测量成果的成果表、展点图(路线图)、技术总结和验收报告的副本；重力测量成果的成果表(含重力值归算、点位坐标和高程、重力异常值)、展点图、异常图、技术总结和验收报告的副本；具有稳固地面标志的全球定位测量(GPS)、多普勒定位测量、卫星激光测距(SLR)等空间大地测量的测量成果、布网图、技术总结和验收报告的副本；正式印制的地图，包括各种正式印刷的普通地图、政区地图、教学地图、交通旅游地图，以及全国性和省级的其他专题地图。

(3)基础测绘成果汇交的内容

①为建立全国统一的测绘基准和测绘系统进行的天文测量、三角测量、水准测量、卫星大地测量、重力测量所获取的数据、图件。

②基础航空摄影所获取的数据、影像资料。

③遥感卫星和其他航天飞行器对地观测所获取的基础地理信息遥感资料。

④国家基本比例尺地图、影像图及其数字化产品。

⑤基础地理信息系统的数据、信息等。

上述基础测绘成果应当由承担基础测绘项目的测绘单位依法汇交测绘成果副本。

(4)测绘成果资料目录

①包括全国测绘成果目录和省级测绘成果目录。

②测绘成果目录由国务院测绘行政主管部门和省、自治区、直辖市人民政府测绘行政主管部门编制。

③测绘成果资料目录应当向社会公布。

3)测绘成果汇交的法律责任

(1)不按照规定汇交测绘成果资料的法律责任

不汇交测绘成果资料的，责令限期汇交；逾期不汇交的，对测绘项目出资人处以重测所需费用1倍以上2倍以下的罚款；对承担国家投资的测绘项目的单位处1万元以上5万元以下的罚款，暂扣测绘资质证书，自暂扣测绘资质证书之日起6个月内仍不汇交测绘成果资料的，吊销测绘资质证书，并对负有直接责任的主管人员和其他直接责任人员依法给予行政处分。

(2)测绘行政主管部门的法律责任

县级以上人民政府测绘行政主管部门有下列行为之一的，由本级人民政府或者上级人民政府测绘行政主管部门责令改正，通报批评；对直接负责的主管人员和其他直接责任人员，依法给予处分：

①接收汇交的测绘成果副本或者目录，未依法出具汇交凭证的。

②未及时向测绘成果保管单位移交测绘成果资料的。

③未依法编制和公布测绘成果资料目录的。

④发现违法行为或者接到对违法行为的举报后，不及时进行处理的。

⑤不依法履行监督管理职责的其他行为。

(3)测绘成果保管单位的法律责任

测绘成果保管单位有下列行为之一的，由测绘行政主管部门给予警告，责令改正；有违法所得的，没收违法所得；造成损失的，依法承担赔偿责任；对直接负责的主管人员和其他直接责任人员，依法给予处分：

①未按照测绘成果资料的保管制度管理测绘成果资料，造成测绘成果资料损毁、散失的。

②擅自转让汇交的测绘成果资料的。

③未依法向测绘成果的使用人提供测绘成果资料的。

7.1.4 测绘成果保管

1)测绘成果保管的概念与特征

(1)测绘成果保管的概念

测绘成果保管是指测绘成果保管单位依照国家有关档案法律、行政法规的规定，采取科学的防护措施和手段，对测绘成果进行归档、保存和管理的活动。

(2)测绘成果保管的特征

①测绘成果保管要采取安全保障措施。测绘成果资料的存放设施与条件，应当符合国家保密、消防及档案管理的有关规定和要求。

②基础测绘成果保管要采取异地备份存放制度。

③测绘成果保管不得损坏、散失和转让。

2)测绘科技档案

(1)测绘科技资料的形成、积累和归档

①测绘科技资料的形成、积累、整理和归档工作应当纳入单位生产、技术、科研等计划中，列入有关部门和人员的职责范围。

②测绘单位对生产任务、科研成果、基建工程或其他项目进行鉴定、验收时，应当对归档的科技资料加以检验，没有完整、准确、系统的科技资料，不能通过鉴定验收。

③一项生产任务、科研课题、试制产品、基建工程等项目完成或告一段落时，应当将所形成的科技资料进行整理，组成保管单位，严格按照规定的归档范围、份数、保管期限、保存地点

等及时进行归档工作。

④需要归档的科技档案资料，应当做到书写材料优良、字迹清楚、数据准确、图像清晰、信息载体能够长期保存。

⑤几个单位分工协作完成的测绘科技项目或工程，由主办单位保存一套完整档案。协作单位可以保存与各自承担任务有关的档案正本，但应将副本或复制本送交主办单位保存。

(2)测绘科技档案的保管

测绘科技档案的保管：按期限分为永久、长期和短期三种。

①永久：具有重要凭证作用和长久需要查考、利用的测绘科技档案应列为永久保存。

②长期：在相当长的时期内(15 年至 20 年)具有查考、利用、凭证作用的测绘科技档案应列为长期保存。

③短期：在短期内(15 年以内)具有查考、利用、凭证作用的测绘科技档案应列为短期保存。

(3)测绘科技档案的利用

①测绘科技档案保管部门应当主动地开展科技档案的提供利用工作。

②提供属机密(含机密)以下的测绘科技档案，应由测绘科技档案保管部门的领导批准，属绝密级的由上级主管领导批准，涉及国际交往需要提供测绘科技档案时，按有关规定执行。

③提供测绘生产档案时，要执行分级管理，归口负责制度。复制或借用时需经领用测绘成果主管单位审查并开具正式公函，方可办理领(借)手续。

④测绘科技档案只提供复制品，不提供原件，必须使用原件时，经领导批准，只能借用；对借用的测绘科技档案要保持清洁、完整无损并及时归还。

(4) 测绘科技档案的销毁

销毁已满保存期限的测绘科技档案，须经单位领导批准并造具清册，报上级主管部门备案。

3)测绘成果保管的措施

(1)配备必要的设施

必要的设施包括：

①存放载体介质的库房设施。

②存放载体介质的柜架设施。

③专业技术设备。如档案资料修复与保护设备、磁介质读取备份与维护设备、档案资料杀虫除菌设备、温湿度检测控制设备等。

④安全防护设施。如监视设施、报警设施、防盗设施、防火设施、防磁设施、换风设施等。

⑤管理与服务设备。如日常管理与服务用计算机、档案资料管理与服务专业软件、网络设备、目录数据采集设备、档案资料扫描数字化设备、数据存储设备等。

(2)基础测绘成果资料实行异地备份存放制度

基础测绘成果异地备份存放，就是将基础测绘成果进行备份，并存放于不同地点，以保证基础测绘成果意外损毁后，可以迅速恢复基础测绘成果服务。

7.1.5 测绘成果保密管理

1)测绘成果保密的概念

(1)绝密级测绘成果

①国家大地坐标系、地心坐标系以及独立坐标系之间的相互转换参数。

②分辨率高于5′×5′,精度优于±1毫伽的全国性高精度重力异常成果。

③1:1万、1:5万全国高精度数字高程模型。

④地形图保密处理技术参数及算法。

(2)机密级测绘成果

①国家等级控制点坐标成果以及其他精度相当的坐标成果。

②国家等级天文测量、三角测量、导线测量、卫星大地测量的观测成果。

③国家等级重力点成果及其他精度相当的重力点成果。

④分辨率高于30′×30′,精度优于±5毫伽的重力异常成果。

⑤精度优于±1m的高程异常成果,精度优于±3″的垂线偏差成果。

⑥涉及军事禁区的大于或等于1:1万国家基本比例尺地形图及其数字化成果。

⑦1:2.5万、1:5万、1:10万国家基本比例尺地形图及其数字化成果。

⑧空间精度及涉及的要素和范围相当于上述机密基础测绘成果的非基础测绘成果。

(3)秘密级测绘成果

①构成环线或者线路长度超过1000m的国家等级水准网成果资料。

②重力加密点成果。

③分辨率高于30′×30′～1°×1°,精度在±(5～10)毫伽的重力异常成果。

④精度优于±(1～2)m的高程异常成果,精度优于±(3″～6″)的垂线偏差成果。

⑤非军事禁区1:5000国家基本比例尺地形图,或多张连续的、覆盖范围超过6km^{2}的大于1:5000的国家基本比例尺地形图及其数字化成果。

⑥1:10万、1:25万、1:50万国家基本比例尺地形图及其数字化成果。

⑦军事禁区及国家安全要害部门所在地的航摄影像。

⑧空间精度及涉及的要素和范围相当于上述秘密基础测绘成果的非基础测绘成果。

⑨涉及军事、国家安全要害部门的点位名称及坐标。

⑩涉及国民经济重要设施精度优于±100m的点位坐标。

属于国家秘密测绘成果的保密期限,一律定为“长期”保存。

2)测绘成果保密的特征

(1)测绘成果涉及的国家秘密事项是客观存在的实物。

(2)测绘成果涉及的国家秘密事项具有广泛性。

(3)涉及国家秘密的测绘成果数量大,涉及面广。

(4)测绘成果涉及的国家秘密事项保密时间长。

(5)测绘成果不同于其他文件、档案等保密资料。

测绘成果一经提供出去,便由使用单位自行使用、保存和销毁,与其他带有密级的文件、档案等秘密资料不同。其他带有密级的文件、档案、音像等资料一般都采取登记借阅的方式,借阅完后要在规定的时间内归还。

7.1.6 测绘成果提供利用

1)测绘成果提供利用的法律规定

(1)基础测绘成果和国家投资完成的其他测绘成果

用于国家机关决策和社会公益性事业的,应当无偿提供。前款规定之外的,依法实行有偿使用制度，但是政府及其有关部门和军队因防灾、减灾、国防建设等公共利益的需要，可以无偿使用。

（2）属于国家秘密的测绘成果

①对法人或者其他组织需要利用属于国家秘密的基础测绘成果的，要求申请人应当提出明确的利用目的和范围，报测绘成果所在地的测绘行政主管部门审批。

②对外提供属于国家秘密的测绘成果的，要严格按照国务院和中央军事委员会规定的审批程序，报国务院测绘行政主管部门或者省、自治区、直辖市人民政府测绘行政主管部门审批。

③规定了测绘行政主管部门的法定义务，要求测绘行政主管部门审查同意后，应当以书面形式告知申请人测绘成果的秘密等级、保密要求以及相关著作权保护要求。

（3）对外提供属于国家秘密的测绘成果不予批准的情况

①对外提供的测绘成果资料妨碍国家安全的。

②非涉密的测绘成果资料能够满足需要的。

③申请材料内容虚假的。

④审批机关依法不予批准的其他情形。

（4）测绘成果使用人的权利义务

①测绘成果使用人与测绘项目出资人应当签订书面协议，明确双方的权利和义务。使用人应当根据基础测绘成果的秘密等级按照国家有关保密法律、法规的要求使用，并采取有效的保密措施，严防泄密。

②使用人所领取的基础测绘成果仅限于在本单位的范围内，按批准的使用目的使用。本单位以被许可使用人在企业登记主管机关、机构编制主管机关或者社会团体登记管理机关的登记为限，不得扩展到所属系统和上级、下级或者同级其他单位。

③使用人若委托第三方开发，项目完成后，负有督促其销毁相应测绘成果的义务。第三方为外国组织和个人以及在我国注册的外商独资企业和中外合资、合作企业的，被许可使用人应当履行对外提供我国测绘成果的审批程序，依法经国家测绘地理信息局或者省、自治区、直辖市测绘行政主管部门批准后，方可委托。

④使用人应当在使用基础测绘成果所形成的成果的显著位置注明基础测绘成果版权的所有者。测绘成果涉及著作权保护和管理的，依照有关法律、行政法规的规定执行。

⑤使用人主体资格发生变化时，应向原受理审批的测绘行政主管部门重新提出使用申请。

2）测绘成果提供的职责分工

（1）国家测绘地理信息局负责审批的基础测绘成果

①全国统一的一、二等平面控制网、高程控制网和国家重力控制网的数据、图件。

②1∶50万、1∶25万、1∶10万、1∶5万、1∶2.5万国家基本比例尺地图、影像图和数字化产品。

③国家基础航空摄影所获取的数据、影像等资料，以及获取基础地理信息的遥感资料。

④国家基础地理信息数据。

⑤其他应当由国家测绘地理信息局审批的基础测绘成果。

（2）省级测绘行政主管部门负责审批的基础测绘成果

①本行政区域内统一的三、四等平面控制网、高程控制网的数据、图件。

②本行政区域内的1∶1万、1∶5000等国家基本比例尺地图、影像图和数字化产品。

③本行政区域内的基础航空摄影所获取的数据、影像等资料，以及获取基础地理信息的

遥感资料。

④本行政区域内的基础地理信息数据。

⑤属国家测绘地理信息局审批范围，但已委托省、自治区、直辖市测绘行政主管部门负责管理的基础测绘成果。

⑥其他应当由省、自治区、直辖市测绘行政主管部门审批的基础测绘成果。

(3)市(地)、县级测绘行政主管部门负责审批的基础测绘成果

①本行政区域内加密控制网的数据、图件。

②本行政区域内 1:500、1:1000、1:2000 国家基本比例尺地图、影像图及其数字化成果。

③本行政区域内的基础地理信息数据。

④其他应当由市(地)、县级测绘行政主管部门负责审批的基础测绘成果。

⑤属省级测绘行政主管部门审批范围，但已委托市级测绘行政主管部门审批的基础测绘成果。

3)申请利用基础测绘成果的条件

(1)有明确、合法的使用目的。

(2)申请的基础测绘成果范围、种类、精度与使用目的相一致。

(3)符合国家的保密法律法规及政策。

7.1.7 地图管理

1)地图的概念及特征

(1)地图的概念

地图指根据特定的数学法则，将地球上的自然和社会现象，通过制图综合，并以符号和注记缩绘在平面或者曲面上的图像。

(2)地图的特征

地图的特征包括：①科学性；②政治性；③法定性。

(3)国家基本比例尺地图

我国目前确定的国家基本比例尺地图包括 1:500、1:1000、1:2000、1:5000、1:1万、1:2.5 万、1:5万、1:10 万、1:25 万、1:50 万和 1:100 万共 11 种。

①国家确定国家基本比例尺地图的系列和基本精度。

②国家制定国家基本比例尺地图的系列和基本精度的具体规范和要求。

③测制国家基本比例尺地图，应当执行国家制定的制图规范和要求。

2)地图编制管理

地图编制分为三个阶段：编辑准备、原图编绘和出版准备。

(1)地图编制资质管理

①从事地图编制必须依法取得测绘资质证书并在测绘资质证书许可的业务范围从事地图编制工作。

②从事导航电子地图制作、互联网地图服务业务的，也要按照规定取得相应的导航电子地图制作及互联网地图服务资质。

(2)地图编制内容规定

①编制地图必须遵守保密法律、法规，公开地图不得表示任何国家秘密和内部事项。

②编制地图应当遵守国家有关地图内容表示的规定。

③编制地图,应当选择最新地图资料作为编制基础,并及时补充或者更改现势变化的内容。

④正确反映各要素的地理位置、形态、名称及相互关系,具备符合地图使用目的的有关数据和专业内容。

⑤地图的比例尺和开本应当符合国家有关规定。

⑥在地图上绘制中华人民共和国国界、中国历史疆界、世界各国国界以及中华人民共和国省、自治区、直辖市行政区域界线的,应当严格按照地图编制出版管理条例确定的基本原则进行。

3)地图出版管理

(1)地图出版机构管理

①普通地图由专门地图出版社出版,其他出版社不得出版。

②中央级专门地图出版社,可以按照国务院出版行政管理部门批准的地图出版范围出版各种地图。

③地方专门地图出版社,按照国务院出版行政管理部门批准的地图出版范围,可以出版除世界性地图、全国性地图以外的各种地图。

④中央级专业出版社,具备出版地图的专业技术条件的,按照国务院出版行政管理部门批准的地图出版范围,可以出版本专业的专题地图。

⑤地方专业出版社,具备出版地图的专业技术条件的,按照国务院出版行政管理部门批准的地图出版范围,可以出版本专业的地方性专题地图。

(2)地图出版管理

①出版绘有国界线或者省、自治区、直辖市行政区域界线的地图(含图书、报刊插图、示意图)的,在地图印刷前,应当依照有关规定送省级以上测绘行政主管部门审核批准。

②保密地图和内部地图不得以任何形式公开出版、发行。地图出版物发行前,有关的中央级出版社和地方出版社应当按照国家有关规定向有关部门和单位送交样本,并将样本一式两份报国务院测绘行政主管部门或者省、自治区、直辖市人民政府负责管理测绘工作的部门备案。

③出版地图应当注明地图上国界线画法的依据资料及其来源,广告、商标、宣传画、电影电视画面中的示意地图除外。

④任何出版单位不得出版未经审定的中、小学教学地图。中、小学教学地图,由中央级专门地图出版社按照国务院出版行政管理部门批准的地图出版范围出版;其他中央级出版社出版中、小学教学地图,以及地方出版社出版地方性中、小学教学地图的,应当经国务院出版行政管理部门商国务院测绘行政主管部门审核批准,方可按照批准的地图出版范围出版。但是,中、小学教科书中的插附地图除外。

⑤地图出版物必须按照国家有关规定载明地图作者、出版者、印刷者或者复制者、发行者的名称、地址、书号、地图审图号或者版号、出版日期、刊期以及其他有关事项。地图出版物的规格、开本、版式等必须符合国家有关地图出版的标准和规范要求,保证地图质量。

4)地图展示与登载管理

(1)地图展示

①展示未出版的绘有国界线或者省、自治区、直辖市行政区域界线的地图(含图书、报刊

插图、示意图等)的,在地图展示前,必须经过省级以上测绘行政主管部门审核。

②保密地图和内部地图不得以任何形式公开展示。

③公开展示的地图不得表示任何国家秘密和内部事项。

(2)地图登载管理

①地图登载前,应当送地图审核部门审核。

②在互联网上登载地图,应当依法经省级以上测绘行政主管部门审核。

5)地图审核管理

(1)地图审核的职责

①国务院测绘行政主管部门负责审核的地图:世界性和全国性地图(含历史地图),中国台湾省、香港特别行政区、澳门特别行政区地图,涉及国界线的省区地图,涉及两个以上省级行政区域的地图,全国性和省、自治区、直辖市地方性中、小学教学地图,省、自治区、直辖市历史地图,引进的境外地图,世界性和全国性示意地图。

②省级测绘行政主管部门负责审核的地图:本省行政区域内的地图,根据国家测绘地理信息局委托,负责审核涉及国界线的省级行政区域地图,省、自治区、直辖市历史地图,省、自治区、直辖市地方性中、小学教学地图,世界性和全国性示意地图。

(2)需申请地图审核的情形

①在地图出版、展示、登载、引进、生产、加工前。

②使用国务院测绘行政主管部门或者省级测绘行政主管部门提供的标准画法地图,并对地图内容进行编辑改动的。

(3)不用申请地图审核的情形

直接使用国务院测绘行政主管部门或者省级测绘行政主管部门提供的标准画法地图,未对其地图内容进行编辑改动的,可以不送审,但应当在地图上注明地图制作单位名称。

(4)地图审核的内容

①保密审查。

②国界线,省、自治区、直辖市行政区域界线(包括中国历史疆界)和特别行政区界线。

③重要地理要素及名称等内容。

④国务院测绘行政主管部门规定需要审查的其他地图内容。

6)地图著作权管理

(1)地图的著作权受法律保护。

(2)未经地图著作权人许可,任何单位和个人不得以复制、发行、改编、翻译、编辑等方式使用其地图。

(3)针对以下情况可以不经地图著作权人许可而对其地图作品进行复制、发行、改编、翻译、编辑等,不向其支付报酬,但应当指明作者姓名、作品名称,并不得侵犯著作权人依照著作权法享有的其他权利。

①为个人学习、研究或者欣赏使用他人已经发表的地图作品的。

②为介绍、评论某一地图作品或者说明某一问题,在作品中适当引用他人已经发表的地图作品的。

③为报道时事新闻,在报纸、期刊、广播电台、电视台等媒体中不可避免地再现或者引用已经发表的地图作品的。

④为学校教学或者科学研究，翻译或者少量复制已经发表的地图，供教学或者科研人员使用，但不得出版发行。

⑤国家机关为执行公务在合理范围内使用已经发表的地图。

⑥图书馆、档案馆、纪念馆、博物馆、美术馆等为陈列或者保存版本的需要，复制本馆收藏的地图。

⑦将已经发表的地图修改成盲文出版等。

7.1.8 重要地理信息数据审核与公布

1)重要地理信息数据的内容和特征

(1)重要地理信息数据的内容

①涉及国家主权、政治主张的地理信息数据。

②国界、国家面积、国家海岸线长度，国家版图重要特征点、地势、地貌分区位置等地理信息数据。

③冠以"全国"、"中国"、"中华"等字样的地理信息数据。

④经相邻省级人民政府联合勘定并经国务院批复的省级界线长度及行政区域面积，沿海省、自治区、直辖市海岸线长度。

⑤法律、法规规定以及需要由国务院测绘行政主管部门审核的其他重要地理信息数据。

(2)重要地理信息数据的特征

重要地理信息数据的特征包括：①权威性；②准确性；③法定性。

2)重要地理信息数据审核与公布

(1)重要地理信息数据审核

申请审核公布重要地理信息数据，必须依法向国务院测绘行政主管部门提出申请。

国务院测绘行政主管部门审核重要地理信息数据时，须与国务院有关部门进行会商。如有关国界线的重要地理信息数据必须与外交部会商，有关行政区域界线的长度等重要地理信息数据，必须要与民政部门进行会商。

(2)重要地理信息数据公布

重要地理信息数据经国务院批准并明确授权公布的部门后，要以公告形式公布，并在全国范围内发行的报纸或者互联网上刊登。

7.2 例　　题

1)单项选择题(每题1分。每题的备选项中，只有1个最符合题意)

(1)《测绘质量监督管理办法》规定，测绘产品质量监督检查的主要方式为(　　)。

A. 对首件产品检验　　B. 抽样检验

C. 全部产品检验　　D. 对末件产品检验

(2)汇交测绘成果目录和副本的方式是(　　)。

A. 无偿汇交　　B. 按政府指导价汇交

C. 按测绘成本价汇交　　D. 按工本费汇交

(3)外国的组织或者个人与我国有关部门、单位合作测绘时，由(　　)在测绘任务完成后两个月内，向国务院测绘行政主管部门提交全部测绘成果副本一式两份。

A. 中方合作者　　B. 外方合作者

C. 中方合作者和外方合作者　　D. 项目批准单位

(4)利用涉及国家秘密的测绘成果开发生产的产品，未经国务院测绘行政主管部门或者省、自治区、直辖市人民政府测绘行政主管部门(　　)，其秘密等级不得低于所用测绘成果的秘密等级。

A. 批准　　B. 进行论证

C. 进行保密技术处理的　　D. 进行审查

(5)法人或者其他组织需要使用属于国家秘密的基础测绘成果的，应当提出明确、合法的使用目的和范围，报(　　)审批。

A. 国务院测绘行政主管部门

B. 测绘成果所在地的县级以上测绘行政主管部门

C. 测绘成果保管单位

D. 该测绘成果原作业单位

(6)《测绘成果管理条例》规定，测绘行政主管部门在审批对外国组织提供属于国家秘密的测绘成果前，应该征求(　　)的意见。

A. 保密工作部门　　B. 军队有关部门

C. 国务院测绘行政主管部门　　D. 国家安全部门

(7)下列地理信息数据中，不需要国务院测绘行政主管部门审核就能向社会公布的是(　　)。

A. 涉及国家主权的地理信息数据　　B. 国界线长度

C. 国家海岸线长度　　D. 沿海省的滩涂面积

(8)国务院批准公布的重要地理信息数据，由(　　)公布。

A. 提出审核重要地理信息数据的建议人

B. 省测绘行政主管部门

C. 国务院或者国务院授权的部门

D 重要地理信息所在地省级人民政府或其授权部门

(9)关于公开出版、发行或者展示地图的说法，错误的是(　　)。

A. 保密地图经批准后可以公开出版、发行或者展示

B. 保密地图不得以任何形式公开出版、发行或者展示

C. 内部地图不得以任何形式公开出版、发行或展示

D. 保密地图和内部地图不得以任何形式公开出版、发行或者展示

(10)下列内容中，可以在地图上公开展示的是(　　)。

A. 国防、军事设施及军事单位　　B. 输电线路电压的精确数据

C. 航道水深、水库库容的精确深度　　D. 国务院公布的重要地理信息数据

(11)下列地图中，由省级测绘行政主管部门负责审核的是(　　)。

A. 涉及两个以上省级行政区域的地图

B. 全国性和省、自治区、直辖市地方性中、小学教学地图

C. 引进的境外地图

D. 省、自治区、直辖市行政区域内的地方性地图

(12)关于地图送审的说法，正确的是(　　)。

A. 直接使用国务院测绘行政主管部门标准画法的地图，未对其地图内容进行编辑改动的应当送审，并在地图上注明地图制作单位名称

B. 直接使用省测绘行政主管部门提供的标准画法地图，未对其地图内容进行编辑改动的应当送审，并在地图上注明地图制作单位名称

C. 直接使用国务院测绘行政主管部门或省级测绘主管部门提供的标准画法的地图，未对其地图内容进行编辑改动的可以不送审，但应当在地图上注明地图制作单位名称

D. 直接使用国务院测绘行政主管部门或省级测绘主管部门提供的标准画法的地图，未对其地图内容进行编辑改动的，使用单位自主决定是否送审

(13)《测绘科学技术档案管理规定》规定，凡在相当长的时间内具有查考、利用、凭证作用的测绘科技档案，其保管期限为(　　)年。

A. 5～10　　B. 10～15　　C. 15～20　　D. 20～25

(14)精度优于 $10mm+3\times10^{-6}D$ 的 GPS 接收机的检定周期是(　　)年。

A. 1　　B. 1.5　　C. 2　　D. 2.5

(15)下列使用涉密测绘成果的行为中，正确的是(　　)。

A. 经审批获得的涉密测绘成果，复制后存放于单位涉密资料室

B. 经审批获得的涉密测绘成果，压缩处理后在公共信息网络上免费发布

C. 使用目的完成后，用于后续涉密测绘项目

D. 使用目的完成后，由专人及时核对、清点、登记、造册、报批、监督销毁

(16)下列情形中，对地理信息数据安全造成不利影响最大的是(　　)。

A. 异地备份　　B. 数据复制　　C. 数据转存　　D. 硬盘损坏

(17)在某城市数字城市化项目中，(　　)对该测绘项目的产品质量负直接责任。

A. 测绘行政主管部门　　B. 项目质量负责人

C. 监理单位　　D. 验收单位

(18)关于测绘成果汇交的说法错误的是(　　)。

A. 测绘成果属于基础测绘成果的，应当汇交副本

B. 测绘成果属于非基础测绘成果的，应当汇交目录

C. 测绘成果资料目录属于政府信息的重要内容，测绘行政主管部门不能向社会公开

D. 依法汇交测绘成果目录，是测绘项目出资人的法定义务

(19)对外提供属于国家秘密的测绘成果，应当按照(　　)规定的审批程序，报国务院测绘行政主管部门或者省、自治区、直辖市人民政府测绘行政主管部门。

A. 国务院　　B. 中央军事委员会

C. 国务院和中央军事委员会　　D. 保密工作部门

(20)在下列关于地图出版管理说法中，有误的是(　　)。

A. 出版地图，应当注明地图上国界线画法的依据资料及其来源

B. 中央级专门地图出版社，按照国务院出版行政管理部门批准的地图出版范围，可以出版各种地图

C. 地方性中、小学教学地图，可以由省、自治区、直辖市人民政府教育行政管理部门

会同省、自治区、直辖市人民政府负责管理测绘工作的部门组织审定

D. 普通地图可以由专门地图出版社出版，也可以由其他出版社出版

(21)检查、验收人员与被检查单位在质量问题的处理上有分歧时，属验收中的，由测绘单位的(　　)裁定。

A. 总工程师　　B. 项目负责人

C. 上级质量管理机构　　D. 负责人

(22)基础测绘项目或者国家投资的其他测绘项目，测绘成果汇交的主体为承担测绘项目的单位，由测绘单位汇交测绘成果(　　)。

A. 副本　　B. 目录　　C. 副本或目录　　D. 副本和目录

(23)基础测绘成果和国家投资完成的其他测绘成果，用于国家机关决策和社会公益性事业的，应当(　　)。

A. 无偿提供　　B. 按政府指导价提供

C. 按成本价提供　　D. 按市场价提供

(24)从事互联网地图服务的单位，应当依法经省级以上测绘行政主管部门审核，并按照(　　)的规定，取得互联网地图服务资质，向省级电信主管部门或者国务院信息产业主管部门申请经营许可。

A.《测绘法》　　B.《测绘资质分级标准》

C.《互联网信息服务管理办法》　　D.《测绘资质管理规定》

(25)测绘成果汇交的特征不包括(　　)。

A. 法定性　　B. 无偿性　　C. 完整性　　D. 系统性

(26)测绘成果目录由(　　)编制。

A. 国务院测绘行政主管部门

B. 省级测绘行政主管部门

C. 国务院测绘行政主管部门和省级测绘行政主管部门

D. 国务院测绘行政主管部门或省级测绘行政主管部门

(27)下列测绘成果中，属于秘密级测绘成果的是(　　)。

A. 国家等级重力点成果及其他精度相当的重力点成果

B. 1:2.5 万、1:5万、1:10 万国家基本比例尺地形图及其数字化成果

C. 涉及军事禁区的大于或等于 1:1万的国家基本比例尺地形图及其数字化成果

D. 涉及国民经济重要设施精度优于±100m 的点位坐标

(28)下列情况中，不属于申请利用基础测绘成果条件的是(　　)。

A. 有明确、合法的使用目的

B. 申请的基础测绘成果范围、种类、精度与使用目的相一致

C. 符合国家的保密法律、法规及政策

D. 具有测绘资质

(29)我国目前确定的国家比例尺地图共有(　　)种。

A. 9　　B. 10　　C. 11　　D. 12

(30)下列关于地图出版管理说法，正确的是(　　)。

A. 内部地图可以由中央级专门地图出版社公开出版

B. 教育出版单位可以出版未经审定的小学地图

C. 出版地图应当注明地图上国界线画法的依据材料

D. 出版社均可以出版普通地图

(31)省级测绘行政主管部门建立(　　),负责实施测绘产品质量监督检验工作。

A. 测绘产品质量监督检验站　　B. 测绘产品质量监督处

C. 测绘监理单位　　D. 测绘验收单位

(32)地形图保密处理技术参数及算法属于(　　)级测绘成果。

A. 半公开　　B. 秘密　　C. 机密　　D. 绝密

(33)下列选项中,不属于地图特征的是(　　)。

A. 科学性　　B. 政治性　　C. 权威性　　D. 法定性

(34)《测绘法》规定,测绘成果质量不合格的,给用户造成损失的,(　　)。

A. 不承担法律责任　　B. 依法承担赔偿责任

C. 不承担赔偿责任　　D. 只给予赔付,不负责重测

(35)不按规定汇交测绘成果资料的,对承担国家投资的测绘项目的单位处(　　)的罚款。

A. 5 万元以下　　B. 1 万元以上 5 万元以下

C. 5 万元以上 10 万元以下　　D. 10 万元以下

(36)属于国家秘密测绘成果的保密期限,一律定为(　　)保存。

A. 永久　　B. 长期　　C. 短期　　D. 15 年

(37)根据《测绘生产质量管理规定》,下列职责中,不属于测绘单位法定代表人质量管理职责的是(　　)。

A. 确定本单位的质量方针

B. 签发质量手册

C. 建立本单位的质量体系并保证有效运行

D. 签发作业指导书

(38)重要地理信息数据经国务院批准并明确授权公布的部门后,要以(　　)形式公布。

A. 公告　　B. 简报　　C. 广播　　D. 口头

2)多项选择题(每题 2 分。每题的备选项中,有 2 个或 2 个以上符合题意,至少有 1 个错项。错选,本题不得分;少选,所选的每个选项得 0.5 分)

(39)《地图编制出版管理条例》规定,编制地图应当符合的要求有(　　)。

A. 选用最新的地图资料作为编制基础,并及时补充或者更改现势变化的内容

B. 正确反映各要素的地理位置、形态、名称及相关要素

C. 按照统一的表示方法绘制

D. 具备符合地图使用目的的有关数据和专业内容

E. 地图的比例尺符合国家规定

(40)根据《测绘生产质量管理规定》,下列测绘单位中,应当设立质量管理或者质量检查机构的有(　　)。

A. 甲级测绘资质单位　　B. 乙级测绘资质单位

C. 丙级测绘资质单位　　D. 丁级测绘资质单位

(41)根据《测绘资质分级标准》,关于测绘单位质量管理的说法,正确的是(　　)。

A. 甲级测绘单位应当通过 ISO 9000 系列质量保证体系认证或者通过国务院测绘行政主管部门考核

B. 甲级测绘单位应当通过 ISO 9000 系列质量保证体系认证

C. 乙级测绘单位应当通过 ISO 9000 系列质量保证体系认证或者通过省级测绘行政主管部门考核

D. 丙级测绘单位应当通过 ISO 9000 系列质量保证体系认证或者通过设区的市(州)级以上测绘行政主管部门考核

E. 丁级测绘单位应当通过县级以上测绘行政主管部门考核

(42)下列情形中,应当无偿提供测绘成果的有(　　)。

A. 基础测绘成果用于国家机关决策的

B. 国家投资完成的非基础测绘成果用于国家机关决策的

C. 基础测绘成果用于社会公益性事业的

D. 国家投资完成的非基础测绘成果用于社会公益性事业的

E. 基础测绘成果用于导航电子地图制作的

(43)下列地理信息数据中,属于国家重要地理信息数据的有(　　)。

A. 国家版图的地势、地貌分区位置

B. 领土、领海、毗连区、专属经济区面积

C. 国家版图的重要特征点

D. 国家岛礁数量和面积

E. 经依法批准的相邻的设区的市(州)之间的界线长度

(44)地方人民政府建设审核公布重要地理信息数据时,应当向国务院测绘行政主管部门提交的书面材料有(　　)。

A. 建议人基本情况

B. 重要地理信息数据的详细数据成果资料

C. 重要地理信息数据获取的技术方案

D. 重要地理信息数据验收评估的有关材料

E. 所提供资料真实性的证明

(45)出版地图,应当在地图上注明(　　)。

A. 广告　　B. 商标　　C. 宣传画

D. 国界线画法的依据来源　　E. 国界线画法的依据资料

(46)测绘单位必须健全质量管理的规章制度。(　　)应当设立专门的质量管理或者质量检查机构。

A. 甲级测绘资格单位　　B. 乙级测绘资格单位

C. 丙级测绘资格单位　　D. 丁级测绘资格单位

E. 测绘质量监督机构

(47)测绘成果保管单位应当按照规定保管测绘成果资料,不得(　　)。

A. 损毁　　B. 散失　　C. 查看

D. 转让　　E. 保存

(48)国务院测绘行政主管部门应当组织对建议人提交的重要地理信息数据进行审核。审核的内容主要包括(　　)。

A. 重要地理信息数据获取的技术方案

B. 重要地理信息数据公布的必要性

C. 提交的有关资料的真实性与完整性

D. 重要地理信息数据的可靠性与科学性

E. 建议人的基本情况

(49)测绘成果是指通过测绘形成的数据、信息、图件以及相关的技术资料，是各类测绘活动形成的记录和描述自然地理要素或者地表人工设施的(　　)及其属性的地理信息、数据、资料、图件和档案。

A. 形状　B. 大小　C. 空间位置

D. 颜色　E. 用处

(50)测绘成果目录包括(　　)两种。

A. 全国测绘成果目录　B. 省级测绘成果目录

C. 市级测绘成果目录　D. 国家重点项目测绘成果目录

E. 省级重点项目测绘成果目录

(51)测绘科技档案的保管期限分为(　　)三种。

A. 短期　B. 长期　C. 临时

D. 永久　E. 销毁期

(52)我国国家秘密的密级分为(　　)三级。

A. 保密　B. 秘密　C. 隐秘

D. 机密　E. 绝密

(53)下列情况中，属于对外提供国家秘密测绘成果的是(　　)。

A. 向境外、国外提供属于国家秘密的测绘成果

B. 向国内有关单位合资、合作的法人提供属于国家秘密的测绘成果

C. 向省级测绘主管部门提供属于国家秘密的测绘成果

D. 向国内的合资、合作组织提供属于国家秘密的测绘成果

E. 向县级土地管理部门提供属于国家秘密的测绘成果

(54)测绘成果的特征包括(　　)。

A. 科学性　B. 保密性　C. 系统性

D. 专业性　E. 严谨性

(55)建议审核公布重要地理信息数据，建议人应向国务院测绘行政主管部门提交的材料有(　　)。

A. 建议人的基本情况

B. 重要地理信息数据的发布方式

C. 重要地理信息数据的详细数据成果资料，科学性及公布的必要性说明

D. 重要地理信息数据获取的技术方案及对数据验收评估的有关资料

E. 建议人对重要地理信息数据使用说明

(56)关于测绘成果汇交的说法，正确的是(　　)。

A. 测绘成果属于基础测绘成果的，应当汇交副本

B. 测绘成果属于非基础测绘成果的，应当汇交目录

C. 测绘成果资料目录属于政府信息的重要内容，测绘行政主管部门不能向社会公开

D. 测绘成果目录由测绘编制

E. 测绘成果资料目录是测绘成果类别、规格和属性信息等的索引

(57)重要地理信息数据具有的特征是(　　)。

A. 有偿性　　B. 时效性　　C. 权威性

D. 准确性　　E. 法定性

(58)下列职责中,属于质量主管负责人职责的是(　　)。

A. 编制年度质量计划

B. 负责质量方针、质量目标的贯彻实施

C. 贯彻技术标准和质量文件

D. 处理生产过程中的重大技术问题和质量争议

E. 组织实施内部的质量审核工作

7.3 例题参考答案及解析

1)单项选择题(每题1分。每题的备选项中,只有1个最符合题意)

(1)B

解析:《测绘质量监督管理办法》第十六条规定:测绘产品质量监督检查的主要方式为抽样检验,其工作程序和检验方法,按照《测绘产品质量监督检验管理办法》执行。

(2)A

解析:《测绘成果管理条例》规定了测绘成果目录或者副本实行无偿汇交的制度。

(3)A

解析:《测绘成果管理条例》第八条规定:外国的组织或者个人依法与中华人民共和国有关部门或者单位合资、合作,经批准在中华人民共和国领域内从事测绘活动的,测绘成果归中方部门或者单位所有,并由中方部门或者单位向国务院测绘行政主管部门汇交测绘成果副本。

(4)C

解析:《测绘成果管理条例》第十六条规定:国家保密工作部门、国务院测绘行政主管部门应当会商军队测绘主管部门,依照有关保密法律、行政法规的规定,确定测绘成果的秘密范围和秘密等级。利用涉及国家秘密的测绘成果开发生产的产品,未经国务院测绘行政主管部门或者省、自治区、直辖市人民政府测绘行政主管部门进行保密技术处理的,其秘密等级不得低于所用测绘成果的秘密等级。

(5)B

解析:法人或者其他组织申请使用涉密测绘成果的,应当具有明确、合法的使用目的和范围,具备成果保管、保密的基本设施与条件,按管理权限报测绘成果所在地的县级以上测绘行政主管部门审批。

(6)B

解析:《测绘成果管理条例》规定:对外提供属于国家秘密的测绘成果,应当按照国务院和中央军事委员会规定的审批程序,报国务院测绘行政主管部门或者省、自治区、直辖市人民政府测绘行政主管部门审批;测绘行政主管部门在审批前,应当征求军队有关部门的意见。

(7)D

解析:《测绘成果管理条例》第二十二条规定:国家对重要地理信息数据实行统一审核与

公布制度。任何单位和个人不得擅自公布重要地理信息数据。第二十三条规定:重要地理信息数据包括①国界、国家海岸线长度;②领土、领海、毗连区、专属经济区面积;③国家海岸滩涂面积、岛礁数量和面积;④国家版图的重要特征点,地势、地貌分区位置;⑤国务院测绘行政主管部门商国务院其他有关部门确定的其他重要自然和人文地理实体的位置、高程、深度、面积、长度等地理信息数据。

(8)C

解析:重要地理信息数据由国务院测绘行政主管部门审核,并要与国务院其他有关部门、军队测绘主管部门会商后,报国务院批准,由国务院或者国务院授权的部门以公告形式公布,并在全国范围内发行的报纸或者互联网上刊登,这体现出了重要地理信息数据的权威性。

(9)A

解析:保密地图和内部地图不得以任何形式公开展示。

(10)D

解析:《中华人民共和国地图编制出版管理条例》规定:①展示未出版的绘有国界线或者省、自治区、直辖市行政区域界线地图(含图书、报刊插图、示意图等)的,在地图展示前,必须经过省级以上测绘行政主管部门审核;②保密地图和内部地图不得以任何形式公开展示;③公开展示的地图不得表示任何国家秘密和内部事项。

(11)D

解析:省级测绘行政主管部门负责审核的地图有:①本省行政区域内的地图;②根据国家测绘局委托,负责审核涉及国界线的省级行政区域地图,省、自治区、直辖市历史地图,省、自治区、直辖市地方性中小学地图,世界性和全国性示意地图。

(12)C

解析:直接使用国务院测绘行政主管部门或者省级测绘行政主管部门提供的标准画法地图,未对其地图内容进行编辑改动的,可以不送审,但应当在地图上注明地图制作单位名称。

(13)C

解析:在相当长的时期内(15～20年)具有查考、利用、凭证作用的测绘科技档案应列为长期保存。

(14)A

解析:J2级以上经纬仪,S3级以上水准仪,精度优于10mm$+3\times10^{-6}D$的GPS接收机,精度优于5mm$+5\times10^{-6}D$的测距仪、全站仪、毫伽级重力仪以及尺类等测绘计量器具检定周期一般为1年;其他精度的仪器一般为2年。

(15)D

解析:经审批获得的涉密测绘成果,被许可使用人(以下简称用户)只能用于被许可的使用目的和范围。使用目的或项目完成后,用户要按照有关规定及时销毁涉密测绘成果,由专人核对、清点、登记、造册、报批、监销,并报提供成果的单位备案;也可请提供成果的单位核对、回收,统一销毁。如需要用于其他目的的,应另行办理审批手续。任何单位和个人不得擅自复制、转让或转借涉密测绘成果。

(16)D

解析:影响地理信息数据安全的因素主要有:①安全意识淡薄;②测绘技术上的落后;③硬盘驱动器损坏;④人为错误;⑤黑客入侵;⑥病毒;⑦信息窃取;⑧自然灾害;⑨电源故障;⑩磁干扰。

(17)B

解析:根据测绘成果质量管理规定,测绘单位对其完成的测绘成果质量负责,承担相应的质量责任,测绘单位按照测绘项目的实际情况施行项目质量负责人制度。项目质量负责人对该测绘项目的产品质量负直接责任。

(18)C

解析:《测绘法》及《测绘成果管理条例》对测绘成果资料目录的编制与公布均作出了明确的规定,测绘成果资料目录应当向社会公布。

(19)C

解析:根据测绘成果保密管理规定内容,对外提供属于国家秘密的测绘成果,按照国务院和中央军事委员会规定的审批程序执行,故选C。本题考点为测绘成果保密管理规定中的对外提供属于国家秘密的测绘成果的内容。

(20)D

解析:《中华人民共和国地图编制出版管理条例》第十条规定:普通地图应当由专门地图出版社出版,其他出版社不得出版。

(21)C

解析:检查、验收人员与被检查单位在质量问题的处理上有分歧时,属检查中的,由测绘单位的总工程师裁定;属验收中的,由测绘单位上级质量管理机构裁定。

(22)C

解析:基础测绘项目或者国家投资的其他测绘项目,测绘成果汇交的主体为承担测绘项目的单位,由测绘单位汇交测绘成果副本或者目录。

(23)A

解析:根据《测绘法》第三十一条规定,应当无偿提供。此款规定之外的应依法实行有偿使用制度,但是政府及其有关部门和军队因防灾、减灾、国防建设等公共利益的需要,可以无偿使用。

(24)D

解析:依据《互联网信息服务管理办法》的规定,从事互联网地图服务的单位,在向省级电信主管部门或者国务院信息产业主管部门申请经营许可或者履行备案手续前,应当依法经省级以上测绘行政主管部门审核,并按照《测绘资质管理规定》取得互联网地图服务资质,具有从事互联网地图服务的相应的专业技术人员和条件。

(25)D

解析:测绘成果汇交的特征为:法定性、无偿性、完整性、时效性。

(26)C

解析:《测绘法》及《测绘成果管理条例》对测绘成果资料目录的编制作出了明确的规定:测绘成果目录由国务院测绘行政主管部门和省、自治区、直辖市人民政府测绘行政主管部门编制。

(27)D

解析:选项D为秘密级测绘成果;选项A、B、C均属于机密级测绘成果。

(28)D

解析:申请利用基础测绘成果的条件是:①有明确、合法的使用目的;②申请的基础测绘成果范围、种类、精度与使用目的相一致;③符合国家的保密法律法规及政策。申请使用基础测绘成果，应当按照规定提交《基础测绘成果使用申请表》及加盖有关单位公章的证明函；属于各级财政投资的项目，应当提交项目批准文件。

(29)C

解析：我国目前确定的国家基本比例尺地图包括1∶500、1∶1000、1∶2000、1∶5000、1∶1万、1∶2.5万、1∶5万、1∶10万、1∶25万、1∶50万和1∶100万共11种。

(30)C

解析：《中华人民共和国地图编制出版管理条例》第十条规定：普通地图应当由专门地图出版社出版，其他出版社不得出版。第十一条规定：中央级专门地图出版社，按照国务院出版行政管理部门批准的地图出版范围，可以出版各种地图。地方专门地图出版社，按照国务院出版行政管理部门批准的地图出版范围，可以出版除世界性地图、全国性地图以外的各种地图。第十四条规定：全国性中、小学教学地图，由国务院教育行政管理部门会同国务院测绘行政主管部门和外交部组织审定；地方性中、小学教学地图，可以由省、自治区、直辖市人民政府教育行政管理部门会同省、自治区、直辖市人民政府负责管理测绘工作的部门组织审定。任何出版单位不得出版未经审定的中、小学教学地图。第二十三条规定：出版地图，应当注明地图上国界线画法的依据资料及其来源；广告、商标、宣传画、电影电视画面中的示意地图除外。

(31)A

解析：《测绘质量监督管理办法》第十三条规定：国务院测绘行政主管都门建立"测绘产品质量监督检查测试中心"；省、自治区、直辖市人民政府测绘主管部门建立"测绘产品质量监督检验站"，负责实施测绘产品质量监督检查工作。

(32)D

解析：地形图保密处理技术参数及算法属于绝密级测绘成果。

(33)C

解析：地图的特征为：科学性、政治性、法定性。

(34)B

解析：《测绘法》第四十八条规定：违反本法规定，测绘成果质量不合格的，责令测绘单位补测或者重测；情节严重的，责令停业整顿，降低资质等级直至吊销测绘资质证书；给用户造成损失的，依法承担赔偿责任。

(35)B

解析：《测绘法》第四十七条规定：违反本法规定，不汇交测绘成果资料的，责令限期汇交；逾期不汇交的，对测绘项目出资人处以重测所需费用1倍以上2倍以下的罚款；对承担国家投资的测绘项目的单位处1万元以上5万元以下的罚款，暂扣测绘资质证书，自暂扣测绘资质证书之日起6个月内仍不汇交测绘成果资料的，吊销测绘资质证书，并对负有直接责任的主管人员和其他直接责任人员依法给予行政处分。

(36)B

解析：属于国家秘密测绘成果的保密期限，一律定为长期保存。

(37)D

解析：测绘单位的法定代表人确定单位的质量方针和质量目标，签发质量手册，建立本单位的质量体系并保证有效运行，对本单位提供的测绘成果承担质量责任。

(38)A

解析：重要地理信息数据经国务院批准并明确授权公布的部门后，要以公告形式公布。

2)多项选择题(每题2分。每题的备选项中,有2个或2个以上符合题意,至少有1个错项。错选,本题不得分;少选,所选的每个选项得0.5分)

(39)ABDE

解析:《地图编制出版管理条例》对地图编制内容进行了严格的规定,主要内容如下:①编制地图必须遵守保密法律、法规,公开地图不得展示任何国家秘密和内部事项;②编制地图应当遵守国家有关地图内容表示的规定;③编制地图,应当选择最新地图资料作为编制基础,并及时补充或者更改现势变化的内容;④正确反映各要素的地理位置、形态、名称及相互关系,具备符合地图使用目的的有关数据和专业内容;⑤地图的比例尺和开本应当符合国家有关规定。

(40)AB

解析:测绘单位必须健全测绘成果质量管理制度。甲、乙级单位应当设立专门的质量管理或者质量检查机构;丙级测绘单位应当设立专职质量检查人员;丁级测绘单位应当设立兼职质量检查人员。

(41)BCDE

解析:测绘单位应当按照国家的《质量管理和质量保证》标准,推行全面质量管理,建立和完善测绘质量体系。甲级测绘单位应当通过ISO 9000系列质量保证体系认证,乙级测绘单位应当通过ISO 9000系列质量保证体系认证或者通过省级测绘行政主管部门考核,丙级测绘单位应当通过ISO 9000系列质量保证体系认证或者通过设区的市(州)级以上测绘行政主管部门考核,丁级测绘单位应当通过县级以上测绘行政主管部门考核。

(42)ABCD

解析:为规范测绘成果提供行为,《测绘法》第三十一条明确规定:基础测绘成果和国家投资完成的其他测绘成果,用于国家机关决策和社会公益性事业的,应当无偿提供。前款规定之外的,依法实行有偿使用制度,但是政府及其有关部门和军队因防灾、减灾、国防建设等公共利益的需要,可以无偿使用。

(43)AC

解析:重要地理信息数据主要包括以下内容:①涉及国家主权、政治主张的地理信息数据;②国界、国家面积、国家海岸线长度,国家版图重要特征点、地势、地貌分区位置等地理信息数据;③冠以"全国"、"中国"、"中华"等字样的地理信息数据;④经相邻省级人民政府联合勘定并经国务院批复的省级界线长度及行政医域面积,沿海省、自治区、直辖市海岸线长度;⑤法律法规规定以及需要由国务院测绘行政主管部门审核的其他重要地理信息数据。

(44)ABCD

解析:建议审核公布重要地理信息数据,应向国务院测绘行政主管部门提交如下资料:①建议人的基本情况;②重要地理信息数据的详细数据成果资料,科学性及公布的必要性说明;③重要地理信息数据获取的技术方案及对数据验收评估的有关资料;④国务院测绘行政主管部门规定的其他资料。

(45)DE

解析:《地图编制出版管理条例》第二十三条规定:出版地图,应当注明地图上国界线画法的依据资料及其来源;广告、商标、宣传画、电影电视画面中的示意地图除外。

(46)AB

解析:《测绘生产质量管理规定》第五条规定:测绘单位必须健全质量管理的规章制度。甲级、乙级测绘资格单位应当设立质量管理或质量检查机构;丙级、丁级测绘资格单位应当设立专职质量管理或质量检查人员。

(47)ABD

解析:《中华人民共和国测绘成果管理条例》第十二条规定:测绘成果保管单位应当按照规定保管测绘成果资料,不得损毁、散失、转让。

(48)BCD

解析:《重要地理信息数据审核公布管理规定》第九条规定:国务院测绘行政主管部门应当组织对建议人提交的重要地理信息数据进行审核。审核主要包括以下内容:①重要地理信息数据公布的必要性;②提交的有关资料的真实性与完整性;③重要地理信息数据的可靠性与科学性;④重要地理信息数据是否符合国家利益,是否影响国家安全;⑤与相关历史数据、已公布数据的对比。

(49)ABC

解析:测绘成果是指通过测绘形成的数据、信息、图件以及相关的技术资料,是各类测绘活动形成的记录和描述自然地理要素或者地表人工设施的形状、大小、空间位置及其属性的地理信息、数据、资料、图件和档案。

(50)AB

解析:测绘成果资料目录是测绘成果类别、规格和属性信息等的索引,是按照一定的分类规则将测绘成果的名称、数量、规格及属性等信息编制成册。测绘成果目录包括全国测绘成果目录和省级测绘成果目录。

(51)ABD

解析:本题考查测绘科技档案的保管期限,分为永久、长期和短期3种。同时需要掌握长期的时间为15～20年,短期的时间为15年内。

(52)BDE

解析:我国国家秘密的密级分为"绝密"、"机密"、"秘密"3级。"绝密"是最重要的国家秘密,泄露会使国家的安全和利益受到特别严重的损害;"机密"是重要的国家秘密,泄露会使国家的安全和利益遭受严重的损害;"秘密"是一般的国家秘密,泄露会使国家的安全和利益遭受一定程度的损害。

(53)ABD

解析:根据测绘成果提供利用的法律规定,对外提供属于国家秘密的测绘成果,是指向境外、国外以及其与国内有关单位合资、合作的法人或者其他组织提供的属于国家秘密的测绘成果。

(54)ABCD

解析:测绘成果的特征包括科学性、保密性、系统性、专业性。

(55)ACD

解析:国务院测绘行政主管部门负责受理单位和个人(建议人)提出的审核公布重要地理信息数据的建议。建议审核公布重要地理信息数据,应当向国务院测绘行政主管部门提交如下资料:①建议人的基本情况;②重要地理信息数据的详细数据成果资料,科学性及公布的必要性说明;③重要地理信息数据获取的技术方案及对数据验收评估的有关资料;④国务院测绘行政主管部门规定的其他资料。

(56)ABE

解析:《测绘法》及《测绘成果管理条例》对测绘成果资料目录的编制与公布均作出了明确

的规定，测绘成果资料目录应当向社会公布。测绘成果目录由国务院测绘行政主管部门和省、自治区、直辖市人民政府测绘行政主管部门编制。

(57)CDE

解析：重要地理信息数据的特征是：权威性、准确性、法定性。

(58)BD

解析：选项 A、C、E 是测绘单位质量检查人员职责。质量主管负责人的职责是负责质量方针、质量目标的贯彻实施、处理生产过程中的重大技术问题和质量争议。

8　界线测绘和其他测绘管理

8.1　考点分析

8.1.1　界线测绘管理

1)国界线测绘管理

(1)国界线测绘的特征

①国界线测绘涉及国家主权和领土完整。

②国界线测绘涉及我国的外交关系和政治主张。

③国界线测绘涉及国家安全和利益,属于国家秘密范围。

(2)国界线测绘管理

①国界线测绘,按照中华人民共和国与相邻国家缔结的边界条约或者协定进行。

②拟订国界线标准样图的工作由外交部和国务院测绘行政主管部门共同负责,其他任何部门都无权制定国界线标准样图。

(3)制定国界线标准样图原则

①我国与邻国之间已经订立边界条约、边界协定或者边界议定书的,在拟定国界线标准样图时,严格按照有关的边界条约、边界协定或者边界议定书及其附图进行。

②我国与有关相邻国家之间没有订立边界条约、边界协定或者边界议定书的,按照中华人民共和国地图的习惯画法拟定。

2)行政区域界线测绘管理

(1)行政区域界线测绘的概念

行政区域界线测绘是指利用测绘技术手段和原理,为划定行政区域界线的走向、分布以及周边地理要素而进行的测绘工作。

行政区域界线测绘的成果具有法律效力。因此,行政区域界线测绘被认定是一种法定测绘。

(2)行政区域界线测绘的内容

行政区域界线测绘的内容包括:①界桩的埋设与测定;②边界线的标绘;③边界协议书附图的绘制;④边界线走向和界桩位置说明的编写;⑤中华人民共和国省级行政区域界线详图集的编纂和制印。

(3)行政区域界线测绘管理

行政区域界线测绘管理包括:①资质管理;②成果管理;③标准管理。

3)权属界线测绘管理

(1)权属界线测绘的概念

权属界线测绘是指测定权属界线的走向和界址点的坐标及绘制权属界线图的活动。权属界线测绘的成果，主要包括权属调查表、权属界址点坐标、权属面积统计表、权属界线图等。

(2)权属界线测绘管理

①权属界线测绘应当按照县级以上人民政府确定的权属界线的界址点、界址线或者提供的有关登记资料和附图进行。

②权属界址线发生变化时，有关当事人应当及时进行变更测绘。

8.1.2 地籍测绘管理

1)地籍测绘特征

(1)地籍测绘是政府行使土地行政管理职能的具有法律意义的行政性技术行为，地籍测绘为土地管理提供了准确、可靠的地理参考系统。

(2)地籍测绘是在地籍调查的基础上进行的，具有勘验取证的法律特征。

(3)地籍测绘的技术标准必须符合土地法律、法规的要求，从事地籍测绘的人员应当具有丰富的土地管理知识。

(4)地籍测绘工作有非常强的现势性。

(5)地籍测绘的技术和方法是现代测绘高新技术的应用集成。

2)地籍测绘的法律规定

(1)国务院测绘行政主管部门会同国务院土地行政主管部门编制全国地籍测绘规划。

(2)县级以上地方人民政府测绘行政主管部门会同同级土地行政主管部门编制本行政区域的地籍测绘规划。

(3)县级以上地方人民政府测绘行政主管部门按照地籍测绘规划，组织管理地籍测绘。

3)地籍测绘管理

地籍测绘管理内容包括：

(1)组织编制地籍测绘规划。

(2)监督管理地籍测绘资质。

(3)监督管理地籍测绘成果质量。

(4)地籍测绘标准化管理。

8.1.3 房产测绘管理

1)房产测绘的目的

(1)为房产产权产籍管理、开发管理、交易管理和拆迁管理服务。

(2)为评估、征税、收费、仲裁、鉴定等活动提供基础图、表、数字、资料和相关的信息。

(3)为城市规划和城市建设等提供基础数据和资料。

2)房产测绘的法律规定

(1)国家制定房产测量规范，并明确由国务院建设行政主管部门、国务院测绘行政主管部门组织编制。

(2)房产测绘必须执行国务院建设行政主管部门、国务院测绘行政主管部门组织编制的测量技术规范。

3)房产测绘管理

(1)房产测绘资质管理

房产测绘单位应当取得省级以上人民政府测绘行政主管部门颁发的载明房产测绘业务的测绘资质证书。

(2)房产测绘成果质量管理

房产测绘项目委托人对房产测绘成果有争议的,依据房产测绘管理办法的规定,可以委托由国家认定的房产测绘成果鉴定机构鉴定。

用于房屋权属登记等房产管理的房产测绘成果,房地产行政主管部门应当对施测单位的资质、测绘成果的适用性、界址点的准确性、面积量算依据与方法等内容进行审核。审核后的房产测绘成果纳入房产档案统一管理。

8.1.4 地理信息系统建设管理

1)建立地理信息系统的法律规定

(1)国家制定基础地理信息数据的标准,由国家标准化主管部门依据标准化法颁布。

(2)建立地理信息系统必须采用符合国家标准的基础地理信息数据;不能采用依据有关行业标准生产的基础地理信息数据。

2)地理信息系统工程资质管理

从事地理信息系统工程建设的单位,应当依法取得由省级以上测绘行政主管部门颁发的载有地理信息系统工程业务的测绘资质证书。

8.1.5 海洋测绘管理

1)海洋测绘的特点

(1)海洋测绘的对象是海洋以及海洋中的各种自然现象和人文现象。

(2)海洋测绘的主要载体是船舶。

(3)海洋测绘所使用的仪器设备有其特殊性。

(4)海洋测绘的成果比较复杂。

2)海洋测绘管理

军队测绘主管部门负责管理军事部门的测绘工作,并按照国务院、中央军事委员会规定的职责分工负责管理海洋基础测绘工作。

8.2 例　　题

1)单项选择题(每题1分。每题的备选项中,只有1个最符合题意)

(1)中华人民共和国国界线测绘执行的依据是(　　)。

A. 中华人民共和国与相邻国家缔结的边界条约或者协定

B. 中华人民共和国参与的有关国际公约

C. 我国关于行政划分的有关规定

D. 中华人民共和国承认的国际惯例

(2)拟定省、自治区、直辖市和自治州、县、自治县、市行政区域界线的标准画法图的部门是(   )。

A. 国务院民政部门和外交部

B. 国务院测绘行政主管部门

C. 国务院办公厅

D. 国务院民政部门和国务院测绘行政主管部门

(3)《测绘法》规定，编制全国地籍测绘的规划部门是(   )。

A. 国务院测绘行政主管部门会同国务院发展计划主管部门

B. 国务院土地行政主管部门会同国务院发展计划部门

C. 国务院发展计划部门会同国务院建设部门

D. 国务院测绘行政主管部门会同国务院土地行政主管部门

(4)《测绘法》规定，明确测量土地、建筑物、构筑物和地面其他附着物的权属界址线，应当按照(   )确定的权属界线的界址点、界址线或者提供的有关登记材料和附图进行。

A. 县级以上地方人民政府　　B. 县级以上人民政府

C. 县级以上测绘行政主管部门　　D. 县级以上土地行政主管部门

(5)《行政区域界线管理条例》规定，经批准变更行政区域界线的，毗邻的各有关人民政府，应当按照(   )进行测绘，埋设桩界，签订协议书。

A. 基础测绘规程　　B. 相邻人民政府之间达成的协议

C. 勘界测绘技术规范　　D. 地籍测绘规范

(6)《测绘法》规定，建筑物、构筑物的权属界线发生变化时，有关当事人应当及时进行(   )测绘。

A. 所有权　　B. 变更　　C. 竣工　　D. 地形

(7)《测绘法》规定，与房屋产权、产籍相关的房屋面积测量，应当执行由(   )负责组织编制的测量技术规范。

A. 国务院建设行政主管部门、国务院土地行政主管部门

B. 国务院测绘行政主管部门、国务院土地行政主管部门

C. 国务院测绘行政主管部门、国务院标准化行政主管部门

D. 国务院建设行政主管部门、国务院测绘行政主管部门

(8)房屋权利人申请房屋产权初始登记的，应当由(   )委托房产测绘单位进行房产测绘。

A. 房屋权利人　　B. 房地产行政主管部门

C. 土地行政主管部门　　D. 产权登记机关

(9)根据《房产测量规范》，下列设施中，不计人共有建筑面积的是(   )。

A. 独立使用的地下室、车棚和车库　　B. 公共使用的门厅、过道、地下室

C. 套与公共建筑之间的分隔墙　　D. 为整幢楼服务的公共用房与管理用房

(10)中华人民共和国地图的国界线标准样图，由(   )拟定，报国务院批准后公布。

A. 外交部　　B. 国务院测绘行政主管部门

C. 军事测绘管理部门　　D. 外交部和国务院测绘行政主管部门

(11)行政区域界线详图是反映(　　)标准画法的国家专题地图。

A. 省级以上行政区域界线　　B. 县级以上行政区域界线

C. 国界线　　D. 分界线

(12)城市建设领域的工程测量活动,与房屋产权、产籍相关的房屋面积的测量,应当执行由(　　)负责组织编制的测量技术规范。

A. 国务院建设行政主管部门

B. 国务院测绘行政主管部门

C. 军事测绘行政主管部门

D. 国务院建设行政主管部门和国务院测绘行政主管部门

(13)国界线测绘是指划定国家间的(　　)边界线而进行的测绘活动。

A. 共同　　B. 相邻　　C. 穿插　　D. 接壤

(14)1999 年,国务院授权外交部和国家测绘局公布了比例尺为(　　)的中华人民共和国国界线标准样图。

A. 1∶100 万　　B. 1∶200 万　　C. 1∶400 万　　D. 1∶500 万

(15)海洋基础测绘工作由(　　)按照国务院、中央军事委员会规定的职责分工具体负责

A. 国务院建设部门　　B. 国务院测绘行政主管部门

C. 国家海监部门　　D. 军队测绘主管部门

(16)下列选项中,不属于房产测绘内容的是(　　)。

A. 土地要素调查　　B. 房产平面控制测量

C. 房产图测绘和建立房产信息系统　　D. 房产面积预算

(17)房产测绘成果与老百姓的切身利益密切相关,带有一定的(　　)、法定性。

A. 权威性　　B. 现势性　　C. 时效性　　D. 全面性

(18)国界线具有严格的法定性、政治性、(　　)。

A. 时效性　　B. 保密性　　C. 严肃性　　D. 安全性

(19)房产测绘单位应当依照《测绘法》的规定,取得(　　)测绘行政主管部门颁发的载明房产测绘业务的测绘资质证书。

A. 县级以上人民政府　　B. 市级以上人民政府

C. 省级以上人民政府　　D. 国务院

(20)下列不属于军事测绘的特征的是(　　)。

A. 保密性　　B. 科学性　　C. 精确性　　D. 测绘保障范围广

(21)《测绘法》规定,编制全国地籍测绘的规划部门是(　　)。

A. 国务院测绘行政主管部门会同军队测绘管理部门

B. 国务院土地行政主管部门会同国务院发展计划部门

C. 国务院测绘行政主管部门会同国务院财政部门

D. 国务院测绘行政主管部门会同国务院土地行政主管部门

(22)权属界线的测绘主要内容是测定(　　)及其地面上相关的建筑物、附着物等。

A. 权属界址点　　B. 权属界址线　　C. 土地　　D. 地形

(23)(　　)是地籍管理的基础性工作,是国家测绘工作的重要组成部分。

A. 大地测量　　B. 地籍测绘　　C. 工程测量　　D. 摄影测量

2）多项选择题（每题 2 分。每题的备选项中，有 2 个或 2 个以上符合题意，至少有 1 个错项。错选，本题不得分；少选，所选的每个选项得 0.5 分）

（24）国界线测绘的主要成果是（　　）。

A. 边界线测绘条约　　B. 边界线位置和走向的文字说明

C. 界桩点坐标　　D. 边界线地形图

E. 边界协定

（25）海洋测绘的特点有（　　）。

A. 海洋测绘的对象为海洋以及各种自然现象和人文现象

B. 海洋测绘的主要载体是船舶

C. 海洋测绘使用的仪器设备有其特殊性

D. 海洋测绘的成果比较复杂

E. 海洋测绘涉及国家利益

（26）地籍测绘管理主要涉及（　　）几个方面。

A. 组织编制地籍测绘规划　　B. 监督管理地籍测绘资质

C. 监督管理地籍测绘成果质量　　D. 地籍测绘成果社会公开化

E. 地籍测绘标准化管理

（27）国界线测绘的特征包括（　　）。

A. 国界线测绘涉及国家主权和领土完整

B. 国界线测绘涉及我国的外交关系和政治主张

C. 国界线测绘一般由邻国测绘人员参与完成

D. 国界线测绘涉及国家安全和利益，属于国家秘密范围

E. 国界线测绘属于高精度测绘

8.3　例题参考答案及解析

1）单项选择题（每题 1 分。每题的备选项中，只有 1 个最符合题意）

（1）A

解析：国界线测绘，按照中华人民共和国与相邻国家缔结的边界条约或者协定进行。

（2）D

解析：《测绘法》第十七条规定：省、自治区、直辖市和自治州、县、自治县、市行政区域界线的标准画法图，由国务院民政部门和国务院测绘行政主管部门拟定，报国务院批准后发布。

（3）D

解析：《测绘法》第十八条规定：国务院测绘行政主管部门会同国务院土地行政主管部门编制全国地籍测绘规划。

（4）B

解析：《测绘法》第十九条规定：测量土地、建筑物、构筑物和地面其他附着物的权属界址线，应当按照县级以上人民政府确定的权属界线的界址点、界址线或者提供的有关登记资料和附图进行。权属界址线发生变化时，有关当事人应当及时进行变更测绘。

（5）C

解析:《行政区域界线管理条例》第九条规定:依照《国务院关于行政区划管理的规定》,经批准变更行政区域界线的,毗邻的各有关人民政府应当按照勘界测绘技术规范进行测绘,埋设界桩,签订协议书,并将协议书报批准变更该行政区域界线的机关备案。

(6)B

解析:《测绘法》第十九条规定:测量土地、建筑物、构筑物和地面其他附着物的权属界址线,应当按照县级以上人民政府确定的权属界线的界址点、界址线或者提供的有关登记资料和附图进行。权属界址线发生变化时,有关当事人应当及时进行变更测绘。

(7)D

解析:《测绘法》第二十条规定:城市建设领域的工程测量活动,与房屋产权、产籍相关的房屋面积的测量,应当执行由国务院建设行政主管部门、国务院测绘行政主管部门负责组织编制的测量技术规范。

(8)A

解析:《房产测绘管理办法》第六条规定,有下列情形之一的,房屋权利申请人、房屋权利人或者其他利害关系人应当委托房产测绘单位进行房产测绘:①申请产权初始登记的房屋;②自然状况发生变化的房屋;③房屋权利人或者其他利害关系人要求测绘的房屋。房产管理中需要的房产测绘,由房地产行政主管部门委托房产测绘单位进行。

(9)A

解析:共有面积的内容包括:电梯井、管道井、楼梯间、垃圾道、变电室、设备间、公共门厅、过道、地下室、值班警卫室等以及为整幢楼服务的公共用房和管理用房的建筑面积,以水平投影面积计算。共有建筑面积还包括套与公共建筑之间的分隔墙以及外墙(包括山墙)水平投影面积一半的建筑面积。独立使用的地下室、车棚、车库,为多幢服务的警卫室、管理用房,作为人防工程的地下室都不计入共有建筑面积。

(10)D

解析:《测绘法》第十六条规定:中华人民共和国地图的国界线标准样图,由外交部和国务院测绘行政主管部门拟定,报国务院批准后公布。

(11)B

解析:《行政区域界线管理条例》第十四条规定:行政区域界线详图是反映县级以上行政区域界线标准画法的国家专题地图。任何涉及行政区域界线的地图,其行政区域界线画法一律以行政区域界线详图为准绘制。国务院民政部门负责编制省、自治区、直辖市行政区域界线详图;省、自治区、直辖市人民政府民政部门负责编制本行政区域内的行政区域界线详图。

(12)D

解析:《测绘法》第二十条规定,城市建设领域的工程测量活动,与房屋产权、产籍相关的房屋面积的测量,应当执行由国务院建设行政主管部门、国务院测绘行政主管部门负责组织编制的测量技术规范。水利、能源、交通、通信、资源开发和其他领域的工程测量活动,应当按照国家有关的工程测量技术规范进行。

(13)A

解析:国界线测绘是指划定国家间的共同边界线而进行的测绘活动,是与邻国明确划定边界线、签订边界条约和协议书以及日后定期进行联合检查的基础工作。

(14)C

解析:1999 年,国务院授权外交部和国家测绘局公布了比例尺为 1∶400 万的中华人民共和国国界线标准样图。

(15)D

解析:《测绘法》第四条规定:军队测绘主管部门负责管理军事部门的测绘工作,并按照国务院、中央军事委员会规定的职责分工,负责管理海洋基础测绘工作。

(16)A

解析:房产测绘的内容包括房产平面控制测量、房产面积预算、房产要素调查与测量、房产变更调查与测量、房产图测绘和建立房产信息系统。

(17)A

解析:房产测绘成果与老百姓的切身利益密切相关,带有一定的权威性、法定性。

(18)C

解析:国界线测绘具有严格的法定性、政治性和严肃性。

(19)C

解析:《房产测绘管理办法》第十二条规定:房产测绘单位应当依照《测绘法》的规定,取得省级以上人民政府测绘行政主管部门颁发的载明房产测绘业务的测绘资质证书。

(20)B

解析:军事测绘的特征为:①保密性;②精确性;③实时性;④测绘保障范围广。

(21)D

解析:《测绘法》第十八条规定:国务院测绘行政主管部门会同国务院土地行政主管部门编制全国地籍测绘规划。县级以上地方人民政府测绘行政主管部门会同同级土地行政主管部门编制本行政区域的地籍测绘规划。

(22)A

解析:《测绘法》第十九条规定:测量土地、建筑物、构筑物和地面其他附着物的权属界址线,应当按照县级以上人民政府确定的权属界线的界址点、界址线或者提供的有关登记资料和附图进行。权属界址线发生变化时,有关当事人应当及时进行变更测绘。

(23)B

解析:地籍测绘是地籍管理的基础性工作,是国家测绘工作的重要组成部分。全国地籍测绘规划由国务院测绘行政主管部门会同国务院土地行政主管部门编制。

2)多项选择题(每题2分。每题的备选项中,有2个或2个以上符合题意,至少有1个错项。错选,本题不得分;少选,所选的每个选项得0.5分)

(24)BCD

解析:国界线测绘是指划定国家间的共同边界线而进行的测绘活动,是与邻国明确划定边界线、签订边界条约和协议书以及日后定期进行联合检查的基础工作。国界线测绘的主要成果是边界线位置和走向的文字说明、界桩点坐标及边界线地形图。

(25)ABCD

解析:海洋测绘的主要特点如下:①海洋测绘的对象为海洋以及各种自然现象和人文现象。自然现象如:海岸、海底、海洋水文、海洋气象、海空变化。②海洋测绘的主要载体是船舶。③海洋测绘使用的仪器设备有其特殊性。④海洋测绘的成果比较复杂。

(26)ABCE

解析:测绘行政主管部门依法组织管理地籍测绘,主要涉及以下几个方面:①组织编制地籍测绘规划;②监督管理地籍测绘资质;③监督管理地籍测绘成果质量;④地籍测绘标准化管理。

(27)ABD

解析:国界线测绘的特征包括:①国界线测绘涉及国家主权和领土完整;②国界线测绘涉及我国的外交关系和政治主张;③国界线测绘涉及国家安全和利益,属于国家秘密范围。

9　测绘项目合同管理

9.1　考 点 分 析

1)测绘项目合同的内容

(1)测绘范围。必须明确测绘项目所涉及的工作地点、具体的地理位置、测区边界和所覆盖的测区面积等内容。

(2)测绘内容。直接规约受托方所必须完成的实际测绘任务。最好明确地逐一罗列出所需完成的任务。

(3)技术依据和质量标准。罗列出国家的相关技术规范或规程等。

(4)工程费用及其支付方式。一般按照工程进度(或合同执行情况)分阶段支付,包括首付款、项目进行中的阶段性付款及尾款几个部分。

(5)项目实施进度安排。进度安排应尽可能详细,应标明每项工作计划完成的具体时间,以及预期的阶段性成果。

(6)甲乙双方的义务。

(7)提交成果及验收方式。提交成果清单,并注明验收方式。

(8)其他内容。包括违约责任、争议的解决方式、测绘成果的版权归属和保密约定、合同未约定事宜的处理方式等。

2)测绘项目合同甲方的义务

(1)向乙方提交测绘项目相关的资料。

(2)完成对乙方提交的技术设计书的审定工作。

(3)保证乙方的测绘队伍顺利进入现场工作,并对乙方进场人员的工作、生活提供必要的条件。

(4)保证工程款按时到位。

(5)允许乙方内部使用执行本合同所生产的测绘成果等。

3)测绘项目合同乙方的义务

(1)编制技术设计书,并交甲方审定。

(2)组织测绘队伍进场作业。

(3)根据技术设计书要求确保测绘项目如期完成。

(4)允许甲方内部使用乙方为执行本合同所提供的属乙方所有的测绘成果。

(5)未经甲方允许,乙方不得将本合同标的全部或部分转包给第三方。

4)合同履行的内容

测绘合同履行主要包括三个方面的内容:①项目承揽方按要求完成测绘工作;②测绘项目委托单位按时交付项目酬金;③合同约定的附加工作和额外测绘工作及其酬金给付。

5)测绘合同变更的条件

测绘合同变更的条件包括:①原测绘合同关系的有效存在;②当事人双方协商一致,不损害国家及社会公共利益;③合同非要素内容发生变更;④须遵循法定形式。

6)成本预算的内容

(1)生产成本。包括直接人工费、直接材料费、交通差旅费、折旧费等。

(2)经营成本。包括两大类:①员工福利及他项费用,包括福利费、职工教育经费、住房公积金、养老保险金、失业保险等;②机构运营费用,包括业务往来费用、办公费用、仪器购置、维护及更新费用、工会经费等。

9.2 例　　题

1)单项选择题(每题1分。每题的备选项中,只有1个最符合题意)

(1)下列选项中,不属于测绘项目合同内容的是(　　)。

A. 测绘范围　　B. 测绘技术依据和质量标准

C. 测绘技术总结　　D. 甲乙双方的义务

(2)下列选项中,不属于测绘项目合同甲方义务的是(　　)。

A. 向乙方提交该测绘项目相关的资料

B. 组织乙方测绘队伍进场作业

C. 保证工程款按时到位

D. 完成对乙方提交的技术设计书的审定工作

(3)下列选项中,不属于测绘项目合同乙方义务的是(　　)。

A. 编制技术设计书

B. 根据技术设计书要求确保测绘项目如期完成

C. 组织测绘队伍进场作业

D. 完成对技术设计书的审定工作

(4)下列选项中,不属于测绘项目合同履行内容的是(　　)。

A. 项目承揽方按要求完成测绘工作

B. 测绘项目委托单位按时交付项目酬金

C. 优质测绘工程奖申报工作

D. 合同约定的附加工作和额外测绘工作及其酬金给付

(5)下列选项中,不属于测绘合同变更条件的是(　　)。

A. 须遵循法定形式

B. 当事人双方协商一致,不损害国家及社会公共利益

C. 合同要素内容发生变更

D. 原测绘合同关系的有效存在

(6)下列选项中,不属于生产成本的是(　　)。

A. 直接人工费　　B. 直接材料费　　C. 交通差旅费　　D. 仪器购置费

(7)下列选项中,不属于经营成本的是(　　)。

A. 职工教育经费　　B. 直接人工费　　C. 养老保险金　　D. 仪器购置费

(8)《测绘法》规定，测绘成果质量不合格的，给用户造成损失的，(　　)。

A. 不承担法律责任　　B. 不承担赔偿责任

C. 只给予赔付，不负责重测　　D. 依法承担赔偿责任

(9)下列不属于订立合同的基本原则的是(　　)。

A. 自愿原则　　B. 当事人法律地位平等

C. 风险共担原则　　D. 诚实信用的原则

(10)测绘项目成本预算中，如果项目是生产经营承包制，则其成本预算不包括(　　)。

A. 工人工资费用预算　　B. 应承担承包部门费用预算

C. 应承担的期间费用预算　　D. 生产成本预算

(11)下列成本中，用于完成特定项目所需的直接费用的是(　　)。

A. 生产成本　　B. 经营成本　　C. 管理成本　　D. 应用成本

(12)合同生效是指已经成立的合同在当事人之间产生一定的法律(　　)。

A. 协商力　　B. 控制力　　C. 约束力　　D. 竞争力

(13)测绘合同的制定应在(　　)协商的基础上来对合同的各项条款进行规约。

A. 单独　　B. 公开　　C. 公正　　D. 平等

(14)下列选项中，属于经营成本的是(　　)。

A. 设备折旧费　　B. 直接材料费　　C. 交通差旅费　　D. 员工福利

(15)在测绘项目中，技术依据及质量标准的确定需要在合同签订前由(　　)认定。

A. 发包方　　B. 承包方

C. 发包方的上级主管部门　　D. 当事人双方协商

(16)在测绘项目中，以下关于甲乙双方义务的陈述，其中不正确的是(　　)。

A. 甲方应当向乙方提交该测绘项目的相关资料

B. 乙方根据技术设计书要求确保测绘项目如期完成

C. 甲方应当对乙方提交的技术设计书做审定工作

D. 乙方可以将本合同标的部分转包给第三方

(17)下列关于测绘合同的说法错误的是(　　)。

A. 合同内容由法律规定，当事人不能改变

B. 应当遵循公平原则来确定各方的权利和义务

C. 必须遵守国家的相关法律和法规

D. 测绘合同的制定应在平等协商的基础上来对合同的各项条款进行规约

(18)测绘项目有别于其他工程项目，它是针对特定的(　　)和空间范围展开的工作。

A. 地物情况　　B. 地貌特征　　C. 地形变化　　D. 地理位置

(19)成本预算的内容包括(　　)和经营成本。

A. 应用成本　　B. 管理成本　　C. 生产成本　　D. 系统成本

(20)下列合同订立情形中，不属于《合同法》规定的合同无效的情形的是(　　)。

A. 订立合同显失公平的

B. 以合法形式掩盖非法目的

C. 损害社会公共利益

D. 违反法律、行政法规的强制性规定

(21)合同是(　　)主体的自然人、法人、其他组织之间设立、变更、终止民事权利和义务

关系的协议。

A. 平等　　B. 公平　　C. 公正　　D. 公开

2)多项选择题(每题2分。每题的备选项中,有2个或2个以上符合题意,至少有1个错项。错选,本题不得分;少选,所选的每个选项得0.5分)

(22)下列选项中,属于测绘项目合同内容的是(　　)。

A. 测绘范围与内容　　B. 项目实施进度安排

C. 测绘成果质量检查报告　　D. 工程费用及其支付方式

E. 测绘成果精度统计

(23)下列选项中,属于测绘项目合同甲方义务的是(　　)。

A. 保证乙方的测绘队伍顺利进入现场工作

B. 组织乙方测绘队伍进场作业

C. 保证工程款按时到位

D. 负责编制测绘技术设计书

E. 允许乙方内部使用执行本合同所生产的测绘成果

(24)下列选项中,属于测绘项目合同乙方义务的是(　　)。

A. 编制技术设计书

B. 根据技术设计书要求确保测绘项目如期完成

C. 组织测绘队伍进场作业

D. 完成对技术设计书的审定工作

E. 乙方可以将本合同标的全部或部分转包给第三方

(25)下列选项中,属于生产成本的是(　　)。

A. 养老保险金　　B. 交通差旅费

C. 职工教育经费　　D. 折旧费

E. 直接材料费

(26)根据《合同法》的规定,订立合同应遵循的基本原则是(　　)。

A. 当事人法律地位平等　　B. 自愿的原则

C. 遵守法律和不得损害社会公共利益的原则

D. 守时的原则　　E. 诚实信用的原则

(27)测绘项目成本预算分为(　　)。

A. 项目是生产承包制,其成本预算由生产成本预算和应承担的期间费用预算组成

B. 项目完成后对拟提交的测绘成果进行详细说明

C. 项目关联的各方都能准确理解及把握,避免产生歧义

D. 项目是生产经营承包制,其成本预算由生产成本预算、应承担承包部门费用预算和应承担的期间费用预算组成

E. 项目完成后的技术总结

(28)下列合同订立情形中,属于《合同法》规定的合同无效的情形的是(　　)。

A. 损害公共利益

B. 订立合同显失公平的

C. 恶意串通,损害国家、集体或第三人利益

D. 一方以欺诈、胁迫的手段订立合同，损害国家利益

E. 以合法形式掩盖非法目的

(29)经营成本包括(　　)。

A. 员工福利及他项费用　　B. 部门费用

C. 直接生产费用　　D. 机构运营费用

E. 设备折旧费用

(30)根据《合同法》的规定，关于订立合同应遵循原则的说法正确的是(　　)。

A. 当事人法律地位平等

B. 自愿的原则

C. 遵守法律和不得损害社会公共利益的原则

D. 守时的原则

E. 诚实信用的原则

9.3　例题参考答案及解析

1)单项选择题(每题1分。每题的备选项中，只有1个最符合题意)

(1)C

解析：测绘项目合同的内容，主要包括：①测绘范围；②测绘内容；③技术依据和质量标准；④工程费用及其支付方式；⑤项目实施进度安排；⑥甲乙双方的义务；⑦提交成果及验收方式等。选项C(测绘技术总结)，不属于测绘项目合同的内容。

(2)B

解析：测绘项目合同甲方的义务，包括：①向乙方提交该测绘项目相关的资料；②完成对乙方提交的技术设计书的审定工作；③保证乙方的测绘队伍顺利进入现场工作；④保证工程款按时到位；⑤允许乙方内部使用执行本合同所生产的测绘成果等。选项B(组织乙方测绘队伍进场作业)是测绘项目合同乙方的义务。

(3)D

解析：测绘项目合同乙方的义务，包括：①编制技术设计书，并交甲方审定；②组织测绘队伍进场作业；③根据技术设计书要求确保测绘项目如期完成；④允许甲方内部使用乙方为执行本合同所提供的属乙方所有的测绘成果；⑤未经甲方允许，乙方不得将本合同标的全部或部分转包给第三方。选项D(完成对技术设计书的审定工作)是测绘项目合同甲方的义务。

(4)C

解析：测绘合同履行，主要包括三个方面的内容：①项目承揽方按要求完成测绘工作；②测绘项目委托单位按时交付项目酬金；③合同约定的附加工作和额外测绘工作及其酬金给付。选项C(优质测绘工程奖申报工作)，不属于测绘合同履行内容。

(5)C

解析：测绘合同变更的条件：①原测绘合同关系的有效存在；②当事人双方协商一致，不损害国家及社会公共利益；③合同非要素内容发生变更；④须遵循法定形式。选项C，表述错误。

(6)D

解析：测绘生产成本包括：直接人工费、直接材料费、交通差旅费、折旧费等。选项D(仪器购置费)，属于经营成本。

(7)B

解析:测绘经营成本,包括两大类:①员工福利及他项费用,包括福利费、职工教育经费、住房公积金、养老保险金、失业保险等;②机构运营费用,包括业务往来费用、办公费用、仪器购置、维护及更新费用、工会经费等。选项 B(直接人工费),属于生产成本。

(8)D

解析:《测绘法》规定:测绘成果质量不合格的,给用户造成损失的,依法承担赔偿责任。

(9)C

解析:合同的基本原则为:①当事人法律地位平等;②自愿的原则;③公平的原则;④诚实信用的原则;⑤遵守法律和不得损害社会公共利益的原则;⑥合同效力。选项 C(风险共担原则),不属于合同的基本原则。

(10)A

解析:项目成本预算,一般分为两种情况:①如果项目是生产承包制,其成本预算由生产成本预算和应承担的期间费用预算组成;②如果项目是生产经营承包制,其成本预算由生产成本预算、应承担的承包部门费用预算和应承担的期间费用预算组成。选项 A(工人工资费用预算),不属于成本预算。

(11)A

解析:生产成本,即直接用于完成特定项目所需的直接费用,主要包括直接人工费、直接材料费、交通差旅费、折旧费等,实行项目承包(或费用包干)的情形则只需计算直接承包费用和折旧费等内容。本题是考查“生产成本”的定义。

(12)C

解析:《合同法》第四十四条规定:依法成立的合同,自成立时生效。法律、行政法规规定应当办理批准、登记等手续生效的,依照其规定生效。合同生效是指合同产生法律约束力。

(13)D

解析:合同,是平等主体的自然人、法人、其他组织之间设立、变更、终止民事权利义务关系的协议。测绘合同的制定应在平等协商的基础上来对合同的各项条款进行规约,应当遵循公平原则来确定各方的权利和义务,并且必须遵守国家的相关法律和法规。本题是考查合同的定义。

(14)D

解析:本题考查经营成本和生产成本的区别,选项 A(设备折旧费)、选项 B(直接材料费)、选项 C(交通差旅费)都属于生产成本。属经营成本的是:①员工福利及他项费用,包括按工资基数计提的福利费、职工教育经费、住房公积金、养老保险金、失业保险等;②机构运营费用,包括业务往来费用、办公费用、仪器购置、维护及更新费用,工会经费等。

(15)D

解析:本题考查签订合同时的技术依据和质量标准。一般情况下,技术依据及质量标准的确定需要合同签订前由当事人双方协商认定;对于未做约定的情形,应注明按照本行业相关规范及技术规程执行,以避免出现合同漏洞,导致不必要的争议。

(16)D

解析:本题考查测绘项目中甲乙双方的义务。乙方义务之一:未经甲方允许,乙方不得将本合同标的全部或部分转包给第三方等内容。选项 D,表述不正确。

(17)A

解析:测绘合同的制定应在平等协商的基础上来对合同的各项条款进行规定,应当遵循公平原则来确定各方的权利和义务,并且必须遵守国家的相关法律和法规。合同内容由当事人约定。选项A,表述不正确。

(18)D

解析:测绘项目有别于其他工程项目,它是针对特定的地理位置和空间范围展开的工作,所以在测绘合同中,首先必须明确该测绘项目所涉及的工作地点、具体的地理位置、测区边界和所覆盖的测区面积等内容。

(19)C

解析:成本预算的内容包括:①生产成本;②经营成本。

(20)A

解析:《合同法》第五十二条规定,有下列情形之一的,合同无效:①一方以欺诈、胁迫的手段订立合同,损害国家利益;②恶意串通,损害国家、集体或者第三人利益;③以合法形式掩盖非法目的;④损害社会公共利益;⑤违反法律、行政法规的强制性规定。

(21)A

解析:本题考查合同的定义。合同是平等主体的自然人、法人、其他组织之间设立、变更、终止民事权利和义务关系的协议。

2)多项选择题(**每题2分。每题的备选项中,有2个或2个以上符合题意,至少有1个错项。错选,本题不得分;少选,所选的每个选项得0.5分**)

(22)ABD

解析:本题考查测绘项目合同的内容。主要包括:测绘范围;测绘内容;技术依据和质量标准;工程费用及其支付方式;项目实施进度安排;甲乙双方的义务;提交成果及验收方式等。选项C(测绘成果质量检查报告)、选项E(测绘成果精度统计)不属于测绘项目合同的内容。

(23)ACE

解析:测绘项目合同甲方的义务包括:向乙方提交该测绘项目相关的资料;完成对乙方提交的技术设计书的审定工作;保证乙方的测绘队伍顺利进入现场工作;保证工程款按时到位;允许乙方内部使用执行本合同所生产的测绘成果等。选项B(组织乙方测绘队伍进场作业)、选项D(负责编制测绘技术设计书),是测绘项目合同乙方的义务。

(24)ABC

解析:测绘项目合同乙方的义务包括:编制技术设计书,并交甲方审定;组织测绘队伍进场作业;根据技术设计书要求确保测绘项目如期完成;允许甲方内部使用乙方为执行本合同所提供的属乙方所有的测绘成果;未经甲方允许,乙方不得将本合同标的全部或部分转包给第三方。选项D(完成对技术设计书的审定工作)是甲方的义务;选项E(乙方可以将本合同标的全部或部分转包给第三方),表述错误。

(25)BDE

解析:测绘生产成本包括:直接人工费、直接材料费、交通差旅费、折旧费等。选项A(养老保险金)、选项C(职工教育经费),属于经营成本。

(26)ABCE

解析:合同的基本原则:①当事人法律地位平等;②自愿的原则;③公平的原则;④诚实信用的原则;⑤遵守法律和不得损害社会公共利益的原则;⑥合同效力。D选项(守时的原则)

不属于合同的基本原则。

(27)AD

解析:本题考查成本预算。项目成本预算一般分为两种情况:①如果项目是生产承包制,其成本预算由生产成本预算和应承担的期间费用预算组成;②如果项目是生产经营承包制,其成本预算由生产成本预算、应承担承包部门费用预算和应承担的期间费用预算组成。

(28)ACDE

解析:《合同法》第五十二条规定,有下列情形之一的,合同无效:①一方以欺诈、胁迫的手段订立合同,损害国家利益;②恶意串通,损害国家、集体或者第三人利益;③以合法形式掩盖非法目的;④损害社会公共利益;⑤违反法律、行政法规的强制性规定。

(29)AD

解析:经营成本主要包括两大类:①员工福利及他项费用;②机构运营费用。

(30)ABCE

解析:合同的基本原则:①当事人法律地位平等;②自愿的原则;③公平的原则;④诚实信用的原则;⑤遵守法律和不得损害社会公共利益的原则;⑥合同效力。

10　测绘项目技术设计

10.1 考 点 分 析

10.1.1 测绘技术设计概述

1)测绘技术的设计过程

(1)设计输入。通常又称设计依据,与成果、生产过程或生产体系要求有关。

(2)设计输出。指设计过程的结果,其表现形式为测绘技术设计文件。

(3)设计评审。确定设计输出达到规定目标的适宜性、充分性和有效性。

(4)设计验证。是通过提供客观证据,对设计输出满足输入要求的认定。

2)测绘技术设计的分类

测绘技术设计分为两类:

(1)项目设计。是对测绘项目进行的综合性整体设计,一般由承担"项目"的法人单位负责编写。

(2)专业技术设计。是对测绘专业活动的技术要求进行设计,专业技术设计一般由具体承担相应测绘专业任务的法人单位负责编写。

注:技术设计文件编写完成后,承担测绘任务的法人单位必须对其进行全面审核,并在技术设计文件和(或)产品样品上签署意见并签名(或章),一式2～4份报测绘任务的委托单位审批。

3)测绘技术设计书的精度指标设计

技术设计书不仅要明确作业或成果的坐标系、高程基准、时间系统、投影方法,而且须明确技术等级或精度指标。对于工程测量项目,在精度设计时,应综合考虑放样误差、构建制造误差等影响,既要满足精度要求,又要考虑经济效益。

4)项目设计(总体设计)的内容(见表10-1)

项目设计(总体设计)的内容　表10-1

具体内容	简要说明
1.概述	说明项目来源、内容和目标、作业区范围和行政隶属、任务量、完成期限、项目承担单位和成果(或产品)接收单位等
2.作业区自然地理概况和已有资料情况	①作业区自然地理概况。说明与测绘作业有关的作业区自然地理概况。 ②已有资料情况。说明已有资料的数量、形式、主要质量情况和评价,说明已有资料利用的可能性和利用方案等
3.引用文件	所引用的标准、规范或其他技术文件

续上表

具体内容	简要说明
4. 成果(或产品)主要技术指标和规格	说明成果(或产品)的种类及形式、坐标系统、高程基准，比例尺、分带、投影方法，分幅编号及其空间单元，数据基本内容、数据格式、数据精度以及其他技术指标等
5. 设计方案	①软件和硬件配置要求。 ②技术路线及工艺流程。 ③技术规定。 ④上交和归档成果。 ⑤质量保证措施和要求
6. 进度安排和经费预算	①进度安排。分别列出年度计划和各工序的衔接计划。 ②经费预算。编制分年度(或分期)经费和总经费计划
7. 附录	需进一步说明的技术要求，有关的设计附图、附表等

5)专业技术设计(分项设计)内容(见表 10-2)

专业技术设计(分项设计)的内容 表 10-2

具体内容	简要说明
1. 概述	主要说明任务的来源、目的、任务量、测区范围和作业内容、行政隶属以及完成期限等任务基本情况
2. 作业区自然地理概况和已有资料情况	①作业区自然地理概况。说明与测绘作业有关的作业区自然地理概况。 ②已有资料情况。说明已有资料的数量、形式、主要质量情况和评价、说明已有资料利用的可能性和利用方案等
3. 引用文件	所引用的标准、规范或其他技术文件
4. 成果(或产品)主要技术指标和规格	一般包括成果类型及形式、坐标系统、高程基准、时间系统，比例尺、分带、投影方法，分幅编号及其空间单元，数据基本内容、数据格式、数据精度以及其他技术指标等
5. 设计方案	①硬件与软件环境。②作业的技术路线或流程。③作业方法与技术要求。④生产过程中的质量控制和产品质量检查。⑤数据安全、备份。⑥上交和归档成果。⑦有关附录

10.1.2 “大地测量”专业技术设计书

1)“大地测量”专业技术设计书的主要内容(见表 10-3)

“大地测量”专业技术设计书的内容 表 10-3

具体内容	简要说明
1. 任务概述	说明任务的来源、目的、任务量、测区范围和行政隶属等基本情况
2. 测区自然地理概况和已有资料情况	①测区自然地理概况。说明与设计方案或作业有关的测区自然地理概况，内容包括测区地理特征、居民地、交通、气候情况和困难类别等。 ②已有资料情况。说明已有资料的数量、形式、施测年代、采用的坐标系统、高程和重力基准、资料的主要质量情况和评价、利用的可能性和利用方案等
3. 引用文件	所引用的标准、规范或其他技术文件
4. 主要技术指标	说明作业或成果的坐标系统、高程基准、重力基准、时间系统、投影方法、精度或技术等级以及其他主要技术指标等
5. 设计方案	备注:“大地测量”中各种测量工作的设计方案要点详见表 10-4

2)"大地测量"中各种测量工作的设计方案要点(见表 10-4)

"大地测量"中各种测量工作的设计方案要点 表 10-4

测 量 工 作	设 计 方 案 要 点
1. 选点、埋石	①规定作业所需的主要装备、工具、材料。 ②规定作业的主要过程、各工序作业方法和精度质量要求。分述选点和埋设的要求。 ③上交和归档成果及其资料的内容和要求。 ④有关附录
2. 平面控制测量(GPS 测量)	①规定 GPS 接收机的类型、数量、精度指标等。 ②规定作业的主要过程、各工序作业方法和精度要求。 ③上交和归档成果及其资料的内容和要求。 ④有关附录
3. 平面控制测量(三角测量和导线测量)	①规定测量仪器的类型、数量、精度指标等。 ②规定作业的主要过程、各工序作业方法和精度要求。 ③上交和归档成果及其资料的内容和要求。 ④有关附录
4. 高程控制测量	①规定测量仪器的类型、数量、精度指标等。 ②规定作业的主要过程、各工序作业方法和精度要求。 ③上交和归档成果及其资料的内容和要求。 ④有关附录
5. 重力测量	①规定测量仪器的类型、数量、精度指标等。 ②规定作业的主要过程、各工序作业方法和精度要求。 ③上交和归档成果及其资料的内容和要求。 ④有关附录
6. 大地测量数据处理	①规定计算所需的软、硬件配置及其检验和测试要求。 ②规定数据处理的技术路线或流程。 ③规定各过程作业要求和精度质量要求

10.1.3 "工程测量"专业技术设计书

1)"工程测量"专业技术设计书的主要内容(见表 10-5)

"工程测量"专业技术设计书的主要内容 表 10-5

具 体 内 容	简 要 说 明
1. 任务概述	说明任务来源、用途、测区范围、内容与特点等基本情况
2. 测区自然地理概况和已有资料情况	①测区自然地理概况。说明与设计方案或作业有关的测区自然地理概况,内容可包括测区的地理特征、居民地、交通、气候情况以及测区困难类别,测区有关工程地质与水文地质的情况等。 ②已有资料情况。说明已有资料的施测年代、采用的平面基准、高程基准,资料的数量、形式、质量情况评价、利用的可能性和利用方案等
3. 引用文件	所引用的标准、规范或其他技术文件
4. 成果(或产品)规格和主要技术指标	说明作业或成果的比例尺、平面和高程基准、投影方式、成图方法、成图基本等高距、数据精度、格式、基本内容以及其他主要技术指标等
5. 设计方案	备注:"工程测量"中各种测量工作的设计方案要点详见表 10-6

2)“工程测量”中各种测量工作的设计方案要点(见表 10-6)

“工程测量”中各种测量工作的设计方案要点 表 10-6

测量工作	设计方案要点
1. 平面控制测量	备注:同“大地测量”,请参见表 10-4
2. 高程控制测量	备注:同“大地测量”,请参见表 10-4
3. 施工测量	①规定测量仪器的类型、数量、精度指标等。 ②规定作业的技术路线和流程。 ③规定作业方法和技术要求。 ④质量控制环节和质量检查的主要要求。 ⑤上交和归档成果及其资料的内容和要求。 ⑥有关附录
4. 竣工测量	备注:同“施工测量”
5. 线路测量	备注:同“施工测量”
6. 变形测量	①规定测量仪器的类型、数量、精度指标等。 ②规定作业的技术路线和流程。 ③规定作业方法和技术要求。 ④上交和归档成果及其资料的内容和要求。 ⑤有关附录

10.1.4 “摄影测量与遥感”专业技术设计书

1)“摄影测量与遥感”专业技术设计书的主要内容(见表 10-7)

“摄影测量与遥感”专业技术设计书的主要内容 表 10-7

具体内容	简要说明
1. 任务概述	说明任务来源、测区范围、地理位置、行政隶属、成图比例尺、任务量等基本情况
2. 测区自然地理概况和已有资料情况	①测区自然地理概况。说明与设计方案或作业有关的作业区自然地理概况,内容可包括测区地形概况、地貌特征、海拔高度、相对高差、地形类别、困难类别和居民地、道路、水系、植被等要素的分布与主要特征,气候、风雨季节及生活条件等情况。 ②已有资料情况。说明地形图资料采用的平面和高程基准、比例尺、等高距等,说明航摄资料的航摄单位、摄影时间、摄影机型号、像片比例尺、航高等,说明遥感资料数据的时相、分辨率、波段等,说明资料利用的可能性和利用方案等
3. 引用文件	所引用的标准、规范或其他技术文件
4. 成果(或产品)规格和主要技术指标	说明作业或成果的比例尺、平面和高程基准、投影方式、成图方法、图幅基本等高距、数据精度、格式、基本内容以及其他主要技术指标等
5. 设计方案	备注:“摄影测量与遥感”中各种测量工作的设计方案要点详见表 10-8

2)"摄影测量与遥感"各种测量工作的设计方案要点(见表10-8)

"摄影测量与遥感"各种测量工作的设计方案要点　表10-8

测量工作	设计方案要点
1.航空摄影	备注:按《航空摄影技术设计规范》(GB/T 19294—2003)执行
2.摄影测量	①软、硬件环境及其要求。 ②规定作业的技术路线或流程。 ③规定各工序作业要求和质量指标。 ④其他特殊要求。如在困难地区,或采用新技术等,需规定具体的作业方法、技术要求、限差规定和必要的精度估算。 ⑤质量控制环节和质量检查的主要要求。 ⑥成果上交和归档要求。 ⑦有关附录
3.遥感	①硬件平台和软件环境。 ②作业的技术路线和工艺流程。 ③规定遥感资料获取、控制和处理的技术和质量要求。 ④其他相关的技术、质量要求。 ⑤质量控制环节和质量检查的主要要求。 ⑥成果上交和归档要求。 ⑦有关附录

10.1.5 "测图、制图、印刷"专业技术设计书

1)"野外地形数据采集及成图"专业技术设计书的主要内容(见表10-9)

"野外地形数据采集及成图"专业技术设计书的主要内容　表10-9

具体内容	简要说明
1.任务概述	说明任务来源、测区范围、地理位置、行政隶属、成图比例尺、采集内容、任务量等基本情况
2.测区自然地理概况和已有资料情况	①测区自然地理概况。测区地理特征、居民地、交通、气候情况和困难类别等。 ②已有资料情况。说明已有资料的施测年代、采用的平面及高程基准、资料的数量、形式、主要质量情况和评价,利用的可能性和利用方案等
3.引用文件	所引用的标准、规范或其他技术文件
4.成果(或产品)规格和主要技术指标	说明作业或成果的比例尺、平面和高程基准、投影方式、成图方法、成图基本等高距、数据精度、格式、基本内容以及其他主要技术指标等
5.设计方案	①规定测量仪器的类型、数量、精度指标等。 ②图根控制测量:规定各类图根点的布设、标志的设置,观测使用的仪器、测量方法和测量限差的要求等。 ③规定作业方法和技术要求。 ④其他特殊要求:如采用新技术、新仪器测图时,需规定具体的作业方法、技术要求、限差规定和必要的精度估算。 ⑤质量控制环节和质量检查的主要要求。 ⑥上交和归档成果及其资料的内容和要求。 ⑦有关附录

2)"地图制图"专业技术设计书的主要内容(见表10-10)

"地图制图"专业技术设计书的主要内容 表10-10

具体内容	简要说明
1.任务概述	说明任务来源、制图范围、行政隶属、地图用途、任务量、完成期限、承担单位等基本情况。对于地图集(册),还应重点说明其主要反映的主体内容等。对于电子地图,还应说明软件基本功能及应用目标等
2.作业区自然地理概况和已有资料情况	①作业区自然地理概况。根据需要说明与设计方案或作业有关的作业区自然地理概况,内容可包括作业区地形概况、地貌特征、困难类别和居民地、水系、道路、植被等要素的主要特征。 ②已有资料情况。说明已有资料采用的平面和高程基准、比例尺、等高距和测制年代,资料的数量、形式,主要质量情况和评价,并说明资料利用的可能性和利用方案等
3.引用文件	所引用的标准、规范或其他技术文件
4.成果(或产品)规格和主要技术指标	说明地图比例尺、投影、分幅、密级、出版形式、坐标系统及高程基准、等高距,地图类别和规格,地图性质、精度以及其他主要技术指标等
5.设计方案	①普通地图和专题地图设计方案。主要内容包括说明作业所需的软、硬件配置,规定作业的技术路线和流程,规定所需作业过程、方法和技术要求,质量控制环节和质量检查的主要要求,最终提交和归档成果和资料的内容及要求,有关附录。 ②电子地图设计方案。主要内容包括制作电子地图以及多媒体制作与浏览所需的各种软、硬件配置要求,电子地图制作的技术路线和主要流程,电子地图制作的主要内容、方法和要求,最终提交和归档成果和资料的内容及要求,有关附录

3)"地图印刷"专业技术设计书的主要内容(见表10-11)

"地图印刷"专业技术设计书的主要内容 表10-11

具体内容	简要说明
1.任务概述	说明任务来源、性质、用途、任务量、完成期限等基本情况
2.印刷原图情况	说明印刷原图的种类、形式、分版情况、制作单位、精度和质量情况,并对存在的问题提出处理意见;说明其他有关资料的数量、形式、质量情况和利用方案等
3.引用文件	所引用的标准、规范或其他技术文件
4.主要质量指标	说明印刷的精度、印色、印刷的主要材料(如纸张、胶片、版材等)、装帧方法以及成品的主要质量、数量情况等
5.设计方案	①确定印刷作业的主要工序和流程(必要时应绘制流程图)。 ②规定所需工序作业的方法和技术,质量要求,包括拼版的方法和要求。 ③提交和归档成果(或产品)和资料的要求。 ④有关的附录

10.1.6 “界线测绘”专业技术设计书

1)“界线测绘”专业技术设计书的主要内容(见表 10-12)

“界线测绘”专业技术设计书的主要内容 表 10-12

具体内容	简要说明
1. 任务概述	说明任务来源、测区范围、行政隶属、测图比例尺、任务量等基本情况
2. 测区自然地理概况和已有资料情况	①测区自然地理概况。说明与设计方案或作业有关的作业区自然地理概况,内容可包括测区的地理特征、居民地、道路、水系、植被等要素的主要特征,地形类别以及测区困难类别,经济总体发展水平,土地等级及利用概况等。 ②已有资料情况。说明已有控制成果和图件的形式、采用的平面、高程基准,比例尺,大地点分布密度、等级,行政区划资料、质量情况评价,利用的可能性和利用方案等
3. 引用文件	所引用的标准、规范或其他技术文件
4. 成果(或产品)规格和主要技术指标	说明作业或成果的比例尺、平面和高程基准、投影方式、成图方法、数据精度、格式、基本内容,以及其他主要技术指标等
5. 设计方案	备注:“界线测绘”中各种测量工作的设计方案要点详见表 10-13

2)“界线测绘”中各种测量工作的设计方案要点(见表 10-13)

“界线测绘”中各种测量工作的设计方案要点 表 10-13

测量工作	设计方案要点
1. 地籍测绘	①规定测量仪器的类型、数量、精度指标等。 ②规定作业的技术路线和流程。 ③规定作业方法和技术要求。 ④质量控制环节和质量检查。 ⑤上交和归档成果及其资料的内容和要求。 ⑥有关附录
2. 房产测绘	备注:同“地籍测绘”
3. 境界测绘	备注:同“地籍测绘”

10.1.7 “基础地理信息数据建库”专业技术设计书

“基础地理信息数据建库”专业技术设计书的主要内容见表 10-14。

“基础地理信息数据建库”专业技术设计书的主要内容 表 10-14

具体内容	简要说明
1. 任务概述	说明任务来源、管理框架、建库目标、系统功能、预期结果、完成期限等基本情况
2. 已有资料情况	说明数据来源、数据范围、数据产品类型、格式、精度、数据组织、主要质量指标和基本内容等质量情况,并结合数据入库前的检查、验收报告或其他有关文件,说明数据的质量情况和利用方案
3. 引用文件	所引用的标准、规范或其他技术文件
4. 成果(或产品)规格和主要技术指标	说明数据库范围、内容、数学基础、分幅编号、成果(或产品)的空间单元、数据精度、格式及其他重要技术指标

续上表

具体内容	简要说明
5. 设计方案	①规定建库的技术路线和流程。 ②系统软件和硬件的设计。 ③数据库概念模型设计。 ④数据库逻辑设计。 ⑤数据库物理设计。 ⑥其他技术规定。 ⑦数据库管理和应用的技术规定。 ⑧数据库建库的质量控制环节和检查要求。 ⑨上交和归档成果及其资料的内容和要求。 ⑩有关附录

10.1.8 “地理信息系统”专业技术设计书

“地理信息系统”专业技术设计书的主要内容见表10-15。

“地理信息系统”专业技术设计书的主要内容 表10-15

具体内容	简要说明
1. 需求规格说明书	①引言。编写目的、编写背景、定义、参考资料等。 ②项目概述。项目目标、内容、现行系统的调查情况，系统运行环境，条件与限制等。 ③系统数据描述。包括静态数据、动态数据、数据流图、数据库描述、数据字典、数据加工、数据采集等。 ④系统功能需求。包括功能划分、功能描述等。 ⑤系统性能需求。包括数据精确度、时间特性、适应性等。 ⑥系统运行需求。包括用户界面、硬件接口、软件接口、故障处理等。 ⑦质量保证。 ⑧其他需求(如可使用性、安全保密性、可维护性、可移植性等)
2. 系统设计	①系统总体设计。 ②系统功能设计。 ③系统安全设计
3. 数据库设计	备注：参见表10-14
4. 详细设计说明书	①引言。背景、参考资料、术语和缩写语等。 ②程序(模块)系统的组织结构。 ③模块(子程序)设计说明

10.1.9 设计评审、验证和审批

1)设计评审的主要内容

其主要内容有评审依据、评审目的、评审内容、评审方式以及评审人员等。

2)设计验证的方法

(1)比较验证。将设计输入要求和(或)相应的评审报告与其对应的输出进行比较校验。

(2)试验、模拟或试用。根据其结果验证输出符合其输入的要求。(注:设计方案采用新技术、新方法和新工艺时,宜采用试验、模拟或试用验证方法。)

(3)对照类似的测绘成果(或产品)进行验证。

(4)变换方法进行验证。如采用可替换的计算方法等。

(5)其他适用的验证方法。

3)设计审批的方法

(1)技术设计文件报批之前,承担测绘任务的法人单位必须对其进行全面审核,并在技术设计文件和(或)产品样品上签署意见并签名(或章)。

(2)技术设计文件经审核签字后,一式2～4份报测绘任务的委托单位审批。

10.2 例 题

1)单项选择题(每题1分。每题的备选项中,只有1个最符合题意)

(1)以下选项,不属于测绘技术的设计过程的是(　　)。

A. 设计输入与设计输出　　B. 设计验证

C. 设计评审　　D. 设计变更

(2)下列选项中,不属于测绘项目工程质量控制设计内容的是(　　)。

A. 数据安全措施　　B. 组织管理措施

C. 资源保证措施　　D. 总经费控制措施

(3)在某城市数字城市化项目中,对该测绘项目的作业质量负直接责任的是(　　)。

A. 测绘生产人员　　B. 项目质量负责人

C. 监理单位　　D. 验收单位

(4)测绘项目根据内容不同分为大地测量、摄影测量与遥感、野外地形数据采集及成图、界线测绘、工程测量、(　　)、基础地理信息建库等活动。

A. 施工测量　　B. 竣工测量

C. 地图制图印刷　　D. 变形监测

(5)大地测量设计方案的要点不包括(　　)。

A. 平面控制测量　　B. 高程控制测量

C. 变形测量　　D. 重力测量

(6)(　　)是地籍管理的基础性工作,是国家测绘工作的重要组成部分。

A. 大地测量　　B. 控制测量

C. 变形测量　　D. 地籍测绘

(7)测绘技术设计分为(　　)和(　　)。

A. 项目设计　管理设计　　B. 系统设计　专业技术设计

C. 系统设计　管理设计　　D. 项目设计　专业技术设计

(8)测绘项目技术设计文件经审核签字后,一式2～4份报测绘任务的(　　)。

A. 委托单位备案　　B. 委托单位审批

C. 承担单位备案　　D. 承担单位设计负责人审批

(9)如何选择最适用的技术设计方案(　　)。

A. 先考虑整体而后局部，根据作业区实际情况，考虑社会效益和经济效益

B. 先考虑整体而后局部，根据作业区实际情况，考虑作业单位的资源条件

C. 先考虑局部而后整体，根据作业区实际情况，考虑社会效益和经济效益

D. 先考虑局部而后整体，根据作业区实际情况，考虑作业单位的资源条件

(10)下列单位中，负责测绘项目设计的是(　　)。

A. 项目委托单位　　B. 承担项目的法人单位

C. 项目监理单位　　D. 项目质检单位

(11)测绘技术设计分为项目设计和(　　)。

A. 文件设计　　B. 管理设计

C. 专业技术设计　　D. 系统设计

(12)根据《测绘技术设计规定》(CH/T 1004—2005)，下列内容中，属于测绘技术设计应遵照的基本原则是(　　)。

A. 优先采用成本最低、经济效益最高的设计方案

B. 充分考虑顾客的要求，引用适用的国家、行业或地方的标准

C. 根据作业单位的现有设备情况来设计方案

D. 优先采用作业单位最熟悉的设计方案

(13)测绘生产的主要依据是(　　)。

A. 技术设计文件　　B. 测绘技术标准

C. 作业文件　　D. 测绘成本预算

(14)下列内容中，不属于《测绘技术总结编写规定》(CH/T 1001—2005)的“概述”中主要内容的是(　　)。

A. 任务来源　　B. 任务安排与完成情况

C. 执行的技术标准及规范　　D. 作业区概况和已有资料利用情况

(15)测绘技术设计书，不仅要明确作业或成果的坐标系、高程基准、时间系统、投影方法，而且须明确(　　)。

A. 技术等级和检查结果　　B. 误差统计与经济效益

C. 技术等级或精度指标　　D. 检查结果或误差统计

(16)技术设计文件报批之前，(　　)必须对其进行全面审核，并在技术设计文件和产品样品上签署意见并签名。

A. 承担测绘任务的法人单位　　B. 监理单位

C. 设计单位　　D. 设计人员

(17)关于测绘项目技术设计文件审批方法的说法，正确的是(　　)。

A. 报项目监理单位批准　　B. 报项目承担单位批准

C. 报项目委托单位审批　　D. 报项目设计负责人审批

(18)项目设计是对测绘项目进行的综合性整体设计，由(　　)负责编写。

A. 项目委托单位　　B. 承担项目的法人单位

C. 项目监理单位　　D. 项目质检单位

(19)在工程测量中，设计方案顺序为(　　)。

A. 平面和高程控制测量、施工测量、竣工测量、线路测量、变形测量

B. 施工测量、平面和高程控制测量、线路测量、变形测量、竣工测量

C. 平面和高程控制测量、线路测量、施工测量、变形测量、竣工测量

D. 施工测量、平面和高程控制测量、线路测量、竣工测量、变形测量

(20)下列单位中,负责项目总结编写的是(　　)。

A. 项目委托单位　　B. 承担项目的法人单位

C. 项目监理单位　　D. 项目质检单位

(21)线路测量不包括(　　)。

A. 公路测量　　B. 架空索道测量

C. 竣工测量　　D. 管线测量

(22)地形测图不包括(　　)。

A. 平板仪测图　　B. 平面水平测图

C. 摄影测量方法测图　　D. 全站型速测仪测图

(23)测绘技术设计分为(　　)和专业技术设计。

A. 文件设计　　B. 管理设计

C. 项目设计　　D. 系统设计

(24)我国积极鼓励采用(　　)。

A. 国际标准　　B. 国家标准

C. 行业标准　　D. 企业标准

(25)测绘项目根据内容不同分为大地测量、(　　)、摄影遥感测量、野外地形数据采集及成图、地图制图印刷、界线测绘、基础地理信息数据建库等活动。

A. 施工测量　　B. 工程测量

C. 竣工测量　　D. 变形监测

(26)在项目组织过程中,首先要对(　　)进行分解,然后对项目的作业工序进行分解,在此基础上进行人员配备和设备配备。

A. 成本目标　　B. 作业目标

C. 生产目标　　D. 项目目标

(27)测绘单位按照测绘项目的实际情况施行项目质量负责人制度,(　　)对该测绘项目的产品质量负直接责任。

A. 监理单位　　B. 项目质量负责人

C. 验收单位　　D. 测绘质检部门

(28)每个测绘项目作业前都应进行(　　)设计。

A. 平面　　B. 高程　　C. 专业　　D. 技术

2)多项选择题(每题 2 分。每题的备选项中,有 2 个或 2 个以上符合题意,至少有 1 个错项。错选,本题不得分;少选,所选的每个选项得 0.5 分)

(29)1∶2000 地形图数字航空摄影测量任务,一般应编制的专业技术设计有(　　)。

A. 航空摄影测量内业专业技术设计　　B. 数字航空摄影专业技术设计

C. 基础控制测量专业技术设计　　D. 权属调查专业技术设计

E. 航空摄影测量外业专业技术设计

(30)测绘技术的设计过程包括(　　)。

A. 设计输入　　B. 设计输出

C. 设计变更　　D. 设计评审

E. 设计验证

(31)测绘项目工程质量控制设计内容主要包括(　　)。

A. 资源保证措施　　B. 质量控制措施

C. 数据安全措施　　D. 总经费控制措施

E. 组织管理措施

(32)为了保证技术设计的可行性和可操作性,根据项目的具体情况实施踏勘调查,并编写出踏勘报告。踏勘报告应包含(　　)。

A. 作业区的自然地理情况　　B. 作业区居民的人均年收入

C. 作业的技术流程或总结　　D. 作业区的交通情况

E. 作业区居民的风俗习惯和语言情况

(33)专业技术设计的“设计方案”,其具体内容应根据各专业测绘活动的内容和特点确定。设计方案的内容一般包括(　　)。

A. 作业区的自然地理情况

B. 作业所需的测量仪器的类型、数量、精度指标

C. 作业的技术路线或流程

D. 各工序的作业方法、技术指标和要求

E. 作业区居民的风俗习惯

(34)工程测量专业变形测量技术设计中的“设计方案”,其主要内容包括(　　)。

A. 规定测量仪器的类型、数量、精度指标　B. 系统设计要求

C. 质量控制环节和质量检查要求　　D. 规定作业的技术路线和流程

E. 规定作业方法和技术要求

(35)地理信息系统的设计,应包括(　　)设计文档。

A. 需求规格说明书　　B. 系统设计要求

C. 质量控制环节和质量检查要求　　D. 规定作业的技术路线和流程

E. 数据库设计

(36)评审的重要内容和要求包括(　　)。

A. 评审依据　　B. 评审目的　　C. 评审条件

D. 评审标准　　E. 参加评审人员

(37)下列选项中,属于管理类标准的是(　　)。

A.《工程测量规范》

B.《基础地理信息标准数据基本规定》

C.《导航电子地图安全处理技术基本要求》

D.《测绘作业人员安全规范》

E.《公开版地图质量评定标准》

(38)大地测量专业不包括(　　)。

A. 平面与高程控制测量　　B. 摄影测量　　C. 重力测量

D. 变形测量　　E. 库区淹没测量

(39)在技术设计实施前,承担设计任务的单位或部门的(　　)对测绘技术设计进行策划,并对整个设计过程进行控制。

A. 总工程师　　B. 项目负责人　　C. 作业人员
D. 技术负责人　　E. 策划师

10.3 例题参考答案及解析

1)单项选择题(每题1分。每题的备选项中,只有1个最符合题意)

(1)D

解析:测绘技术的设计过程主要包括:设计输入、设计输出、设计评审、设计验证。选项D(设计变更)不属于测绘技术的设计过程。

(2)D

解析:测绘项目工程质量控制设计内容主要包括:组织管理措施、资源保证措施、质量控制措施、数据安全措施。选项D,"总经费控制措施",不属于质量控制设计内容。

(3)A

解析:根据测绘成果质量要求,测绘生产人员必须严格执行操作规程,按照技术设计进行作业,并对作业质量负责。因此,对测绘项目的作业质量负直接责任的是测绘生产人员。

(4)C

解析:测绘项目通常包括一项或多项不同的测绘活动。构成测绘项目的测绘活动根据其内容不同可以分为:大地测量、摄影测量与遥感、野外地形数据采集及成图、地图制图与印刷、工程测量、界线测绘、基础地理信息数据建库等测绘专业活动。

(5)C

解析:大地测量设计方案的要点包括:①选点埋石;②平面控制测量;③高程控制测量;④重力测量;⑤大地测量数据处理。选项C,"变形测量",属于工程测量设计方案的要点。

(6)D

解析:地籍测绘是地籍管理的基础性工作,是国家测绘工作的重要组成部分。全国地籍测绘规划由国务院测绘行政主管部门会同国务院土地行政主管部门编制。

(7)D

解析:测绘技术设计分为:项目设计和专业技术设计。

(8)B

解析:本题考查测绘项目技术设计审批。测绘项目技术设计文件经审核签字后,一式2~4份报测绘任务的委托单位审批。

(9)B

解析:本题考查最适用的技术设计方案。技术设计方案先考虑整体而后局部,根据作业区实际情况,考虑作业单位的资源条件。

(10)B

解析:测绘技术设计分为:项目设计和专业技术设计。项目设计是对测绘项目进行的综合性整体设计,一般由承担项目的法人单位负责编写。

(11)C

解析:测绘技术设计分为:项目设计和专业技术设计。项目设计是测绘项目进行的综合性整体设计,一般由承担项目的法人单位负责编写;专业技术设计一般由具体承担"相应测绘专业任务"的法人单位负责编写。

(12)B

解析:根据《测绘技术设计规范》,测绘技术设计应依据设计输入内容,充分考虑顾客的要求,引用适用的国家、行业或地方的相关标准或规范,重视社会效益和经济效益。

(13)A

解析:技术设计文件是测绘生产的主要技术依据,也是影响测绘成果能否满足顾客要求和技术标准的关键因素。为了确保技术设计文件满足规定要求的适宜性、充分性和有效性,测绘技术的设计活动应按照策划、设计输入、设计输出、评审、验证、审批的程序进行。

(14)C

解析:测绘技术总结"概述"部分,应该说明测绘任务总的情况,例如:任务来源、目标、工作量等,任务的安排与完成情况,作业区概况和已有资料利用情况等。

(15)C

解析:本题考查测绘技术设计书的精度指标设计。测绘技术设计书不仅要明确作业或成果的坐标系、高程基准、时间系统、投影方法,而且须明确技术等级或精度指标。在精度设计时,既要满足精度要求,又要考虑经济效益。

(16)A

解析:本题考查测绘技术设计审批的方法。技术设计文件报批之前,承担测绘任务的法人单位必须对其进行全面审核,并在技术设计文件和产品样品上签署意见并签名。

(17)C

解析:本题考查测绘项目技术设计文件的审批程序。技术设计文件经审核签字后,一式2～4份报测绘任务的委托单位审批。

(18)B

解析:本题是对测绘项目设计概念的考查。测绘项目设计是对测绘项目进行的综合性整体设计,一般由承担项目的法人单位负责编写。

(19)A

解析:本题考查工程测量设计方案的步骤。在工程测量中,设计方案顺序为:平面和高程控制测量、施工测量、竣工测量、线路测量、变形测量。

(20)B

解析:负责项目总结编写的是:承担项目的法人单位。

(21)C

解析:线路测量包括:铁路测量,公路测量,管线测量,架空索道和架空送电线路、光缆线路测量等。选项C(竣工测量),不属于线路测量。

(22)B

解析:地形测图包括:摄影测量方法测图、平板仪测图和全站型速测仪测图。

(23)C

解析:测绘技术设计分为:项目设计、专业技术设计。项目设计是测绘项目进行的综合性整体设计,一般由承担项目的法人单位负责编写。

(24)A

解析:本题考查标准的基本知识。我国积极鼓励采用国际标准。

(25)B

解析:测绘项目通常包括一项或多项不同的测绘活动。构成测绘项目的测绘活动根据其内容不同可以分为:大地测量、工程测量、摄影测量与遥感、野外地形数据采集及成图、地图制图与印刷、界线测绘、基础地理信息数据建库等测绘专业活动。

(26)D

解析:测绘项目组织在测绘项目的整个过程中占有十分重要的作用。组织好坏直接决定了项目的成本,项目的工期以及项目的质量。在项目组织过程中,首先要对项目的目标进行分解,然后对项目的作业工序进行分解,在此基础上进行人员配备和设备配备。

(27)B

解析:测绘成果质量中,测绘单位对其完成的测绘成果质量负责,承担相应的质量责任,测绘单位按照测绘项目的实际情况施行项目质量负责人制度。项目质量负责人对该测绘项目的产品质量负直接责任。

(28)D

解析:测绘技术设计的目的是制定切实可行的技术方案,保证测绘成果符合技术标准和满足顾客要求,并获得最佳的社会效益和经济效益。因此,每个测绘项目作业前都应进行技术设计。

2)多项选择题(每题 2 分。每题的备选项中,有 2 个或 2 个以上符合题意,至少有 1 个错项。错选,本题不得分;少选,所选的每个选项得 0.5 分)

(29)ABE

解析:对于摄影测量与遥感专业,其专业技术设计包括:数字航空摄影、航空摄影测量外业、航空摄影测量内业、近景摄影测量、遥感等。选项 C(基础控制测量)、选项 D(权属调查),不属于摄影测量与遥感专业。

(30)ABDE

解析:测绘技术的设计过程主要包括:设计输入、设计输出、设计评审、设计验证。

(31)ABCE

解析:测绘项目工程质量控制设计内容主要包括:组织管理措施、资源保证措施、质量控制措施、数据安全措施。

(32)ADE

解析:踏勘报告的内容主要包括:①作业区的行政区划;②作业区的自然地理情况;③作业区的交通情况;④居民的风俗习惯和语言情况;⑤作业区的供应情况;⑥作业区的测量标志完好情况;⑦对技术设计方案和作业的建议等。

(33)BCD

解析:专业技术设计的“设计方案”,其内容一般包括以下几个方面:①规定作业所需的测量仪器的类型、数量、精度指标以及对仪器校准或检定的要求;②作业的技术路线或流程;③各工序的作业方法、技术指标和要求;④生产过程中的质量控制环节;⑤数据安全、备份;⑥上交和归档成果;⑦有关附录、附图等。选项 A(作业区的自然地理情况)、选项 E(作业区居民风俗习惯),属于踏勘报告的内容。

(34)ADE

解析:变形测量设计方案,其内容包括:①规定作业所需的测量仪器的类型、数量、精度指标以及对仪器校准或检定的要求;②作业的技术路线或流程;③规定作业方法和技术要求;④上交和归档成果;⑤有关附录、附图等。

(35)ABE

解析：地理信息系统的设计，应包括以下多项设计文档：需求规格说明书；系统设计；数据库设计；详细设计说明书。

(36)ABE

解析：评审的内容和要求有：①评审依据；②评审目的；③依据评审的具体内容确定评审方式；④参加评审人员。

(37)CD

解析：本题考查测绘标准的分类。《工程测量规范》属于获取与处理类标准；《基础地理信息标准数据基本规定》属于成果与服务类标准；《导航电子地图安全处理技术基本要求》、《测绘作业人员安全规范》属于管理类标准；《公开版地图质量评定标准》属于检验与测试类标准。

(38)BDE

解析：大地测量专业包括：平面控制测量、高程控制测量、重力测量、大地测量计算等。选项 B、D、E(摄影测量、变形测量、库区淹没测量)不属于大地测量专业。

(39)AD

解析：根据技术设计书的编写要求，技术设计实施前，承担设计任务的单位或部门的总工程师或技术负责人负责对测绘技术设计进行策划，并对整个设计过程进行控制。必要时，亦可指定相应的技术人员负责。

11 质量管理体系

11.1 考点分析

1)四个版本的 ISO 9000 族标准

(1)1987 年版 ISO 9000 族标准。

(2)1994 年版 ISO 9000 族标准。

(3)2000 年版 ISO 9000 族标准。

(4)2008 年版 ISO 9000 族标准。

2)2000 年版 ISO 9000 族标准的四大核心标准

(1)ISO 9000 质量管理体系 基础和术语。

(2)ISO 9001 质量管理体系 要求。

(3)ISO 9004 质量管理体系 业绩改进指南。

(4)ISO 19011 质量和(或)环境管理体系审核指南。

3)我国贯彻 ISO 9000 族标准状况

(1)1987 年版 ISO 9000 族标准发布后,我国即开始对 ISO 9000 族标准进行研究和转换。

(2)1988 年 12 月,我国发布等效采用的 GB/T 10300 系列标准。

(3)1992 年 10 月,我国发布等同采用的 GB/TB 19000 系列标准。

(4)ISO 9000 族标准 1994 年和 2000 年换版工作,我国均以最快的速度组织完成。

4)“质量管理”的 8 项原则

“质量管理”的原则包括:①以顾客为关注焦点原则;②领导作用原则;③全员参与原则;④过程方法原则;⑤管理的系统方法原则;⑥持续改进原则;⑦基于事实的决策方法原则;⑧互利的供方关系原则。

5)“质量管理体系”的 12 项基本原理

“质量管理体系”的基本原理包括:①质量管理体系说明;②质量管理体系要求与产品要求;③质量管理体系方法;④过程方法;⑤质量方针和质量目标;⑥最高管理者在质量管理体系中的作用;⑦文件;⑧质量管理体系评价;⑨持续改进;⑩统计技术的作用;⑪质量管理体系与其他管理体系的关注点;⑫质量管理体系与优秀模式之间的关系。

6)测绘单位贯标工作的目的

为了和国际接轨,提高质量管理水平,更好地满足顾客对测绘产品的需求和期望,提高整体效率和市场竞争能力,增加利润。

7)质量管理体系文件的形成需要考虑的因素

具体包括:

(1)标准的各项要求。

(2)产品的特性及复杂程度。

(3)产品满足法律法规等要求。

(4)组织的管理水平与装备水平。

(5)各级人员的素质与能力。

(6)质量经济性与效率等。

8)选择咨询机构需要考虑的因素

具体包括:

(1)具有法律地位的实体,能够独立地承担民事责任。

(2)经国家认证认可监督管理委员会(简称国家认监委)批准。

(3)机构实力强。尤其是熟悉测绘行业,具有对测绘单位开展咨询的业绩。

(4)受测绘行政、质量和专业技术等部门所推荐。

9)选择认证机构需要考虑的因素

具体包括:

(1)顾客是否提出了需获得某一特定认证机构认证的特殊要求。

(2)认证机构是否获得国家认监委批准,业绩与服务是否为你或你的顾客所熟悉。

(3)认证机构的认证业务范围是否包括测绘产品。

(4)认证机构是否具有公正地位。

(5)认证机构的收费标准和收费情况能否被接受。

(6)了解认证机构实施质量管理体系审核、评定和注册的有关信息,对认可标志和认证证书的使用有何限制等。

10)贯标工作的组织步骤实施

(1)组织策划和领导投入阶段。时间一般需要1个月左右。

(2)体系总体设计和资源配备阶段。时间需要1个月左右。

(3)文件编制阶段。时间一般需要3个月左右。

(4)质量管理体系运行和实施阶段。时间一般应不少于3个月。

(5)审核、评审和体系改进阶段。质量管理体系运行满足要求,向认证机构提出认证申请。

11)质量管理体系文件的划分

质量管理体系文件分为:①质量方针;②质量目标;③质量手册;④程序文件;⑤作业文件;⑥规范;⑦记录;⑧质量计划。

12)质量管理体系文件的编写原则

质量管理体系文件的编写原则如下:①系统协调原则;②整体优化原则;③采用过程方法原则;④操作实施和证实检查的原则。

13)质量手册的性质

质量手册对组织的质量管理体系作出系统、纲领性的阐述,反映了组织质量管理体系的基本结构和全貌。

质量手册是相对稳定并需长期遵循的文件,是组织必须遵守的纲领和指南,用以协调一切质量活动和约束人们的行为。

14)程序文件的基本内容

(1)质量管理体系过程和活动的目的、范围。

(2)与过程和活动相关的管理、执行和验证部门及人员的职责和权限。

(3)控制活动和过程的顺序、方法、时间、地点,依据的文件和规范,采用的设备和工具,应形成必要的记录以及信息传递的接口和方式等。

(4)规定和设计记录格式。

15)质量计划的内容

质量计划内容包括:计划目标、资源提供、活动和过程顺序、控制准则要求、人员职责权限、获得结果证据和计划时限。

16)作业文件的种类

包括作业指导书、工艺文件、图式、规范、规程、规章、制度、标准、细则、范例、图表和记录格式等。

17)记录

记录来自质量体系实施和产品形成的过程和结果,是体现客观证据的文件。记录表格应精心设计。

18)质量管理体系的认证程序

(1)提交认证申请书。

(2)审核组按计划抵达现场审核。

(3)审核组提交不合格报告。

(4)明确是否推荐认证。

(5)提出年度监督审核和安排换证复评。

19)质量管理体系的运行与持续改进

流程如下:①培训;②试运行;③整改;④运行前准备工作;⑤质量管理体系正式运行。

20)质量体系持续有效运行的条件

质量体系持续有效运行必须做到以下几点:

(1)各种程序文件和作业指导书被测绘职工理解、可有效控制测绘产品质量;

(2)严格执行质量管理体系文件的要求,树立正确质量意识,规范作业;

(3)认真做好质量记录,应采取措施确保所有质量记录真实、准确、齐全;

(4)处理好执行文件与群众性技术革新的矛盾;

(5)运行初期,在规定的内审频次之外,增加审核验证工作,以验证质量管理体系的适宜性、有效性。

11.2 例　　题

1)单项选择题(每题1分。每题的备选项中,只有1个最符合题意)

(1)关于贯标工作的组织步骤实施,以下描述不正确的是(　　)。

A.组织策划和领导投入阶段,时间一般需要约1个月

B. 体系总体设计和资源配备阶段，时间需要 1 个月左右

C. 文件编制阶段，时间一般需要 3 个月左右

D. 质量管理体系运行和实施阶段，时间需要 1 个月左右

(2)以下选项中，不属于质量管理体系文件编写原则的是(　　)。

A. 系统协调原则　　B. 采用过程方法原则

C. 经济优先原则　　D. 整体优化原则

(3)下列选项中，不属于 2000 年版 ISO 9000 族标准四大核心标准的是(　　)。

A. ISO 9000 质量管理体系　基础和术语

B. ISO 9001 质量管理体系　要求

C. ISO 10012 测量控制系统

D. ISO 19011 质量和环境管理体系　审核指南

(4)质量管理的 8 项原则中不包括(　　)。

A. 持续改进原则　　B. 守时、守信原则

C. 领导作用原则　　D. 过程方法原则

(5)下列标准中，属于支持性标准的是(　　)。

A. ISO 9000 质量管理体系　基础和术语

B. ISO 9000 质量管理体系　要求

C. ISO 90011 质量和环境管理体系审核指南

D. ISO 10012 测量控制系统

(6)质量管理体系文件的记录形式分为格式化和(　　)两种。

A. 复制　　B. 非格式化　　C. 修改　　D. 调整

(7)在合同条件下或第三方认证情况下，可以作为质量管理体系的证实文件和认证的依据的是(　　)。

A. 质量方针　　B. 质量手册　　C. 程序文件　　D. 作业文件

(8)下列不属于工程质量控制设计内容的是(　　)。

A. 精度控制措施　　B. 资源保证措施

C. 质量控制措施　　D. 数据安全措施

(9)(　　)测绘单位按照国家的《质量管理和质量保证》标准，推行全面质量管理，建立和完善测绘质量体系，必须要通过 ISO 9000 系列质量保证体系认证。

A. 甲级　　B. 乙级及以上　　C. 丙级及以上　　D. 丁级及以上

(10)(　　)应与质量方针保持一致，它是质量方针在阶段性的要求，是明确的可测量考核的指标和目标。

A. 质量计划　　B. 质量目标　　C. 质量手册　　D. 程序文件

(11)2000 年版 ISO 9000 族标准是面向 21 世纪的质量管理标准，目前仅有(　　)个标准。

A. 4　　B. 5　　C. 6　　D. 8

(12)(　　)是描述组织质量管理体系的纲领性文件，其详略程度由组织自行决定。

A. 作业文件　　B. 质量方针　　C. 质量手册　　D. 程序文件

(13)下列行为中，属于测绘单位中层领导在质量管理体系运行中的职责的是(　　)。

A. 重视目标管理，实行目标分解，对质量目标的实现情况进行监督检查，有效地将

质量目标落实到全体职工，共同为实现质量目标努力工作

B. 组织贯彻质量政策、法规和指令，采取有效措施使质量方针为全体职工理解、掌握并贯彻执行

C. 深刻理解、积极贯彻质量方针，做到以身示范

D. 实现质量方针，重视资源投入，保证人员素质与产品质量相适应

(14)在整个贯标策划中，认证活动部署程序中不包括(　　)。

A. 实施贯标　　B. 文件编写

C. 做好各项质量管理体系的要求　　D. 实施认证

(15)根据《测绘生产质量管理规定》，下列职责中，不属于测绘单位法定代表人质量管理职责的是(　　)。

A. 签发质量手册　　B. 确定本单位的质量目标

C. 签发作业指导书　　D. 建立本单位的质量体系

(16)2000 年版 ISO 9000 族标准第一次提出(　　)的 8 项原则。

A. 产品规划　　B. 质量管理　　C. 质量方针　　D. 管理方针

(17)测绘单位确定开展贯标工作，一般应选择(　　)帮助建立质量管理体系。

A. 咨询机构　　B. 认证机构

C. 测绘行政主管部门　　D. 监理单位

(18)(　　)需具有操作性，是策划和管理质量活动的基本文件，是质量手册的支持性文件。

A. 规范文件　　B. 程序文件　　C. 记录文件　　D. 作业文件

(19)设定标准(根据质量要求)、测量结果、判定是否达到预期要求，对质量问题采取措施进行矫正、补救，并防止再发生的过程称为(　　)。

A. 制定标准　　B. 质量标准审核　　C. 产品检查　　D. 质量控制

(20)下列情况中，测绘单位贯标的组织与实施的说法，其中错误的是(　　)。

A. 组织策划和领导投入阶段的时间一般需要约 1 个月

B. 质量管理体系运行和实施阶段的时间一般应在 3 个月之内完成

C. 文件编制阶段需要依据体系总体设计方案，拟订体系文件的类型、层次和结构等

D. 体系总体设计和资源配备阶段需要制定质量方针和质量目标

(21)(　　)是在现有质量管理体系文件不能满足控制要求时，方需编制。

A. 质量方针　　B. 质量计划　　C. 质量手册　　D. 程序文件

(22)质量控制分为(　　)的质量控制和狭义的质量控制。

A. 广义　　B. 整体　　C. 局部　　D. 宏观

(23)ISO 9000 族标准于(　　)发布后，我国开始对 ISO 9000 族标准进行研究和转换为我国国家标准的工作。

A. 1984 年　　B. 1987 年　　C. 1988 年　　D. 1994 年

(24)在整个贯标策划中，对认证活动的部署和计划安排顺序正确的是(　　)。

A. 实施认证→做好各项质量管理体系的要求→实施贯标

B. 做好各项质量管理体系的要求→实施认证→实施贯标

C. 实施认证→实施贯标→做好各项质量管理体系的要求

D. 实施贯标→做好各项质量管理体系的要求→实施认证

(25)(　　)是质量管理的一部分，致力于满足质量要求，是企业全面质量管理的重要部分，也是企业生产经营控制的一个重要内容。

A. 进度控制　　B. 成本控制　　C. 质量控制　　D. 管理控制

(26)(　　)ISO 9000族标准强调质量管理体系要求和产品要求应明确区分。

A. 2000年版　　B. 1994年版　　C. 1992年版　　D. 1988年版

(27)质量方针由(　　)批准颁布，形成文件。

A. 注册测绘师　　B. 技术负责人　　C. 总工程师　　D. 最高管理者

2)多项选择题(每题2分。每题的备选项中，有2个或2个以上符合题意，至少有1个错项。错选，本题不得分；少选，所选的每个选项得0.5分)

(28)2000年版ISO 9000质量管理体系标准的质量管理原则有(　　)。

A. 经济原则　　B. 进度原则

C. 全员参与原则　　D. 以顾客为关注焦点原则

E. 管理的系统方法原则

(29)关于我国贯彻ISO 9000族标准状况，以下描述正确的有(　　)。

A. 我国虽然不是ISO组织的成员国，但一直积极参加标准的建立工作

B. 我国自1984年开始，即开始对ISO 9000族标准进行研究和转换

C. 1988年12月，我国发布等效采用的GB/T 10300系列标准

D. 1992年10月，我国发布等同采用的GB/TB 19000系列标准

E. 对ISO 9000族标准的修改、换版，我国有关部门一直采取同步跟踪的做法

(30)质量管理体系文件的形成，需要考虑的因素有(　　)。

A. 各级人员的素质与能力　　B. 单位的办公条件情况

C. 组织的管理水平与装备水平　　D. 单位人员组成的年龄结构

E. 产品的特性及复杂程度

(31)质量管理体系文件编写原则有(　　)。

A. 经济优先原则　　B. 操作实施和证实检查的原则

C. 系统协调原则　　D. 整体优化原则

E. 简单易行原则

(32)下列选项中，属于质量管理的8项原则的是(　　)。

A. 整体优化原则　　B. 持续改进原则

C. 互利的供方关系原则　　D. 局部优化原则

E. 全员参与原则

(33)2000年版ISO 9000族标准四大核心标准为(　　)。

A. ISO 9000 质量管理体系　基础和术语

B. ISO 9001 质量管理体系　要求

C. ISO 9004 质量管理体系　业绩改进指南

D. ISO 10012 测量控制系统

E. ISO 19011 质量和(或)环境管理体系审核指南

(34)2000年版ISO 9000族标准中的质量管理的基本原理有(　　)。

A. 质量管理体系说明　　B. 质量管理体系方法

C. 质量方针和质量目标　　D. 标准的应用

E. 持续改进

(35)下列职责中,属于质量主管负责人职责的是(　　)。

A. 编制年度质量计划

B. 负责质量方针与质量目标的贯彻实施

C. 组织实施内部的质量审核工作

D. 处理生产过程中的重大技术问题

E. 处理生产过程中的质量争议

(36)质量计划内容包括(　　)。

A. 计划目标　　B. 资源提供

C. 作业文件　　D. 人员职责权限

E. 规范文件

11.3 例题参考答案及解析

1)单项选择题(每题1分。每题的备选项中,只有1个最符合题意)

(1)D

解析:关于贯标工作的组织步骤实施:组织策划和领导投入阶段,时间一般需要约1个月;体系总体设计和资源配备阶段,时间需要1个月左右;文件编制阶段,时间一般需要3个月左右;质量管理体系运行和实施阶段,时间一般应不少于3个月。选项D,描述不正确。

(2)C

解析:质量管理体系文件的编写原则有:系统协调原则;整体优化原则;采用过程方法原则;操作实施和证实检查的原则。选项C(经济优先原则),不属于质量管理体系文件的编写原则。

(3)C

解析:2000版ISO 9000族标准四大核心标准是:①ISO 9000质量管理体系基础和术语;②ISO 9001质量管理体系要求;③ISO 9004质量管理体系业绩改进指南;④ISO 19011质量和环境管理体系审核指南。

(4)B

解析:质量管理的8项原则为:①以顾客为关注焦点原则;②领导作用原则;③全员参与原则;④过程方法原则;⑤管理的系统方法原则;⑥持续改进原则;⑦基于事实的决策方法原则;⑧互利的供方关系原则。选项B(守时、守信原则),不属于质量管理的原则。

(5)D

解析:本题考查2000版ISO 9000族标准。属于支持性标准的是ISO 10012测量控制系统。

(6)B

解析:质量管理体系文件的记录形式有两种:格式化记录形式和非格式化记录形式。

(7)B

解析:质量手册是相对稳定并需长期遵循的文件,是组织必须遵守的纲领和指南,用以协调一切质量活动和约束人们的行为。在合同条件下或第三方认证情况下,"质量手册"还可以作为质量管理体系的证实文件和认证的依据。

(8)A

解析:工程质量控制设计的主要内容包括:资源保证措施、质量控制措施、数据安全措施、组织管理措施。选项A(精度控制措施),不属于工程质量控制设计的内容。

(9)A

解析:测绘单位应当按照国家的《质量管理和质量保证》标准,推行全面质量管理,建立和完善测绘质量体系。甲级单位应当通过ISO 9000系列质量保证体系认证;乙级测绘单位应当通过ISO 9000系列质量保证体系认证,或者通过省级测绘行政主管部门考核;丙级测绘单位应当通过ISO 9000系列质量保证体系认证,或者通过设区的市(州)级以上测绘行政主管部门考核;丁级测绘单位应当通过县级以上测绘行政主管部门考核。

(10)B

解析:质量目标是组织在质量上所追求的目的。"质量目标"应与质量方针保持一致,它是质量方针在阶段性的要求,是明确的可测量考核的指标。

(11)B

解析:2000版ISO 9000族标准的特点是:标准数量减少了(目前仅有5个标准)、通用性更强了。

(12)C

解析:质量手册是向组织的内部和外部提供质量管理体系的一致信息的文件。"质量手册"是描述组织质量管理体系的纲领性文件,其详略程度由组织自行决定。

(13)C

解析:本题考查测绘质量管理职责。选项A、B、D均为测绘单位最高领导层在质量管理体系运行中的职责;选项C,是测绘单位中层领导在质量管理体系运行中的职责。

(14)B

解析:本题考查质量管理体系的审核与认证。在整个贯标策划中,对认证活动的部署和计划应予以安排。认证活动部署程序包括:①实施贯标;②做好各项质量管理体系的要求;③实施认证。

(15)C

解析:根据《测绘生产质量管理规定》,测绘单位的法人代表,其职责包括:确定本单位的质量方针和质量目标,签发质量手册,建立本单位的质量体系并保证有效运行,对本单位提供的测绘成果承担质量责任。选项C(签发作业指导书),不属于测绘单位法人代表的职责。

(16)B

解析:本题考查ISO 9000族标准的基本知识。2000版ISO 9000族标准第一次提出了"质量管理"的8项原则。

(17)A

解析:本题考查我国测绘单位贯标的组织与实施情况。测绘单位确定开展贯标工作,一般应选择"咨询机构"帮助建立质量管理体系。

(18)B

解析:"程序文件"需具有操作性,是策划和管理质量活动的基本文件,是质量手册的支持性文件。

(19)D

解析:本题主要考查"质量控制"的概念。质量控制是一个设定标准(根据质量要求)、测量结果、判定是否达到顶期要求,对质量问题采取措施进行矫正、补救,并防止再发生的过程。通过质量控制能够有效地使各项质量活动及结果达到质量要求。

(20)B

解析:本题考查测绘单位贯标的组织与实施步骤。质量管理体系运行和实施阶段,包括:质量手册、程序文件和其他质量文件发放到位;各级人员进行文件的学习;质量管理体系运行和改进等。其时间一般应不少于3个月。选项B,描述不正确。

(21)B

解析:本题主要考查质量管理体系文件的划分。"质量方针"是由最高管理者批准颁布,形成文件;"质量计划"是在现有质量管理体系文件不能满足控制要求时,方需编制;"质量手册"是描述组织质量管理体系的纲领性文件,其详略程度由组织自行决定;"程序文件"是控制质量活动和过程的信息文件。

(22)A

解析:本题考查测绘项目质量控制的分类。质量控制分为:广义的质量控制、狭义的质量控制。

(23)B

解析:本题考查ISO 9000族标准的发布时间。ISO 9000族标准于1987年发布后,我国开始对ISO 9000族标准进行研究和转换为我国国家标准的工作。

(24)D

解析:本题考查质量管理体系的审核与认证。在整个贯标策划中,对认证活动的部署和计划应予以安排,其正确顺序为:实施贯标→做好各项质量管理体系的要求→实施认证。

(25)C

解析:质量控制(Quality Control,简称QC)或称品质控制,是质量管理的一部分,致力于满足质量要求,是企业全面质量管理的重要部分,也是企业生产经营控制的一个重要内容。

(26)A

解析:2000版ISO 9000族标准,强调其应明确区分一个是管理要求,一个是技术要求。两者相互依存,但不可替代与偏废。

(27)D

解析:质量管理体系文件划分为:质量方针、质量目标、质量手册、程序文件、作业文件、规范、记录、质量计划。其中,"质量方针"由最高管理者批准颁布,形成文件。

2)多项选择题(每题2分。每题的备选项中,有2个或2个以上符合题意,至少有1个错项。错选,本题不得分;少选,所选的每个选项得0.5分)

(28)CDE

解析:2000版ISO 9000质量管理的8个原则:①以顾客为关注焦点原则;②领导作用原则;③全员参与原则;④过程方法原则;⑤管理的系统方法原则;⑥持续改进原则;⑦基于事实的决策方法原则;⑧互利的供方关系原则。选项A(经济原则)、选项B(进度原则),不属于2000版ISO 9000质量管理原则。

(29)CDE

解析:本题考查我国贯彻ISO 9000族标准状况。我国是ISO组织的成员国,故A选项不对。我国自 1987 年开始，即开始对 ISO 9000 族标准进行研究和转换，故 B 选项不对。1988 年 12 月，我国发布等效采用的 GB/T 10300 系列标准。1992 年 10 月，我国又发布等同采用的 GB/TB 19000 系列标准。对 ISO 9000 族标准的修改、换版，我国有关部门一直采取同步跟踪的做法。选项 C、D、E，描述正确。

(30)ACE

解析：质量管理体系文件的形成，需要考虑的因素有：标准的各项要求；产品的特性及复杂程度；产品满足法律法规等要求；组织的管理水平与装备水平；各级人员的素质与能力；质量经济性与效率等。

(31)BCD

解析：质量管理体系文件的编写原则有：系统协调原则；整体优化原则；采用过程方法原则；操作实施和证实检查的原则。

(32)BCE

解析：本题考查质量管理的 8 项原则：①以顾客为关注焦点原则；②领导作用原则；③全员参与原则；④过程方法原则；⑤管理的系统方法原则；⑥持续改进原则；⑦基于事实的决策方法原则；⑧互利的供方关系原则。整体优化原则是质量管理体系文件的编写原则。

(33)ABCE

解析：2000 版 ISO 9000 族标准四大核心标准为：①ISO 9000 质量管理体系基础和术语；②ISO 9001 质量管理体系要求；③ISO 9004 质量管理体系业绩改进指南；④ISO 19011 质量和环境管理体系审核指南。注意：ISO 10012 测量控制系统，为支持性标准，不属于四大核心标准。

(34)ABCE

解析：2000 版 ISO 9000 族标准中的质量管理的基本原理有 12 项，分别为：①质量管理体系说明；②质量管理体系要求与产品要求；③质量管理体系方法；④过程方法；⑤质量方针和质量目标；⑥最高管理者在质量管理体系中的作用；⑦文件；⑧质量管理体系评价；⑨持续改进；⑩统计技术的作用；⑪质量管理体系与其他管理体系的关注点；⑫质量管理体系与优秀模式之间的关系。

(35)BDE

解析：质量主管负责人的职责包括：负责质量方针与质量目标的贯彻实施、处理生产过程中的重大技术问题、处理生产过程中的质量争议等。选项 A(编制年度质量计划)、选项 C(组织实施内部的质量审核工作)，是测绘单位质量检查人员的职责。

(36)ABD

解析：本题考查质量计划的编写。质量计划内容包括：计划目标、资源提供、活动和过程顺序、控制准则要求、人员职责权限、获得结果证据和计划时限。

12　测绘项目组织与实施管理

12.1　考 点 分 析

1)测绘项目目标管理

(1)工期目标。工期目标就是在项目合同规定的时间内完成整个项目。

(2)成本目标。成本目标就是完成项目所需花费的目标数额,也可称为成本预算。成本可分解为三大类成本:①人工成本;②设备折旧或租用成本;③消耗材料成本。

(3)质量目标。质量目标就是期望项目最终能够达到的质量等级。质量等级分为合格、良好和优秀。

2)测绘项目的人员配置

测绘项目人员配置分为:①项目负责人;②生产管理组;③技术管理组;④质量控制组;⑤后勤服务部门。

3)测绘项目的设备配置

目前测绘项目的主要设备包括:①水准仪;②经纬仪;③全站仪;④GPS测量系统;⑤航空摄影机;⑥数字摄影测量工作站;⑦数字成图系统。这7类设备前5类属于外业设备,后2类属于内业设备。

4)测绘项目工程的进度控制(对应于工期目标)

(1)人员按计划落实的控制监督。所有人员按计划到作业现场。

(2)仪器设备按计划落实的控制监督。所有仪器设备到位,且与计划一致,对仪器检定证书的原件要进行100%检查。

(3)经常检查进度。在实施过程中要经常检查实际进度与计划进度出现的偏差,有针对性地采取措施直到测绘项目完成。

(4)分析影响进度的因素。包括:①可能过高或过低地估计了有利因素;②工作上的失误;③不可预见事件的发生等。对影响生产进度的因素要进行科学分析,并采取有效措施进行改进。

5)测绘项目工程的资金预算控制(对应于成本目标)

(1)分析:测绘项目资金预算科学性、合理性。

(2)检查:各阶段测绘项目资金预算执行与工程进度的符合性。

(3)核查:测绘项目资金预算执行内容的完整性。测绘项目资金执行过程,其生产成本和经营成本测算,应与资金预算总额保持一致。

6)测绘项目工程的质量控制(对应于质量目标)

(1)质量控制的重要性

①质量控制是项目委托方投资得以最快收益的前提。

②质量控制是保证生产单位提供满足项目委托方要求成果的有力保障。

③质量控制有利于生产进度计划的顺利实施。

④质量控制是目标控制的核心。

(2)质量控制的基本依据

①测绘合同。

②技术设计书或作业指导书。

③法律和法规。

④国家规范和行业标准。

(3)质量控制的方法

对测绘成果采用“二级检查与一级验收”制度：

①测绘单位作业部门的过程检查(过程检查采用全数检查)。

②测绘单位质量管理部门的最终检查(最终检查一般采用全数检查,涉及野外检查项的一般采用抽样检查)。

③项目管理单位组织的质量验收(验收一般采用抽样检查)。

12.2 例 题

1)单项选择题(每题1分。每题的备选项中,只有1个最符合题意)

(1)以下选项中,不属于影响生产进度完成计划因素的是(　　)。

A. 过高或过低地估计了有利因素　　B. 项目委托方设计变更

C. 作业区空气湿度变化的影响　　D. 作业顺序的调整

(2)以下选项中,不属于测绘项目质量控制的基本依据的是(　　)。

A. 测绘合同书　　B. 项目资金安排计划

C. 测绘技术设计书　　D. 有关国家规范和行业标准

(3)以下选项中,不属于测绘项目质量控制中“二级检查”制度的是(　　)。

A. 参与测绘生产的作业员在作业结束后必须自检

B. 测绘单位要设置专职检查机构和专职检查人员进行专检

C. 检查出来的问题的处理办法和意见,要有相应的整改记录

D. 测绘成果质量必须由业主委托的测绘质量检验部门进行验收

(4)下列设备中,属于内业设备的是(　　)。

A. 全站仪　　B. GPS接收机

C. 数字摄影测量工作站　　D. 水准仪

(5)质量控制活动的完成,一般分为标准、(　　)、纠正三个环节。

A. 完善　　B. 整改　　C. 信息　　D. 评审

(6)下列内容中,不属于工程进度设计内容的是(　　)。

A. 根据设计方案,分别计算统计各工序的工作量

B. 技术等级或精度指标设计

C. 根据统计的工作量和计划投入的生产实力,参照有关生产定额,分别列出年度进度计划和各工序的衔接计划

D. 划分作业区的困难类别

(7)在项目组织过程中，首先要对项目目标进行分解，然后对项目的(　　)进行分解，在此基础上进行人员配备和设备配备。

A. 经费目标　　B. 生产目标　　C. 作业工序　　D. 精度要求

(8)测绘项目的具体内容不包括(　　)。

A. 作业区的气候情况　　B. 计算统计作业工序及其工作量

C. 作业区的地形概括　　D. 其他需要说明的作业情况

(9)(　　)就是按照时间顺序和工作性质，将项目分解为若干工序，也称子项目。

A. 项目工序　　B. 项目目标　　C. 工程分解　　D. 工程流程

(10)期望项目最终能够达到的质量等级的是(　　)。

A. 精度目标　　B. 成本目标　　C. 质量目标　　D. 工期目标

(11)项目目标可分解为工期目标、成本目标和(　　)。

A. 管理目标　　B. 精度目标　　C. 设计目标　　D. 质量目标

(12)质量目标就是期望项目最终能够达到的(　　)。

A. 质量合格　　B. 质量优秀　　C. 质量等级　　D. 质量原则

(13)根据《测绘技术设计规定》(CH/T 1004—2005)，下列内容中，不属于测绘项目技术设计书内容的是(　　)。

A. 进度安排　　B. 质量评价

C. 经费计算　　D. 引用文件

(14)质量控制活动的完成，一般分为标准、信息、(　　)三个环节。

A. 完善　　B. 纠正　　C. 整改　　D. 评审

(15)质量控制是指(　　)。

A. 为了使各项质量活动及结果达到质量要求

B. 通过采取一系列的作业技术和活动对各个过程实施控制

C. 产品质量符合规范、标准和图纸要求

D. 确定产品质量和要求的行为

(16)项目目标可分解为工期目标、(　　)和质量目标。

A. 管理目标　　B. 精度目标　　C. 成本目标　　D. 人员目标

(17)测绘项目中，作业组长负责组的全面工作，作业组一般不负责(　　)。

A. 作业组的进度　　B. 经费管理

C. 作业组的质量　　D. 作业组的人员管理

(18)(　　)就是在项目合同规定的时间内完成整个项目。

A. 工期目标　　B. 质量目标　　C. 成本目标　　D. 管理目标

(19)在子项目中，图根测量和细部测量一般由(　　)负责。

A. 项目负责人　　B. 前期工作人员　　C. 控制测量队　　D. 细部测量队

(20)下列选项中，不属于工程进度设计的内容的是(　　)。

A. 划分作业区的困难类别

B. 测量技术流程设计

C. 根据统计的工作量和计划投入的生产实力，参照有关生产定额，分别列出年度进度计划和各工序的衔接计划

D. 根据设计方案,分别计算统计各工序的工作量

(21)项目目标可分解为(　　)、成本目标和质量目标。

A. 精度目标　　B. 工期目标　　C. 人员目标　　D. 设计目标

(22)在项目组织过程中,正确的顺序为(　　)。

A. 目标分解→作业工序分解→人员配备和设备配备

B. 作业工序分解→目标分解→人员配备和设备配备

C. 作业工序分解→人员配备和设备配备→目标分解

D. 人员配备和设备配备→目标分解→作业工序分解

2)多项选择题(每题 2 分。每题的备选项中,有 2 个或 2 个以上符合题意,至少有 1 个错项。错选,本题不得分;少选,所选的每个选项得 0.5 分)

(23)根据测绘单位的具体情况,其成本管理的三个层次是(　　)。

A. 管理必须明确该测绘项目涉及的工作地点

B. 管理的成本就是测绘项目的直接生产费用

C. 管理的成本不仅包括测绘项目的直接生产费用,还包括可直接记入项目的相关费用和按规定的标准分配记入项目的承包部门费用

D. 管理的成本包括测绘项目承担的完全成本,它要求采用完全成本法进行管理

E. 管理的成本不包括机构运作成本

(24)测绘项目中,作业组长负责组的全面工作,作业组只负责(　　)。

A. 作业组的进度　　B. 经费管理

C. 作业组的质量　　D. 作业组的人员管理

E. 整个项目工序的协调

(25)下列设备中,属于内业设备的是(　　)。

A. 全站仪　　B. 水准仪

C. 航空摄影机　　D. 数字摄影测量工作站

E. 数字成图系统

(26)质量控制活动的完成,一般分为(　　)三个环节。

A. 纠正　　B. 标准　　C. 评审

D. 信息　　E. 整改

(27)成本可分解为(　　)等三大类成本。

A. 时间成本　　B. 设备折旧或租用成本

C. 消耗材料成本　　D. 技术成本

E. 人工成本

(28)测绘项目中的人员配置一般分为(　　)等四个方面。

A. 质量控制人员　　B. 质量监督人员

C. 管理人员　　D. 技术人员

E. 后勤人员

(29)测绘项目中的管理人员一般分为四个层次,包括(　　)。

A. 项目经理　　B. 项目副经理

C. 作业组长　　D. 技术队长

E. 工序队长

(30)下列设备中,属于外业设备的是(　　)。

A. 水准仪　　B. 数字摄影测量工作站

C. 航空摄影机　　D. GPS 测量系统

E. 数字成图系统

(31)工程进度设计的内容是(　　)。

A. 测量技术流程设计

B. 划分作业区的困难类别

C. 精度指标设计

D. 根据设计方案,分别计算统计各工序的工作量

E. 根据统计的工作量和计划投入的生产实力,参照有关生产定额,分别列出年度进度计划和各工序的衔接计划

12.3　例题参考答案及解析

1)单项选择题(每题 1 分。每题的备选项中,只有 1 个最符合题意)

(1)C

解析:影响生产进度完成计划的因素有以下几个:①过高或过低地估计了有利因素;②项目委托方设计要求的变更;③作业顺序的调整;④不可预见事件的发生,包括政治、经济及自然等方面。

(2)B

解析:测绘项目质量控制的基本依据有:①项目合同文件(测绘合同书);②测绘技术设计书或作业指导书;③有关测绘的法律、法规;④有关质量检查检验的国家规范和行业标准。

(3)D

解析:测绘项目质量控制中"二级检查"制度是:测绘生产单位要进行自检与专检。选项 D(测绘成果质量必须由业主委托的测绘质量检验部门进行验收)是验收,不属于"二级检查"制度范畴。

(4)C

解析:本题考查测绘项目组织中设备的配备。测绘外业设备有:水准仪、经纬仪、全站仪、GPS 测量系统、航空摄影机等;测绘内业设备有:数字摄影测量工作站、数字成图系统等。

(5)C

解析:本题考查质量控制的主要环节。质量控制活动的完成,一般分为三个环节:①标准;②信息(反馈);③纠正。

(6)B

解析:工程进度设计的内容,包括:划分作业区的困难类别,根据统计的工作量和计划投入的生产实力,参照有关生产定额,分别列出年度进度计划和各工序的衔接计划,并根据设计方案,分别计算统计各工序的工作量。选项 B(技术等级或精度指标设计),不属于工程进度设计的内容。

(7)C

解析:本题考查测绘项目组织。项目组织的好坏直接决定了项目的成本、项目的工期以

及项目的质量。在项目组织过程中，首先要对“项目目标”进行分解，然后对项目的“作业工序”进行分解，在此基础上进行人员配备和设备配备。

(8)B

解析：本题考查测绘项目内容，包括作业区的地形概括、作业区的气候情况、其他需要说明的作业情况。

(9)A

解析：本题考查项目工序的内容。项目工序，就是按照时间顺序和工作性质，将项目分解为若干工序，也称子项目。

(10)C

解析：本题考查质量目标的概念。“质量目标”，就是期望项目最终能够达到的质量等级。

(11)D

解析：测绘项目组织中，项目目标可分解为：工期目标、成本目标、质量目标。

(12)C

解析：本题主要考查质量目标的概念。质量目标就是期望项目最终能够达到的质量等级。质量等级分为：合格、良好和优秀。

(13)B

解析：测绘项目技术设计书的内容，包括：作业或成果的坐标系、高程基准、时间系统、投影方法，引用文件，明确技术等级或精度指标，经费计算，进度安排等。

(14)B

解析：本题考查质量控制的主要环节。质量控制活动的完成，一般分为三个环节：①标准；②信息(反馈)；③纠正。

(15)A

解析：质量控制的目的是保证质量，满足要求。质量控制，是指为了使各项质量活动及结果达到质量要求。

(16)C

解析：本题考查项目目标与工序分解的内容。项目目标可分解为：工期目标、成本目标、质量目标。

(17)B

解析：测绘项目中的管理人员一般分为 4 个层次，即①项目经理；②项目副经理；③工序队长；④作业组长。作业组长负责组的全面工作，包括作业组的进度、质量和人员管理等工作，作业组一般不负责经费管理。

(18)A

解析：项目目标可分解为：工期目标、成本目标、质量目标。“工期目标”是在项目合同规定的时间内完成整个项目。

(19)D

解析：项目工序就是按照时间顺序和工作性质，将项目分解为若干工序，也称子项目。不同工序可由不同的人员来完成。例如：收集资料一般由项目负责人和前期工作人员来完成；项目技术设计一般由项目技术负责人来完成；控制测量由控制测量队负责；图根测量和细部测量一般由细部测量队负责；检查验收工作由专门的队伍负责。

(20)B

解析:工程进度设计应对以下内容做出规定:①划分作业区的困难类别;②根据设计方案,分别计算统计各工序的工作量;③根据统计的工作量和计划投入的生产实力,参照有关生产定额,分别列出年度进度计划和各工序的衔接计划。选项B(测量技术流程设计),不属于工程进度设计的内容。

(21)B

解析:项目目标可分解为:工期目标、成本目标、质量目标。

(22)A

解析:项目组织在测绘项目的整个过程中具有十分重要的作用。组织的好坏直接决定了项目的成本、项目的工期以及项目的质量。在项目组织过程中,正确的顺序为:目标分解→作业工序分解→人员配备和设备配备。

2)多项选择题(每题2分。每题的备选项中,有2个或2个以上符合题意,至少有1个错项。错选,本题不得分;少选,所选的每个选项得0.5分)

(23)BCD

解析:成本管理的3个层次是:①第一层次管理的成本,就是测绘项目的直接生产费用;②第二层次管理的成本,不仅包括测绘项目的直接生产费用,还包括可直接记入项目的相关费用和按规定的标准分配记入项目的承包部门费用;③第三层次管理的成本,包括测绘项目的完全成本,它要求采用完全成本法进行管理。

(24)ACD

解析:测绘项目中的管理人员一般分为4个层次:①项目经理;②项目副经理;③工序队长;④作业组长。作业组长负责组的全面工作,作业组一般不负责经费管理,一般不负责项目协调,只负责作业组的进度、质量、人员管理等工作。

(25)DE

解析:在测绘项目组织中,目前测绘项目的主要设备包括:①水准仪;②经纬仪;③全站仪;④GPS测绘系统;⑤航空摄影机;⑥数字摄影测量工作站;⑦数字成图系统。其中:前5类属于外业设备,后2类属于内业设备。

(26)ABD

解析:本题考查质量控制的主要环节。质量控制活动的完成,一般分为3个环节:①标准;②信息(反馈);③纠正。

(27)BCE

解析:本题考查测绘项目成本目标的成本分类。成本可分解为3大类:①人工成本;②设备折旧或租用成本;③消耗材料成本。

(28)ACDE

解析:测绘项目人员配备分为4类:①技术人员;②管理人员;③后勤人员;④质量控制人员。其中技术人员是项目的主要人员。

(29)ABCE

解析:测绘项目中的管理人员一般分为4个层次:①项目经理;②项目副经理;③工序队长;④作业组长。

(30)ACD

解析:目前测绘项目的主要设备包括:①水准仪;②经纬仪;③全站仪;④GPS测绘系统;

⑤航空摄影机；⑥数字摄影测量工作站；⑦数字成图系统。其中：前5类属于外业设备，后2类属于内业设备。

(31)BDE

解析：工程进度设计的内容包括：①划分作业区的困难类别；②根据设计方案，分别计算统计各工序的工作量；③根据统计的工作量和计划投入的生产实力，参照有关生产定额，分别列出年度进度计划和各工序的衔接计划。

13 测绘安全生产管理

13.1 考点分析

13.1.1 测绘生产作业人员安全管理

1)测绘外业生产的安全管理

(1)对所有作业人员要进行安全意识教育和安全技能培训。

(2)了解测区有关危害因素，如流行传染病、自然环境、社会治安等状况。

(3)对于发生高致病的疫区，应禁止作业人员进入。

(4)所有作业人员都应该熟练使用通信、导航定位等安全保障设备，以防万一。

(5)驾驶员应严格遵守《中华人民共和国道路交通安全法》，对车辆进行安全检查，严禁疲劳驾驶。

(6)在戈壁、沙漠和高原等人员稀少、条件恶劣的地区应采用双车作业。

(7)遇有暴风骤雨、冰雹、浓雾等恶劣天气时应停止行车。

(8)禁止食用霉烂、变质和被污染过的食物，禁止食用不易识别的野菜、野果、野生菌菇等植物。

(9)使用煤气、天然气等灶具时，应防止漏气和煤气中毒。

(10)野外住宿时，帐篷周围应挖排水沟。备好防寒、防潮、照明、通信等生活保障物品及必要的自卫器具。治安情况复杂或野兽经常出没的地区，应设专人值勤。

(11)遇雷电天气应立刻停止作业，选择安全地点躲避。

(12)进入沙漠、戈壁、沼泽、高山、高寒等人烟稀少地区或原始森林地区，应配备必要的通信器材。

(13)外业测绘严禁单人夜间行动。

2)在城镇地区作业注意事项

(1)在人、车流量大的街道上作业时，必须穿着色彩醒目的带有安全警示反光的马夹，并应设置安全警示标志牌(墩)，必要时还应安排专人担任安全警戒员。

(2)迁站时要撤除安全警示标志牌(墩)。

(3)作业中以自行车代步者，要遵守交通规则。

3)在铁路、公路区域作业注意事项

(1)沿铁路、公路作业时，必须穿着色彩醒目的带有安全警示反光的马夹。

(2)在电气化铁路附近作业时，禁止使用铝合金标尺、镜杆，防止触电。

(3)在桥梁和隧道附近以及公路弯道等地点作业时，应事先设置安全警示标志牌(墩)，必要时安排专人担任安全指挥。

(4)工间休息应离开铁路、公路路基，选择安全地点休息。

4)地下管线作业注意事项

(1)无向导协助，禁止进入情况不明的地下管道作业。

(2)作业人员必须佩戴防护帽、安全灯，身穿安全警示工作服，应配备通信设备，并保持与地面人员的通信畅通。

(3)在城区或道路上进行地下管线探测作业时，应在管道口设置安全隔离标志牌(墩)，安排专人担任安全警戒员。夜间作业时，应设置安全警示灯。

5)测绘内业生产的安全管理

(1)作业场所，照明、噪声、辐射等环境条件应符合作业要求。

(2)面积大于 100m^2 的作业场所的安全出口不少于两个。

(3)作业场所小于 40m^2 的重点防火区域，如资料、档案、设备库房等，也应配置灭火器具。

(4)禁止在作业场所吸烟以及使用明火取暖，禁止超负荷用电。

6)测绘生产突发事故的应急处理

(1)安全事故一经发生或发现，现场人员在第一时间报警，之后，自作业组开始，利用应急通信设备逐级上报事故情况。

(2)泄密事故应在发生或发现后 24 小时内报告。

(3)轻伤事故应在发生或发现后 2 小时内报告。

(4)其他事故应在发生或发现后立即报告。

(5)未经单位应急领导小组的授权，任何人不得接受新闻媒体采访或以个人名义发布消息，以避免因消息失真而导致不良影响。

13.1.2 测绘生产仪器设备安全管理

1)对仪器库房的基本要求

(1)测量仪器库房应是耐火建筑。

(2)库房内的温度不能有剧烈变化，最好保持室温在 12～16℃。

(3)库房应有消防设备，但不能用一般酸碱式灭火器，宜用液体 CO_2 或 CCl_4 及新的灭火器。

2)测绘仪器的三防措施

(1)生霉、生雾、生锈是测绘仪器的“三害”，因此，采取必要的防霉、防雾、防锈措施，确保仪器处于良好状态。

(2)仪器箱内放入适当的防霉剂。

(3)防霉：外业仪器一般情况下 6 个月(湿热季节或湿热地区 1～3 个月)应对仪器的光学零件外露表面进行一次全面的擦拭，内业仪器一般 1 年(湿热季节或湿热地区 6 个月)须对仪器未密封的部分进行一次全面的擦拭。

(4)作业中暂时停用的电子仪器，每周至少通电 1 小时，同时使各种功能正常运转。

(5)防雾：外业仪器一般情况下 6 个月(湿热季节或湿热地区 3 个月)须对仪器的光学零件外露表面进行一次全面擦拭，内业仪器一般在 1 年(湿热季节或湿热地区 3～6 个月)应对仪器外表进行一次全面清擦，并用电吹风机烘烤光学零件外露表面(温度升高不得超过 60℃)。

(6)防锈：外业仪器一般情况下6个月(湿热季节或湿热地区1～3个月)须对仪器外露表面的润滑防锈油脂进行一次更换，内业仪器一般应在1年(湿热季节或湿热地区6个月)须将仪器所用临时性防锈油脂全部更换一次，如发现锈蚀现象，必须立即除锈。

3)仪器的安全运送

(1)长途搬运仪器时，应将仪器装入专门的运输箱内。

(2)短途搬运仪器时，一般仪器可不装入运输箱内，但一定要专人护送。

(3)不论长短距运送仪器，均要防止日晒雨淋，放置仪器设备的地方要安全妥当，并应清洁和干燥。

13.1.3 地理信息数据安全管理

1)基础地理信息数据的归档内容

归档内容包括：①基础地理信息数据成果；②文档材料；③相关软件；④档案目录数据。

2)归档要求

(1)档案形成单位应在项目完成后2个月内完成归档。

(2)基础测绘数据成果应与文档材料一同归档。

(3)归档的基础地理信息数据应为最终版本。

(4)文档材料归档1份，数据成果复制品归档2份。

(5)归档的数据成果和相关软件，一般不压缩、不加密。

3)归档介质的工作环境

(1)光盘：在工作之前，必须在工作环境放置至少2小时。

(2)磁带：在工作之前，必须在工作环境中放置至少24小时。

4)归档介质的储存环境

(1)温度选定范围：17～20℃；相对湿度选定范围：35%～45%。

(2)库房及装具应使用耐火材料，库房内配有CO_2型灭火器。

(3)库房内介质架最低一层搁板应在地面30cm以上。

(4)磁带应放在距钢筋房柱或类似结构物10cm以外处。

(5)磁带与磁场源之间的距离不得少于76mm。

5)归档数据的异地储存

(1)归档的2份数据档案介质应异地储存。

(2)异地储存的距离应大于100km，最佳距离为500km以上。

(3)数据档案应自入馆之日起60天内完成异地存储工作。

(4)凡取回的异地储存的数据档案，应在数据档案离开储存地之日起的60天内重新完成异地储存工作。

(5)异地储存介质的读检工作。原则上应在储存地进行。

(6)异地储存所在地单位负责异地数据档案的安全、保密、环境和卫生等工作。

(7)异地储存的数据档案的管理权属于原数据档案管理单位，不经授权，任何单位和个人不能擅自复制和提供利用。

6)介质维护

(1)数据档案管理单位每年应读检不低于5%的数据档案。

(2)如果数据档案在当年进行过读取操作(如数据查阅),则当年可以不对这些介质进行倒带和读检。

(3)归档后的数据档案介质不得外借,只能提供数据复制介质。

7)数据维护

(1)出现介质故障或出现损坏迹象时,应更换介质。介质更换的更新拷贝工作应在30天内完成。

(2)如果软件平台能够反映介质的读写错误,则当累计读写错误达10次时,应停止使用该介质,并将数据复制迁移到新的一份介质上。

(3)为保证数据档案的长期有效性,对线性磁带应每10年迁移一次,光盘应每5年迁移一次。

(4)数据档案进行转存新格式拷贝后,原数据档案应继续保存3年。

8)依法对外提供测绘成果

(1)经国家批准的中外经济、文化、科技合作项目,凡涉及对外提供我国涉密测绘成果的,要依法报国家测绘地理信息局或者省、自治区、直辖市测绘行政主管部门审批后再对外提供。

(2)外国的组织或者个人经批准在中华人民共和国领域内从事测绘活动的,所产生的测绘成果归中方部门或单位所有;未经国家测绘地理信息局批准,不得向外方提供,不得以任何形式将测绘成果携带或者传输出境。

(3)严禁任何单位和个人未经批准擅自对外提供涉密测绘成果。

13.2 例　　题

1)单项选择题(每题1分。每题的备选项中,只有1个最符合题意)

(1)进入沙漠、戈壁等人烟稀少地区进行测绘工作,应配备的必要的工具是(　　)。

A.水准仪　　B.全站仪

C.安全警示反光的马甲　　D.导航定位仪器

(2)以下关于测绘仪器设备保管的说法,错误的是(　　)。

A.仪器箱内放入适当的防霉剂

B.作业中暂时停用的电子仪器,每周至少通电60分钟

C.尽量使用吸潮后的干燥剂

D.外业仪器一般情况下6个月须对仪器外露表面的润滑防锈油脂进行一次更换

(3)在地理信息数据安全管理措施中,在工作之前,放置在储存环境下的磁带必须在工作环境中放置至少(　　)小时。

A.2　　B.6　　C.12　　D.24

(4)在地理信息数据安全管理措施的数据维护中,如果软件平台能够反映介质的读写错误,则当累计错误达(　　)次时,应停止使用该介质。

A.10　　B.6　　C.5　　D.2

(5)为保证地理信息数据档案的长期有效性,光盘应每(　　)迁移一次。

A. 3 年　　B. 5 年　　C. 8 年　　D. 10 年

(6)不属于测绘仪器的三害的是(　　)。

A. 生锈　　B. 生霉　　C. 生雾　　D. 老化

(7)以下不属于测绘仪器防雾措施的是(　　)。

A. 作业中暂时停用的电子仪器,每周至少通电 1 小时,同时使各种功能正常运转

B. 防止人为破坏仪器密封造成湿气进入仪器内腔和浸润光学零件表面

C. 每次清擦完光学零件表面后,再用干棉球擦拭一遍

D. 严禁使用吸潮后的干燥剂

(8)下列关于测绘高空作业安全情况的说法,错误的是(　　)。

A. 患有心脏病、高血压的人员禁止从事高空作业

B. 传递仪器和工具时,禁止抛投

C. 现场作业人员应佩戴安全防护带和防护帽,不得赤脚

D. 在行人通过的道路或居民地附近造标、拆标时,必须将现场围好,悬挂"危险"标志,禁止无关人员进入现场,作业场地半径应为 10m

(9)关于测绘仪器防雾措施,做法正确的是(　　)。

A. 调整仪器时,要用手心对准光学零件表面

B. 每次测区作业终结后,应对仪器的光学零件外露表面进行擦拭

C. 使用吸潮后的干燥剂

D. 外业仪器一般情况下 1 年须对仪器的光学零件外露表面进行一次全面擦拭

(10)下列操作,不属于安全操作的是(　　)。

A. 擦拭、检修仪器设备应首先断开电源,并在电闸处挂置明显警示标志

B. 仪器设备的安装、检修和使用,凡对人体可能构成伤害的危险部位,都要设置安全防护装置

C. 设备须有专人管理,并进行定期的检查、维护和保养,禁止仪器设备带故障运行

D. 用湿手拉合电闸或开关电钮

(11)下列关于测绘内业生产环境安全情况,说法错误的是(　　)。

A. 作业场所应配备必要的安全标志

B. 作业场所中不得随意拉高压电线

C. 小于 $40m^2$ 的资料、档案库房不用配备灭火器具

D. 禁止在作业场所超负荷用电

(12)关于测绘仪器防雾措施,做法错误的是(　　)。

A. 严禁使用吸潮后的干燥剂

B. 调整仪器时,勿用手心对准光学零件表面

C. 每次轻擦完光学零件表面后,再用干棉球擦拭一遍

D. 外业仪器一般情况下 1 年须对仪器的光学零件外露表面进行一次全面擦拭

(13)当数据档案管理单位同时认可磁带和光盘作为归档介质时,建议同一项目所采用的光盘数大于(　　)片时,应以磁带为载体归档。

A. 6　　B. 8　　C. 10　　D. 12

(14)数据档案应自入馆之日起(　　)内完成异地存储工作。

A. 15 天　　B. 30 天　　C. 60 天　　D. 90 天

(15)为保证地理信息数据档案的长期有效性，对线性磁带应每(　　)迁移一次。

A. 5 年　　B. 6 年　　C. 10 年　　D. 12 年

(16)对规模较大的管道，在下井调查或施放探头、电极导线时，有害、有毒及可燃气体超标时，应打开连续的 3 个井盖排气通风(　　)以上。

A. 5 分钟　　B. 10 分钟　　C. 15 分钟　　D. 30 分钟

(17)在沼泽地区作业时，应配备必要的绳索、木板和长约(　　)的探测棒。

A. 0.5m　　B. 0.8m　　C. 1.5m　　D. 3m

(18)作业场所面积大于(　　)的安全出口应当不少于 2 个。

A. $40m^2$　　B. $60m^2$　　C. $80m^2$　　D. $100m^2$

(19)库房内的温度不宜产生剧烈变化，最好保持在室温(　　)。

A. 0℃以下　　B. 4～10℃　　C. 12～16℃　　D. 18℃以上

(20)库房内的设备要避免水淹，介质架最低一层搁板应高于地面(　　)以上。

A. 10cm　　B. 20cm　　C. 30cm　　D. 50cm

(21)不属于影响地理信息数据安全的因素的是(　　)。

A. 测绘技术上的落后　　B. 异地储存

C. 电源故障　　D. 自然灾害

(22)测绘人员在野外作业时，关于涉水渡河的说法，正确的是(　　)。

A. 水深在 1.2m 以内、流速不超过 3m/s 的允许徒涉

B. 流速虽然大但水深在 0.8m 以内时允许徒涉

C. 骑牲畜涉水时一般只限于水深 0.8m 以内

D. 水深过腰，流速超过 4m/s 的急流，可以独自一人涉水过河

(23)野外测绘人员沿铁路、公路区域作业时，尤其是在电气化铁路作业时，下列设备中，禁止使用的是(　　)。

A. 安全警示牌　　B. 带有安全警示反光的马甲

C. 导航定位设备　　D. 铝合金标尺、镜杆

(24)根据《测绘作业人员安全规范》(CH 1016—2008)，测绘人员在人、车流量大的城镇地区街道上作业时，下列做法中，正确的是(　　)。

A. 与当地交管部门协商，临时停止该街道车辆通行

B. 保证作业区内 60m 无人走动

C. 现场作业人员佩戴安全防护带和防护帽

D. 穿着色彩醒目的安全警示反光马甲，并设计安全警示标牌(墩)

(25)《测绘作业人员安全规范》(CH 1016—2008)规定，野外测绘人员在人烟稀少的地区或是林区、草原地区作业时，必须携带的装备是(　　)。

A. 带有安全警示反光的马甲　　B. 帐篷与睡袋

C. 手持导航定位仪器及地形图　　D. 汽车

(26)在夜间作业进入地下管线时，不必要做的是(　　)。

A. 配备通信设备　　B. 设置安全警示灯

C. 穿着色彩醒目的马甲　　D. 佩戴安全帽

(27)下列情形中，对地理信息数据安全造成不利影响最大的是(　　)。

A. 异地备份　　B. 硬盘损坏

C. 数据转存　　　　　　　　　　　　D. 数据复制

(28)根据《测绘人员外业安全规范》(CH 1016—2008),测绘人员在进入高海拔区域时,应必备的是(　　)。

A. 防寒装备、氧气罐和充足的给养　　　　B. 带有安全警示反光的马甲

C. 汽车及双备胎　　　　　　　　　　　　D. 手持导航定位仪器

(29)在测绘仪器防霉措施中,外业仪器一般情况下(　　)应对仪器的光学零件外露表面进行一次全面的擦拭。

A. 6 个月　　B. 1 年　　C. 1.5 年　　D. 2 年

(30)在测绘仪器防霉措施中,内业仪器一般(　　)需对仪器未密封的部分进行一次全面的擦拭。

A. 3 个月　　B. 1 年　　C. 1.5 年　　D. 2 年

(31)(　　)负责接收和保管本地区涉密测绘成果,并按照批准文件向用户提供。

A. 当地政府部门　　　　　　　　B. 甲级或乙级测绘单位

C. 测绘成果保管单位　　　　　　D. 军事测绘单位

(32)下列关于测绘生产作业人员安全管理的说法,其中错误的是(　　)。

A. 途中停车休息或就餐时,应当锁好车门,关闭车窗

B. 禁止食用不易识别的野菜、野生菌菇等植物

C. 禁止酒后生产作业

D. 关于饮食,应当将生熟食物存放在一起,方便保护,以免动物侵害

(33)在地下管线测量中使用大功率电器设备时,工作电压超过(　　)时,供电作业人员应使用绝缘防护用具,接地点及附近应设置明显警告标志,并设专人看管。

A. 12V　　B. 36V　　C. 50V　　D. 110V

(34)测绘内业生产安全管理中,作业场所面积大于 100m^2 的作业场所的安全出口不少于(　　)。

A. 5 个　　B. 4 个　　C. 3 个　　D. 2 个

(35)基础地理信息数据异地储存的最佳距离为(　　)以上。

A. 100km　　B. 300km　　C. 400km　　D. 500km

(36)野外测绘人员沿铁路、公路区域作业时,必须要做的是(　　)。

A. 配备安全灯、佩戴安全帽　　　　B. 配备通信设备

C. 配备导航定位设备与地形图　　　D. 穿着带有安全警示反光的马夹

(37)测绘人员在高空从事野外作业时,作业场地半径不得小于(　　)。

A. 5m　　B. 10m　　C. 12m　　D. 15m

(38)库房应有消防设备,但不能用(　　)。

A. 一般酸碱式灭火器　　　　B. 新的消防瓶

C. CCl_4　　　　　　　　　D. 液体 CO_2

(39)测绘仪器防霉措施中,作业中暂时停用的电子仪器,每周至少通电(　　)。

A. 20 分钟　　B. 30 分钟　　C. 40 分钟　　D. 60 分钟

(40)在地理信息数据安全管理措施中,堆叠或搬运磁带时,最多不超过(　　)。

A. 10 盒　　B. 8 盒　　C. 6 盒　　D. 5 盒

(41)必须"穿着色彩醒目的带有安全警示反光马甲"进行测绘作业的是(　　)。

A. 在城区或道路上进行地下管线探测作业时

B. 进入沙漠等人员稀少地区作业时

C. 水上作业时

D. 沿铁路、公路作业时

(42)当测绘仪器使用时间过长,需要对仪器外表进行一次全面清擦,并用电吹风机烘烤光学零件外露表面,温度升高不得超过( )。

A. 60℃ B. 50℃ C. 40℃ D. 30℃

(43)在介质维护中,数据档案管理单位每年应读检不低于( )的数据档案。

A. 2% B. 3% C. 5% D. 10%

2)多项选择题(每题2分。每题的备选项中,有2个或2个以上符合题意,至少有1个错项。错选,本题不得分;少选,所选的每个选项得0.5分)

(44)下列操作中,属于安全操作的是( )。

A. 遇有暴风骤雨时应该停止行车,视线不清时不准继续行车

B. 外业测绘可以单人夜间行动

C. 生熟食物应分别存放,并应防止动物侵害

D. 遇雷雨天气应立即停止作业,并选择在大树下躲避,避免遭受雷电袭击

E. 野外住宿时,帐篷周围应挖排水沟

(45)以下选项中,属于测绘仪器防锈措施的是( )。

A. 严禁使用吸潮后的干燥剂

B. 凡测区作业终结收测时,将金属外露面的临时保护油脂全部清除干净,涂上新的防腐油脂

C. 防锈油脂涂抹后应用电容器纸或防锈纸等加封盖

D. 作业中暂时停用的电子仪器,每周至少通电1小时,同时使各种功能正常运转

E. 保管在不能保证恒温恒湿的要求时,须做到通风、干燥、防尘

(46)下列关于测绘员野外住宿的说法中,正确的是( )。

A. 帐篷周围应挖排水沟

B. 搭设帐篷时尽量选在独立的岩石下或干涸湖中

C. 备好防寒、防潮、照明、通信等生活保障物品及必要的自卫器具

D. 搭设帐篷时尽量选在大树下或河边

E. 治安情况复杂或野兽经常出没的地区应设专人执勤

(47)下列关于仪器的安全运送与仪器的使用维护,做法正确的是( )。

A. 仪器箱放在测站附近时,记录者可以坐在仪器箱上做数据记录

B. 在野外使用仪器时,必须用伞遮住太阳

C. 长途搬运仪器时,应将仪器装入专门的运输箱内

D. 全站仪的水平微动螺旋出现问题时,在不影响观测的情况下可以继续使用

E. 没有必要时,不要轻易拆开仪器

(48)下列情形中,对地理信息数据安全造成不利影响的有( )。

A. 黑客入侵 B. 数据转存

C. 测绘技术上的落后 D. 信息窃取

E. 磁干扰

(49)测绘人员在野外水上作业时,应注意(　　)。

A. 租用船只必须满足平稳性、安全性要求,并具有营业许可证

B. 作业人员应穿救生衣,避免单人上船作业

C. 水上作业行船必须听从测绘人员指挥

D. 海岛、海边作业时,应注意涨落潮时间,避免发生事故

E. 风浪很大的时段,船应该减速进行测绘作业

(50)对仪器库房的基本要求,下列说法正确的是(　　)。

A. 测量仪器库房应是耐火建筑

B. 库房应有消防设备,宜使用一般的酸碱式灭火瓶

C. 库房应有消防设备,宜采用液体 CO_2 或者 CCl_4

D. 测量仪器库房面积小于 $20m^2$ 时,可以不配消防设备

E. 库房内温度不能有剧烈变化,最好保持室温在 12～16℃

(51)下列库房应有的消防设备中,一般宜用(　　)。

A. 一般酸碱式灭火器　　B. 液体 CO_2

C. CCl_4　　D. 干粉灭火器

E. 新的消防瓶

(52)测绘成果保管特点包括(　　)。

A. 要采取安全保障措施　　B. 不得损毁、散失和转让

C. 要报送当地测绘行政管理部门保管　　D. 须建立专门的测绘成果保管场所

E. 要采取异地备份存放制度

(53)在出测、收测前的准备包括(　　)。

A. 了解测区有关危害因素,包括流行传染病种、自然环境、社会治安等状况,拟订具体的安全防范措施

B. 与上级领导一起讨论测绘作业详细计划

C. 对进入测区的所有作业人员进行安全意识教育和安全技能培训

D. 掌握人员身体健康情况,进行必要的身体健康检查,避免作业人员进行与其身体状况不适应的地区作业

E. 仪器设备的安装、检修和使用,须符合安全要求,凡对人体可能构成伤害的危险部位,都要设置安全防护装置

(54)下列情况中,关于仪器的安全运送与仪器的使用维护,说法不正确的是(　　)。

A. 长途搬运仪器时,要防止日晒雨淋

B. 短途搬运仪器时,一般仪器可不装入运输箱内,也不用专人陪同

C. 仪器拆卸次数多少对其测量精度没有影响

D. 在连接外部所有仪器设备时,应抓住线往外拔出

E. 仪器开箱前,严禁怀抱着仪器开箱

(55)根据《测绘作业人员安全规程》(CH 1016—2008),测绘人员应当事先征得有关部门同意,了解当地民情和社会治安等情况后,方可进入作业的地区有(　　)。

A. 边境地区　　B. 少数民族地区

C. 城市建设区　　D. 军事要地

E. 林区、自然保护区

(56)测绘仪器的“三害”是指(　　)。

A. 老化　　B. 生霉　　C. 变形

D. 生锈　　E. 生雾

13.3 例题参考答案及解析

1)单项选择题(每题1分。每题的备选项中,只有1个最符合题意)

(1)D

解析:本题考查外业作业环境的一般要求。进入沙漠、戈壁等人烟稀少地区,应配备的必要的工具是导航定位仪器。

(2)C

解析:本题考查测绘仪器的三防措施:防霉、防雾、防锈。在测绘仪器防雾措施中,严禁使用吸潮后的干燥剂。选项C(尽量使用吸潮后的干燥剂),表述不正确。

(3)D

解析:本题考查磁带的保管和维护中对工作环境的要求。在地理信息数据安全管理措施中,在工作之前,放置在储存环境下的磁带必须在工作环境中放置至少24h。

(4)A

解析:本题考查数据的维护。如果软件平台能够反映介质的读写错误,则当累积读写错误达10次时,应停止使用该介质。

(5)B

解析:本题考查地理信息数据的维护。为保证地理信息数据档案的长期有效性,光盘应每5年迁移一次,对线性磁带应每10年迁移一次。

(6)D

解析:本题考查测绘仪器的三防措施。“生霉、生雾、生锈”是测绘仪器的“三害”,直接影响测绘仪器的质量和使用寿命,影响观测使用。

(7)A

解析:选项A(作业中暂时停用的电子仪器,每周至少通电1小时,同时使各种功能正常运转),是测绘仪器的防霉措施,不属于测绘仪器防雾措施。选项B、C、D均属于测绘仪器的防雾措施。

(8)D

解析:本题考查高空作业时的安全事项。患有心脏病、高血压的人员禁止从事高空作业;现场作业人员应佩戴安全防护带和防护帽;传递仪器和工具时,禁止抛投;高空作业时,作业场地半径不得小于15m。选项D,描述不正确。

(9)B

解析:本题考查测绘仪器防雾措施。调整仪器时,勿用手心对准光学零件表面;每次测区作业终结后,应对仪器的光学零件外露表面进行擦拭;严禁使用吸潮后的干燥剂;外业仪器一般情况下6个月须对仪器的光学零件外露表面进行一次全面擦拭。只有选项B描述正确。

(10)D

解析:本题考查测绘安全生产管理。在测绘内业生产安全管理中规定作业人员安全操作，“禁止用湿手拉合电闸或开关电钮”。选项D，描述不正确。

(11)C

解析：测绘内业生产环境安全要求：作业场所中不得随意拉高压电线；作业场所应配备必要的安全标志；禁止在作业场所超负荷用电；作业场所应按《中华人民共和国消防法》规定配备灭火器具，小于 $40m^2$ 的重点防火区域，如资料、档案、设备库房等，也应配置灭火器具。选项C，描述不正确。

(12)D

解析：测绘仪器防雾措施有：严禁使用吸潮后的干燥剂；调整仪器时，勿用手心对准光学零件表面；每次轻擦完光学零件表面后，再用干棉球擦拭一遍；外业仪器一般情况下6个月须对仪器的光学零件外露表面进行一次全面擦拭；内业仪器一般情况下1年须对仪器未密封的部分进行一次全面的擦拭。选项D，描述不正确。

(13)C

解析：本题考查地理信息数据安全管理措施中的介质与拷贝。当数据档案管理单位同时认可磁带和光盘作为归档介质时，建议同一项目所采用的光盘数大于10片时，应以磁带为载体归档。

(14)C

解析：本题考查地理信息数据安全管理中异地储存的内容。数据档案应自入馆之日起60天内完成异地存储工作。

(15)C

解析：本题考查地理信息数据的维护。为保证地理信息数据档案的长期有效性，对线性磁带应每10年迁移一次，光盘应每5年迁移一次。

(16)D

解析：本题考查外业作业环境下在地下管线中作业时应注意的事项。对规模较大的管道，在下井调查或施放探头、电极导线时，有害、有毒及可燃气体超标时应打开连续的3个井盖排气通风30min以上。

(17)C

解析：本题考查在沼泽地区作业时的注意事项。在沼泽地区作业时，应配备必要的绳索、木板和长约1.5m的探测棒。

(18)D

解析：本题考查测绘内业生产安全管理中作业场所的要求。作业场所面积大于 $100m^2$ 的安全出口应当不少于2个。

(19)C

解析：根据仪器设备的保管中对库房的基本要求，库房内的温度不能有剧烈变化，最好保持室温在12～16℃。

(20)C

解析：本题考查地理信息数据安全管理措施中储存环境的内容。库房内的设备要避免水淹，介质架最低一层搁板应高于地面30cm以上。

(21)B

解析：本题考查地理信息数据安全管理的内容。根据地理信息数据安全管理规定，影响地理信息数据安全的因素主要有：①安全意识淡薄；②测绘技术上的落后；③硬盘驱动器损坏；

④人为错误；⑤黑客入侵；⑥病毒；⑦信息窃取；⑧自然灾害；⑨电源故障；⑩磁干扰。

(22)C

解析：本题考查涉水渡河的注意事项。水深在 0.6m 以内、流速不超过 3m/s 时允许徒涉；流速虽然较大但水深在 0.4m 以内时允许徒涉；水深过腰，流速超过 4m/s 的急流，应采取保护措施涉水过河，禁止独自一人涉水过河；骑牲畜涉水时一般只限于水深 0.8m 以内，同时应逆流斜上，不应中途停留。4 个选项中，只有选项 C 描述正确。

(23)D

解析：本题考查测绘生产作业人员安全管理。在电气化铁路附近作业时，禁止使用铝合金标尺、镜杆，目的是防止触电。

(24)D

解析：本题考查测绘生产作业人员安全管理。在人、车流量大的街道上作业时，必须穿着色彩醒目的带有安全警示反光的马夹，并应设置安全警示标志牌(墩)，必要时还应安排专人担任安全警戒员。选项 D，描述正确。

(25)C

解析：本题考查测绘生产作业人员安全管理。《测绘作业人员安全规范》规定，野外测绘人员进入沙漠、戈壁、沼泽、高山、高寒等人烟稀少地区或原始森林地区，应配备必要的通信器材，以保持个人与小组、小组与中队之间的联系；应配备必要的判定方位的工具，如导航定位仪器、地形图等。

(26)C

解析：进入地下管线作业时的安全措施：作业人员必须佩戴安全防护帽、安全灯；身穿安全警示工作服；应配备通信设备，并保持与地面人员的通信畅通；夜间作业时，应设置安全警示灯。

(27)B

解析：对地理信息数据安全造成不利影响的因素有：①安全意识淡薄；②测绘技术上的落后；③硬盘(驱动器)损坏；④人为错误；⑤黑客入侵；⑥病毒；⑦信息窃取；⑧自然灾害；⑨电源故障；⑩磁干扰。选项 A(异地备份)、选项 C(数据转存)、选项 D(数据复制)，均属于地理信息数据安全维护措施。

(28)A

解析：本题考查测绘外业生产安全管理的有关知识。根据《测绘人员外业安全规范》，测绘人员在进入高海拔区域时，应必备的是：防寒装备、氧气罐和充足的给养。

(29)A

解析：本题考查测绘外业生产仪器安全管理的内容。在测绘仪器防霉措施中，外业仪器一般情况下 6 个月应对仪器的光学零件外露表面进行一次全面的擦拭。

(30)B

解析：本题考查测绘内业生产仪器安全管理的内容。在测绘仪器防霉措施中，内业仪器一般情况下 1 年须对仪器未密封的部分进行一次全面的擦拭。

(31)C

解析："测绘成果保管单位"负责接收和保管本地区涉密测绘成果，并按照批准文件向用户提供成果。

(32)D

解析:测绘生产作业人员安全管理有关规定:途中停车休息或就餐时,应当锁好车门,关闭车窗;禁止酒后生产作业;禁止食用霉烂、变质和被污染过的食物;禁止食用不易识别的野菜、野果、野生菌菇等植物;使用煤气、天然气等灶具应保证其连接件和管道完好,防止漏气和煤气中毒;生熟食物应分别存放,并应防止动物侵害。选项D,将生熟食物存放在一起,是错误的。

(33)B

解析:根据测绘生产作业人员安全管理规定:在地下管线测量中使用大功率电器设备时,作业人员应具备安全用电和触电急救的基础知识;工作电压超过36V时,供电作业人员应使用绝缘防护用具,接地点及附近应设置明显警告标志,并设专人看管。

(34)D

解析:根据测绘内业生产安全管理中作业场所的要求,面积大于$100m^2$的作业场所的安全出口不少于2个。安全出口、通道、楼梯等应保持畅通并设有明显标志和应急照明设施。

(35)D

解析:本题考查异地储存的要求。数据档案管理单位可根据实际情况确定异地储存的距离。异地储存的距离应大于100km,最佳距离为500km以上。

(36)D

解析:本题考查测绘人员在外作业时,尤其在沿铁路、公路作业时的注意事项。野外测绘人员沿铁路、公路区域作业时,必须要做的是穿着色彩醒目的带有安全警示反光的马甲。

(37)D

解析:本题考查高空作业的注意事项。测绘人员在高空从事野外作业时,作业场地半径不得小于15m。

(38)A

解析:测绘仪器库房的基本要求为:①测量仪器库房应是耐火建筑;②库房内的温度不能有剧烈变化,最好保持室温在12～16℃;③库房应有消防设备,但不能用一般酸碱式灭火瓶,宜用液体CO_2或CCl_4及新的消防瓶。

(39)D

解析:测绘仪器防霉措施中,对于作业中暂时停用的电子仪器,每周至少通电1小时,同时使各个功能正常运转。

(40)C

解析:本题考查保管地理信息数据时磁带的使用方法。堆叠或搬运磁带时,最多不超过6盒。

(41)D

解析:测绘人员在外业作业时,尤其在沿铁路、公路作业时,必须穿着色彩醒目的带有安全警示反光马甲。

(42)A

解析:本题考查测绘仪器防雾措施。外业仪器一般情况下6个月须对仪器的光学零件外露表面进行一次全面擦拭,内业仪器一般1年应对仪器外表进行一次全面清擦。对仪器外表进行全面清擦,并用电吹风机烘烤光学零件外露表面(温度不得超过60℃)。

(43)C

解析:本题考查数据的介质维护。在介质维护当中数据档案管理单位每年应读检不低于

5%的数据档案。

2)多项选择题(每题 2 分。每题的备选项中,有 2 个或 2 个以上符合题意,至少有 1 个错项。错选,本题不得分;少选,所选的每个选项得 0.5 分)

(44)ACE

解析:测绘安全生产管理,有关规定:遇有暴风骤雨时应该停止行车,视线不清时不准继续行车;外业测绘禁止单人夜间行动;生熟食物应分别存放,并应防止动物侵害;遇雷电天气应当立刻停止作业,选择安全地点躲避,禁止在山顶、开阔的斜坡上、大树下、河边等区域停留,避免遭受雷电袭击;野外住宿时,帐篷周围应挖排水沟等。选项 B、D,描述不正确。

(45)BCE

解析:测绘仪器的防锈措施有:凡测区作业终结收测时,将金属外露面的临时保护油脂全部清除干净,涂上新的防腐油脂;防锈油脂涂抹后应用电容器纸或防锈纸等加封盖;保管在不能保证恒温恒湿的要求时,须做到通风、干燥、防尘;等等。选项 A(严禁使用吸潮后的干燥剂),属于测绘仪器的防雾措施;选项 D(作业中暂时停用的电子仪器,每周至少通电 1 小时,同时使各个功能正常运转),属于测绘仪器的防霉措施。

(46)ACE

解析:本题是对测绘外业生产安全管理中野外住宿的考查。在野外搭设帐篷时应了解地形情况,选择干燥的避风处,避开滑坡、独立岩石、大树、河边、干涸湖等危险地带;帐篷周围应挖排水沟;备好防寒、防潮、照明、通信等生活保障物品及必要的自卫器具;治安情况复杂或野兽经常出没的地区应设专人执勤。选项 B、D,描述不正确。

(47)BCE

解析:本题考查仪器的安全运送与仪器的使用维护。在野外使用仪器时,必须用伞遮住太阳;长途搬运仪器时,应将仪器装入专门的运输箱内;一般情况下,不能轻易拆开仪器;仪器箱放在测站附近,箱上不许坐人;仪器任何部分若发生故障,不应勉强继续使用,要立即检修,否则将会使仪器损坏加剧。选项 A、D,描述不正确。

(48)ACDE

解析:本题考查影响地理信息数据安全的因素,主要有:①安全意识淡薄;②测绘技术上的落后;③硬盘驱动器损坏;④人为错误;⑤黑客入侵;⑥病毒;⑦信息窃取;⑧自然灾害;⑨电源故障;⑩磁干扰。选项 B(数据转存),属于地理信息数据安全维护措施。

(49)ABD

解析:测绘人员在野外水上作业的安全措施:租用船只必须满足平稳性、安全性要求,并具有营业许可证;作业人员应穿救生衣,避免单人上船作业;在租用船舶进行水上作业时,行船应听从船长指挥;海岛、海边作业时,应注意涨落潮时间,避免发生事故;风浪太大的时段不能强行作业等。选项 C、E,描述不正确。

(50)ACE

解析:本题是对仪器库房基本要求的考查。仪器库房的基本要求:①测量仪器库房应是耐火建筑;②库房内温度不能有剧烈变化,最好保持室温在 12~16℃;③库房应有消防设备,但不能使用一般的酸碱式灭火瓶,宜采用液体 CO_2 或者 CCl_4 及新的消防瓶。选项 B、D,描述不正确。

(51)BCE

解析:本题考查对库房的基本要求。库房应有消防设备,消防设备中,一般宜用液体CO_2、CCl_4和新的消防瓶,但不能使用一般的酸碱式灭火瓶、干粉灭火器。

(52)ABE

解析:测绘成果保管特点是:①测绘成果保管要采取安全保障措施;②测绘成果保管要采取异地备份存放制度;③测绘成果保管不得损毁、散失和转让。

(53)ACD

解析:测绘外业生产安全管理中出测、收测前的准备工作,包括:了解测区有关危害因素,包括流行传染病种、自然环境、社会治安等状况,拟订具体的安全防范措施;对进入测区的所有作业人员进行安全意识教育和安全技能培训;掌握人员身体健康情况,进行必要的身体健康检查,避免作业人员进行与其身体状况不适应的地区作业等。

(54)BCD

解析:关于仪器安全运送与仪器使用维护的有关规定:长途搬运仪器时,要防止日晒雨淋;短途搬运仪器时,一般仪器可不装入运输箱内,但一定要专人护送;没有必要时,不要轻易拆开仪器;在连接外部所有仪器设备时,应注意相对应的接口、电极是否正确,确认无误后方可开启主机和外围设备;拔插接线时不要抓住线就往外拔,应握住接头顺方向拔插;仪器开箱前,应将仪器箱平放在地上,严禁手提或怀抱着仪器开箱,以免仪器在开箱时落地损坏等。选项B、C、D,描述不正确。

(55)ABDE

解析:根据《测绘作业人员安全规程》,外业作业应持有效证件和公函与有关部门进行联系。在进入军事要地、边境、少数民族地区、林区、自然保护区或其他特殊防护地区作业时,测绘人员应事先征得有关部门同意,了解当地民情和社会治安等情况,遵守所在地的风俗习惯及有关的安全规定。

(56)BDE

解析:本题考查测绘仪器的三防措施。生霉、生雾、生锈是测绘仪器的"三害",直接影响测绘仪器的质量和使用寿命,影响观测使用。

14 测绘技术总结

14.1 考点分析

14.1.1 测绘技术总结基本规定

1)测绘技术总结的分类

测绘技术总结分为:①项目总结;②专业技术总结。

2)测绘技术总结的编写依据

(1)测绘任务书或测绘合同。

(2)测绘技术设计文件、相关的法律、法规、技术标准和规范。

(3)测绘成果的质量检查报告。

(4)生产过程和产品的质量记录和有关数据。

(5)其他有关文件和资料。

3)项目技术总结(见表 14-1)

项目技术总结具体内容 表 14-1

具体内容	简要说明
1.概述	①项目来源、内容、目标、工作量,专业测绘任务的划分、内容和相应任务的承担单位等。 ②项目执行情况(统计有关的作业定额和作业率);经费执行情况等。 ③作业区概况和已有资料的利用情况
2.技术设计执行情况	①说明生产所依据的技术性文件,包括技术标准和规范等。 ②说明项目总结所依据的各专业技术总结。 ③说明项目设计书和有关的技术标准、规范的执行情况,并说明项目设计书的技术更改情况。 ④重点描述主要技术问题和处理方法、特殊情况的处理及其达到的效果等。 ⑤说明项目实施中质量保障措施的执行情况。 ⑥当生产过程中采用新技术、新方法、新材料时,应详细描述和总结其应用情况。 ⑦总结项目实施中的经验、教训和遗留问题,并对今后生产提出改进意见和建议
3.测绘成果(或产品)质量说明与评价	说明和评价项目最终测绘成果(或产品)的质量情况(包括必要的精度统计),产品达到的技术指标,并说明最终测绘成果(或产品)的质量检查报告的名称和编号
4.上交和归档测绘成果(或产品)及资料清单	①测绘成果(或产品)。说明其名称、数量、类型等。 ②文档资料。包括项目设计书、项目总结、质量检查报告、专业技术总结、文档簿以及其他作业过程中形成的重要记录。 ③其他需上交和归档的资料

4)专业技术总结(见表 14-2)

专业技术总结具体内容 表 14-2

具体内容	简要说明
1. 概述	①测绘项目的名称、专业测绘任务的来源,专业测绘任务的内容、任务量和目标,产品交付与接收情况等。 ②计划与设计完成的情况、作业率的统计。 ③作业区概况和已有资料的利用情况
2. 技术设计执行情况	①说明专业活动所依据的技术性文件。 ②说明和评价专业技术活动过程中,专业技术设计文件的执行情况。 ③描述专业测绘生产过程中出现的主要技术问题和处理方法、特殊情况的处理及其达到的效果等。 ④当作业过程中采用新技术、新方法、新材料时,应详细描述和总结其应用情况。 ⑤总结专业测绘生产中的经验、教训和遗留问题,并对今后生产提出改进意见和建议
3. 测绘成果(或产品)质量说明与评价	说明和评价测绘成果(或产品)的质量情况(包括必要的精度统计),产品达到的技术指标,并说明测绘成果(或产品)的质量检查报告的名称和编号
4. 上交和归档测绘成果(或产品)及资料清单	①测绘成果(或产品)。说明其名称、数量、类型等。 ②文档资料。专业技术设计文件、专业技术总结、检查报告,必要的文档簿(图历簿)以及其他作业过程中形成的重要记录。 ③其他需上交和归档的资料

14.1.2 "大地测量"专业技术总结

1)平面控制测量(见表 14-3)

平面控制测量技术总结具体内容 表 14-3

具体内容	简要说明
1. 概述	①任务来源、目的、生产单位、生产起止时间、生产安排概况。 ②测区名称、范围,行政隶属,自然地理特征,交通情况和困难类别。 ③锁、网、导线段(节)、基线(网)或起始边和天文点的名称与等级,分布密度,通视情况,边长(最大、最小、平均)和角度(最大、最小)等。 ④作业技术依据。 ⑤计划与实际完成工作量的比较,作业率的统计
2. 利用已有资料情况	①采用的基准和系统。 ②起算数据及其等级。 ③已知点的利用的联测。 ④资料中存在的主要问题和处理方法
3. 作业方法、质量和有关技术数据	①使用的仪器、仪表、设备和工具(包括名称、型号、检校情况及其主要技术数据等)。 ②觇标和标石的情况,施测方法,照准目标类型,观测权数与测回数,重测数与重测率,记录方法,记录程序来源和审查意见等。 ③新技术、新方法的采用及其效果。 ④执行技术标准的情况,出现的主要问题和处理方法,保证和提高质量的主要措施,各项限差与实际测量结果的比较,外业检测情况及精度分析等。 ⑤重合点及联测情况,新、旧成果的分析比较。 ⑥为测定国家级水平控制点高程而进行的水准联测与三角高程的施测情况,概算方法和结果

续上表

具 体 内 容	简 要 说 明
4. 技术结论	①对本测区成果质量、设计方案和作业方法等的评价。 ②重大遗留问题的处理意见。 ③经验、教训和建议
5. 附图、附表	①利用已有资料清单。 ②测区点、线、锁、网的分布图。 ③精度统计表。 ④仪器、基线尺检验结果汇总表。 ⑤上交测绘成果清单等

2)高程控制测量(见表 14-4)

高程控制测量技术总结具体内容 表 14-4

具 体 内 容	简 要 说 明
1. 概述	①任务来源、目的,生产单位,生产起止时间,生产安排情况。 ②测区名称、范围、行政隶属,自然地理特征,沿线路面和土质植被情况,路坡度(最大、最小、平均),交通情况和困难类别。 ③路线和网的名称、等级、长度,点位分布密度,标石类型等。 ④作业技术依据。 ⑤计划与实际完成工作量的比较,作业率的统计
2. 利用已有资料情况	①采用基准和系统。 ②起算数据及其等级。 ③已知点的利用和联测。 ④资料中存在的主要问题和处理方法
3. 作业方法、质量和有关技术数据	①使用的仪器、标尺(型号、规格、数量、检校情况)。 ②埋石情况,施测方法,视线长度(最大、最小、平均),各分段中上、下午测站不对称数与总站数的比,审查或验算结果。 ③新技术、新方法的采用及其效果。 ④跨河水准测量的位置,实施方案,实测结果与精度等。 ⑤联测和支线的施测情况。 ⑥执行技术标准的情况,保证和提高质量的主要措施,各项限差与实际测量结果的比较,外业检测情况及精度分析等
4. 技术结论	①对本测区成果质量、设计方案和作业方法等的评价。 ②重大遗留问题的处理意见。 ③经验、教训和建议
5. 附图、附表	①利用已有资料清单。 ②测区点、线、网的水准路线图。 ③仪器、标尺检验结果汇总表。 ④精度统计表。 ⑤上交测绘成果清单等

3)重力测量(见表 14-5)

重力测量技术总结具体内容

表 14-5

具体内容	简要说明
1. 概述	①任务来源、目的、生产单位、生产起止时间、生产安排概况。 ②测区名称、范围、行政隶属、自然地理特征、交通情况等。 ③路线的名称、等级,布点方案,分布密度,点距(最大、最小、平均)等。 ④作业技术依据。 ⑤计划与实际完成工作量的比较,作业率的统计
2. 利用已有资料情况	①采用基准和系统。 ②起算数据及其等级。 ③已知点的利用和联测。 ④资料中存在的主要问题和处理方法
3. 作业方法、质量和有关技术数据	①使用的仪器的名称、型号、检校情况及其主要技术数据。 ②埋石情况,施测方法,施测路线与所用时间(最长、平均),测回数,重测数与重测率,概算公式与结果。 ③联测点的联测情况,平面坐标与高程的施测和计算情况。 ④新技术、新方法的采用及其效果。 ⑤执行技术标准的情况,出现的主要问题和处理方法,各项限差与实际测量结果的比较,实地检测情况及精度分析等
4. 技术结论	①对本测区成果质量、设计方案和作业方法等的评价。 ②重大遗留问题的处理意见。 ③经验、教训和建议
5. 附图、附表	①利用已有资料清单。 ②重力点位和联测路线略图。 ③平面坐标与高程施测图。 ④仪器检验结果汇总表。 ⑤精度统计表。 ⑥上交测绘成果清单等

4)大地测量计算(见表 14-6)

大地测量计算技术总结具体内容

表 14-6

具体内容	简要说明
1. 概述	①任务来源、目的,生产单位,生产起止时间,生产安排情况。 ②计算区域名称、等级、范围、行政隶属。 ③作业技术依据。 ④计划与实际完成工作量的比较,作业率的统计
2. 利用已有资料情况	①采用的基准和系统。 ②起算数据及其等级、来源和精度情况。 ③重合点的质量分析。 ④前工序存在的主要问题及其在计算中的处理方法和结果

续上表

具体内容	简要说明
3. 计算方法、质量和有关技术数据	①作业过程简述，保证质量的主要措施。 ②使用计算工具的名称、型号、性能及其说明，采用程序的名称、来源、编制和审核单位、编制者，程序的基本功能及其检验情况。 ③计算的原理、方法、基本公式，改正项，小数取位等。 ④新技术、新方法的采用及其效果。 ⑤数据和信息的输入、输出情况，内容与符号说明。 ⑥计算结果的验算，精度统计分析与说明。 ⑦计算过程中出现的主要问题及处理结果等
4. 计算结论	①对本计算区成果质量、计算方案、计算方法等的评价。 ②重大遗留问题的处理意见。 ③经验、教训和建议
5. 附图、附表	①利用已有资料清单。 ②计算区域的线、锁、网图。 ③计算机源程序目录(含编制单位、编者、审核单位及其时间等)。 ④精度检验分析统计表。 ⑤上交测绘成果清单等

14.1.3 "工程测量"专业技术总结

1)控制测量

参照大地测量的有关内容，结合工程测量的特点进行撰写(见表 14-3、表 14-4)。

2)地形测图(见表 14-7)

地形测图技术总结具体内容 表 14-7

具体内容	简要说明
1. 概述	①任务来源、目的，测图比例尺，生产单位，生产起止日期，生产安排概况。 ②测区名称、范围、行政隶属，自然地理特征，交通情况等。 ③作业技术依据，采用的等高距，图幅分幅和编号的方法。 ④计划与实际完成工作量的比较，作业率的统计
2. 利用已有资料情况	①资料的来源和利用情况。 ②资料中存在的主要问题和处理方法
3. 作业方法、质量和有关技术数据	①图根控制测量：各类图根点的布设，标志的设置，观测使用的仪器和方法，各项限差与实际测量结果的比较。 ②平板仪测图：测图方法，使用的仪器，每幅图上解析图根点与地形点的密度，特殊地物、地貌的表示方法，接边情况等。 ③全站型速测仪测图：测图方法，仪器型号、规格、检校情况，外业采集数据的内容、密度，数据处理和成图工具的情况等。 ④测图精度分析与统计、检查验收的情况，存在的主要问题和处理结果等。 ⑤新技术、新方法、新材料的采用及其效果

续上表

具体内容	简要说明
4. 技术结论	①对本测区成果质量、设计方案和作业方法等的评价。 ②重大遗留问题的处理意见。 ③经验、教训和建议
5. 附图、附表	①利用已有资料清单。 ②图幅分布和质量评定图。 ③控制点分布略图。 ④精度统计表。 ⑤上交测绘成果清单等

3)施工测量(见表 14-8)

施工测量技术总结具体内容 表 14-8

具体内容	简要说明
1. 概述	①任务来源、目的,生产单位,生产起止时间等。 ②工程名称,测设项目,测区范围,自然地理特征,交通情况,有关工程地质与水文地质的情况等。 ③作业技术依据。 ④计划与实际完成工作量的比较,作业率的统计
2. 利用已有资料情况	①资料的来源和利用情况。 ②资料中存在的主要问题和处理方法
3. 作业方法、质量和有关技术数据	①控制测量,埋石情况,使用的仪器和施测方法及其精度。 ②施工放样方法和精度。 ③各项误差的统计,实地检测的项目、数量和方法,检测结果与实测结果的比较等。 ④新技术、新方法、新材料的采用及其效果。 ⑤作业中出现的主要问题和处理方法
4. 技术结论	①对本测区成果质量、设计方案和作业方法等的评价。 ②重大遗留问题的处理意见。 ③经验、教训和建议
5. 附图、附表	①施工测量成果种类及其说明。 ②采用已有资料清单。 ③精度统计表。 ④上交测绘成果清单等

4)竣工总图编绘与实测(见表 14-9)

竣工总图编绘与实测技术总结具体内容 表 14-9

具体内容	简要说明
1. 概述	①任务来源、目的,生产单位,生产起止时间,生产安排概况。 ②工程名称,测区范围、面积,工程特点等。 ③作业技术依据。 ④完成工作量,作业率的统计

续上表

具 体 内 容	简 要 说 明
2.利用已有资料情况	①施工图件和资料的实测与验收情况。 ②说明图件、资料,特别是其中地下管线及隐蔽工程的现势性和使用情况。 ③资料中存在的主要问题和处理方法
3.作业方法、质量和有关技术数据	①竣工总图的成图方法,控制点的恢复与检测,地物的取舍原则,成图的质量等。 ②新技术、新方法、新材料的采用及其效果。 ③作业中出现的主要问题和处理方法
4.技术结论	①对本测区成果质量、设计方案、作业方法等的评价。 ②重大遗留问题的处理意见。 ③经验、教训和建议
5.附图、附表	①利用已有资料清单。 ②上交测绘成果清单。 ③建筑物、构筑物细部点成果表等

5)变形测量(见表 14-10)

变形测量技术总结具体内容 表 14-10

具 体 内 容	简 要 说 明
1.概述	①项目名称、来源、目的、内容,生产单位,生产起止时间,生产安排概况。 ②测区地点、范围,建筑物(构筑物)分布情况及观测条件,标志的特征。 ③作业技术依据。 ④完成任务量
2.利用已有资料情况	①测量资料的分析与利用。 ②起算数据的名称、等级及其来源。 ③资料中存在的主要问题和处理方法
3.作业方法、质量和有关技术数据	①仪器的名称、型号和检校情况。 ②标志的布设和密度,标石或观测墩的规格及其埋设质量,变形观测点的施测情况,观测周期,计算方式和方法等。 ③重复观测结果的分析比较和数据处理方法。 ④新技术、新方法、新材料的采用及其效果。 ⑤执行技术标准的情况,出现的主要问题和处理方法,保证和提高质量的主要措施,各项限差与实际测量结果的比较
4.技术结论	①变形观测的结论和评价。 ②对本测区成果质量、设计方案、作业方法等的评价。 ③重大遗留问题的处理意见。 ④经验、教训和建议
5.附图、附表	①变形控制网布设略图。 ②利用已有资料清单。 ③变形观测资料的归纳与分析报告。 ④上交测绘成果清单等

6)库区淹没测量(见表 14-11)

库区淹没测量技术总结具体内容 表 14-11

具体内容	简要说明
1. 概述	①任务来源、目的,生产单位,生产起止时间,生产安排概况。 ②水库名称、行政隶属,成图比例尺,库区淹没范围、面积,淹没田地、村庄数量,搬迁人口数等。 ③作业技术依据。 ④计划与实际完成工作量比较
2. 利用已有资料情况	①起算数据及其等级、系统等。 ②坝顶高程及其等级、系统等。 ③资料中存在的主要问题和处理方法
3. 作业方法、质量和有关技术数据	①标石埋设情况、分布与数量。 ②使用仪器名称、型号及其主要技术参数。 ③施测与成图方法,点位布设密度、等级、联测方案与精度等。 ④新技术、新方法、新材料的采用及其效果。 ⑤最高淹没面和最低淹没面的高程。 ⑥淹没区面积量算的方法和精度。 ⑦执行技术标准的情况,出现的主要问题和处理方法,保证和提高质量的主要措施,各项限差与实际测量结果的比较,实地检测情况与精度等
4. 技术结论	①对本测区成果质量、设计方案、作业方法等的评价。 ②重大遗留问题的处理意见。 ③经验、教训和建议
5. 附图、附表	①控制点分布略图。 ②库区淹没图及质量评定图。 ③测量精度统计表。 ④淹没区分类统计表。 ⑤利用已有资料清单。 ⑥上交测绘成果清单等

14.1.4 “摄影测量与遥感”专业技术总结

1)航空摄影(见表 14-12)

航空摄影技术总结具体内容 表 14-12

具体内容	简要说明
1. 概述	①任务来源、目的,摄影比例尺、航摄单位,摄影起止时间。 ②摄区名称、地理位置、面积、行政隶属、摄区地形和气候对摄影工作的影响。 ③作业技术依据。 ④完成的作业项目、数量
2. 利用已有资料情况	编制航摄计划用图的比例尺、作业年代及接边资料等

续上表

具体内容	简要说明
3.航摄工作、质量和有关技术数据	①航摄仪和附属仪器的类型及其主要技术数据。 ②航线敷设情况和飞行质量。 ③底片和相纸的类型、特性、冲洗和处理方法，主要技术数据。 ④航摄质量及航摄底片复制品的质量情况。 ⑤新技术、新方法、新材料的采用及其效果。 ⑥执行技术标准的情况，出现的主要问题和处理方法，保证和提高质量的主要措施
4.技术结论	①对本摄区成果质量、设计方案、作业方法等的评价。 ②重大遗留问题的处理意见。 ③经验、教训和建议
5.附图、附表	①摄影分区略图。 ②航摄鉴定表。 ③上交航摄成果清单等

2)航空摄影测量外业(见表14-13)

航空摄影测量外业技术总结具体内容 表14-13

具体内容	简要说明
1.概述	①任务来源、目的、摄影比例尺，成图比例尺，生产单位，生产起止日期，生产安排概况。 ②测区地理位置、面积、行政隶属，自然地理特征，交通情况和困难类别等。 ③作业技术依据，采用的投影、坐标系、高程系和等高距。 ④计划与实际完成工作量的比较，作业率的统计
2.利用已有资料情况	①航摄资料的来源，仪器的类型及其主要技术数据，像片的质量和利用情况。 ②其他资料的来源、等级、质量和利用情况。 ③资料中存在的主要问题和处理方法
3.作业方法、质量和有关技术数据	①控制测量包括像片控制点、基础控制点、检查的方法和质量情况。 ②像片调绘与综合法测图。 ③新技术、新方法的采用及其效果
4.技术结论	①对本测区成果质量、设计方案、作业方法等的评价。 ②重大遗留问题的处理意见。 ③经验、教训和建议
5.附图、附表	①测区地形类别及质量评定图。 ②利用已有资料清单。 ③控制点分布略图。 ④精度统计表。 ⑤上交测绘成果清单等

3)航空摄影测量内业(见表14-14)

航空摄影测量内业技术总结具体内容 表14-14

具体内容	简要说明
1.概述	①任务来源、目的，摄影比例尺，成图比例尺，生产单位，生产起止日期，生产安排概况。 ②测区地理位置、面积、行政隶属，地形的主要特征等。 ③作业技术依据，采用的投影、坐标系、高程系和等高距。 ④计划与实际完成工作量的比较，作业率的统计

续上表

具 体 内 容	简 要 说 明
2. 利用已有资料情况	①摄影资料的来源,仪器的类型及其主要技术数据。 ②对外业控制点和调绘成果进行分析。 ③其他资料的来源、质量和利用情况。 ④资料中存在的主要问题和处理方法
3. 作业方法、质量和有关技术数据	①解析空中三角测量。 ②影像平面图的编制。 ③航测原图的测绘和编绘。 ④新技术、新方法、新材料的采用及其效果
4. 技术结论	①对本测区成果质量、设计方案、作业方法等的评价。 ②重大遗留问题的处理意见。 ③经验、教训和建议
5. 附图、附表	①测区图幅接合表。 ②航测内业成图方法及质量评定图。 ③利用已有资料清单。 ④精度统计表。 ⑤野外检测统计表。 ⑥上交测绘成果清单等

4)近景摄影测量(见表 14-15)

近景摄影测量技术总结具体内容 表 14-15

具 体 内 容	简 要 说 明
1. 概述	①任务来源、目的,摄影比例尺,成图比例尺,生产单位,生产起止日期,生产安排概况。 ②目标的类型和概况。 ③作业技术依据。 ④完成的作业项目与工作量
2. 作业方法、质量和有关技术数据	①物方控制包括:物方控制布设情况、测量方法和精度。 ②近景图像的获取。 ③近景图像的处理。 ④新技术、新方法、新材料的采用及其效果
3. 技术结论	①对本测区成果质量,设计方案、作业方法等的评价。 ②重大遗留问题的处理意见。 ③经验、教训和建议
4. 附图、附表	有关表格

5)遥感(见表 14-16)

遥感技术总结具体内容 表 14-16

具 体 内 容	简 要 说 明
1. 概述	①任务来源、目的,图像比例尺,成图比例尺,生产单位,生产起止时间,生产安排概况。 ②测区概况。 ③作业技术依据和作业方案。 ④完成的作业项目与工作量

续上表

具 体 内 容	简 要 说 明
2. 利用已有资料情况	①遥感资料的来源、形式，主要技术参数，质量和利用情况。 ②资料中存在的主要问题和处理方法
3. 作业方法、质量和有关技术数据	①遥感图像处理。 ②遥感图像的解译。 ③解译结果的检验。 ④编制专业图件。 ⑤新技术、新方法、新材料的采用及其效果
4. 技术结论	①对本测区成果质量、设计方案、作业方法等的评价。 ②重大遗留问题的处理意见。 ③经验、教训和建议
5. 附图、附表	有关表格

14.1.5 "测图、制图、印刷"专业技术总结

1) 野外地形数据采集及成图(见表 14-17)

野外地形数据采集及成图技术总结具体内容 表 14-17

具 体 内 容	简 要 说 明
1. 概述	①任务来源、目的、内容，成图比例尺，生产单位，生产起止时间，生产安排概况。 ②测区范围，行政隶属，自然地理和社会经济的特征，困难类别等。 ③作业技术依据。 ④计划与实际完成工作量的比较，作业率的统计
2. 利用已有资料情况	①采用的基准和系统。 ②起算数据和资料的名称、等级、系统、来源和精度情况。 ③资料中存在的主要问题和处理方法
3. 作业方法、质量和有关技术数据	①使用的仪器和主要测量工具的名称、型号、主要技术参数和检校情况。 ②各类图根点的布设、标志的设置，施测方法和重测情况。 ③野外地形数据的采集方法、要素代码、精度要求、属性等。 ④DEM 的数据采集、分层设色的要求。 ⑤测制地形图的方法和精度，新增的图式符号。 ⑥新技术、新方法、新材料的采用及其效果。 ⑦执行技术标准的情况，出现的主要问题和处理方法，保证和提高质量的主要措施，实地检测和检查的情况与结果等
4. 技术结论	①对本测区成果质量、设计方案和作业方法等的评价。 ②重大遗留问题的处理意见。 ③经验、教训和建议
5. 附图、附表	①利用已有资料清单。 ②控制点布设图。 ③仪器、工具检验结果汇总表。 ④精度统计表。 ⑤上交测绘成果清单等

2)地图制图(见表14-18)

地图制图技术总结具体内容　　表14-18

具体内容	简要说明
1.概述	①任务名称、目的、来源、数量、类别和规格,成图比例尺,生产单位,生产起止日期,生产安排概况。 ②制图区域范围、行政隶属,困难类别。 ③作业技术依据,采用的投影、坐标系、高程系和等高距等。 ④计划与实际完成工作量的比较,作业率的统计
2.利用已有资料情况	①基本资料的比例尺,测制单位,出版年代,现势性和精度。 ②补充资料的比例尺,测制单位,出版年代,现势性,使用程度及方法。 ③参考资料的使用程度
3.作业方法、质量和有关技术数据	①编绘原图制作方法。 ②印刷原图制作方法。 ③数学基础的展绘精度,资料拼贴精度。 ④地图内容的综合及描绘质量。 ⑤执行技术标准的情况,出现的主要问题和处理方法,保证和提高质量的主要措施。 ⑥新技术、新方法、新材料的采用及其效果
4.技术结论	①对本制图区成果质量、设计方案和作业方法等的评价。 ②重大遗留问题的处理意见。 ③经验、教训和建议
5.附图、附表	①制图区域图幅接合表。 ②资料分布略图。 ③利用已有资料清单。 ④成果质量评定统计表。 ⑤上交测绘成果清单等

3)地图制印(见表14-19)

地图制印技术总结具体内容　　表14-19

具体内容	简要说明
1.概述	①任务名称、目的、来源、数量、类别和规格,地图比例尺,承印单位,制印日期,生产安排概况。 ②制图区域范围、行政隶属。 ③印刷色数、材料和印数。 ④制印技术依据。 ⑤完成任务情况
2.利用已有资料情况	①印刷原图的种类、分版情况、制作单位、精度和质量。 ②分色参考图的质量
3.制印方法、质量和有关技术数据	①制版、照相、翻版、修版、拷贝、晒版的方法、精度和质量。 ②印刷、打样的质量和数量,印刷的设备,印刷图的套合精度、印色、图形及线划的质量,油墨和纸张等的质量。 ③装帧的方法、形式及质量。 ④执行技术标准的情况,保证和提高质量的主要措施。

续上表

具 体 内 容	简 要 说 明
3. 制印方法、质量和有关技术数据	⑤新技术、新方法、新材料的采用及其效果。 ⑥实施工艺方案中出现的主要问题及处理方法
4. 技术结论	①对印刷成果质量、工艺方案等的评价。 ②总结经验、教训和给出建议
5. 附图、附表	①工艺设计流程框图。 ②制印区域图幅接合表。 ③成果、样品及其清单等

14.1.6 "界线测绘"专业技术总结

界线测绘技术总结具体内容见表14-20。

界线测绘技术总结具体内容 表14-20

具 体 内 容	简 要 说 明
1. 概述	①任务名称、来源、目的、内容，生产单位，生产起止时间等。 ②界线测绘范围、界线测绘的等级，自然地理和社会经济的特征。 ③作业技术依据。 ④计划与实际完成工作量的比较，作业率的统计
2. 利用已有资料情况	①采用的基准和系统。 ②起算数据和资料的名称、等级、系统、来源和精度情况。 ③资料中存在的主要问题和处理方法
3. 作业方法、质量和有关技术数据	①使用的仪器和主要测量工具的名称、型号、检校情况。 ②控制网、锁、线、点的布设、等级、密度，埋石情况，施测方法和重测情况。 ③界桩点的布设、形状、密度、编号方法和点位精度，界桩点方位物测绘的原则和测定情况。 ④边界点的布设、测量与编号。 ⑤边界线的命名、编号与标绘。 ⑥界桩登记表的填写。 ⑦边界地形图、边界线情况图、边界主张线图、边界协议书附图以及行政区域边界协议书附图集的方法和精度。 ⑧新技术、新方法、新材料的采用及其效果
4. 技术结论	①对本测区成果质量、设计方案和作业方法等的评价。 ②重大遗留问题的处理意见。 ③总结经验、教训和给出建议
5. 附图、附表	①利用已有资料清单。 ②控制点布设图。 ③仪器、工具检验结果汇总表。 ④边界协议书附图。 ⑤精度统计表。 ⑥上交测绘成果清单等

14.1.7 “基础地理信息数据建库”专业技术总结

基础地理信息数据建库技术总结具体内容见表 14-21。

基础地理信息数据建库技术总结具体内容　　表 14-21

具体内容	简要说明
1. 概述	①说明任务来源、管理框架、建库目标、系统功能，预期成果、生产单位，生产起止时间，生产安排概况。 ②作业技术依据。 ③计划与实际完成工作量的比较，作业率的统计
2. 利用已有资料情况	①采用的基准和系统。 ②数据来源、范围、产品类型、格式、精度、组织、质量情况。 ③资料中存在的主要问题和处理方法
3. 作业方法、质量和有关技术数据	①使用的系统的软件及硬件的功能、型号、主要技术指标。 ②数据库数据的内容、数据格式、位置精度、属性精度、现势性等情况。 ③数据库的基本功能情况。 ④数据库的概念模型设计、逻辑设计、物理设计的情况。 ⑤新技术、新方法的采用及其效果。 ⑥执行技术标准的情况，出现的主要问题和处理方法，保证和提高质量的主要措施等
4. 技术结论	①对本数据库成果质量、设计方案等的评价。 ②重大遗留问题的处理意见。 ③经验、教训和建议
5. 附图、附表	①利用已有资料清单。 ②数据库数据要素分类与代码、层(块)、属性项表。 ③上交数据建库成果清单等

14.1.8 “地理信息系统”专业技术总结

地理信息系统技术总结具体内容见表 14-22。

地理信息系统技术总结具体内容　　表 14-22

具体内容	简要说明
1. 引言	说明编写目的、背景、定义及参考资料等
2. 实际开发结果	①产品。说明程序系统中各个程序的名字，它们之间的层次关系、程序系统版本、文件名称、数据库等。 ②主要功能和性能。逐项列出本软件产品实际具有的主要功能和性能。 ③基本流程。 ④进度。列出原定计划进度与实际进度的对比，分析原因。 ⑤费用。列出原定计划费用与实际支出费用的对比，分析原因
3. 开发工作评价	①对生产效率的评价。 ②对产品质量的评价。 ③对技术方法的评价。 ④出错原因的分析
4. 经验与教训	列出从开发工作中所得到的最主要的经验与教训，以及对今后的项目开发工作的建议

14.2 例　　题

1)单项选择题(每题1分。每题的备选项中,只有1个最符合题意)

(1)测绘技术总结分为两类,为(　　)。

A. 项目总结、专业技术总结　　B. 项目总结、质量总结

C. 质量总结、专业技术总结　　D. 质量总结、成果总结

(2)以下选项中,不属于测绘技术总结的编写依据的是(　　)。

A. 测绘任务书　　B. 有关法规和技术标准

C. 内容真实、重点突出　　D. 测绘成果的质量检查报告

(3)项目总结由(　　)负责编写或组织编写;专业技术总结由具体承担相应测绘专业任务的法人单位负责编写。

A. 承担项目的法人单位　　B. 总工程师

C. 委托项目的法人单位　　D. 注册测绘师

(4)以下选项中,不属于《测绘技术总结编写规定》(CH/T 1001—2005)"概述"中的内容的是(　　)。

A. 任务来源　　B. 工程预算

C. 作业区概况　　D. 已有资料利用情况

(5)专业技术总结的主要内容中,包括"技术设计执行情况"。以下选项中,不属于"技术设计执行情况"的是(　　)。

A. 生产所依据的有关的技术标准和规范

B. 作业工作量安排及完成情况

C. 总结专业测绘生产中的经验和教训

D. 新技术和新方法的应用情况

(6)测绘专业技术总结由4部分组成,其中第4部分为"上交和归档测绘成果及资料清单"。以下选项中,不属于"上交资料清单"的是(　　)。

A. 测区所在行政区地图　　B. 测绘成果(或产品)的名称、数量、类型等

C. 专业技术总结报告　　D. 其他需上交和归档的资料

(7)对于测绘专业技术总结,大地测量专业包括平面控制测量、高程控制测量、(　　)等。

A. 重力测量、大地测量计算　　B. 重力测量、变形测量

C. 变形测量、大地测量计算　　D. 变形测量、线路测量

(8)工程测量专业中"施工测量"技术总结包括概述、(　　)、作业方法、(　　)、附图与附表等内容。

A. 利用已有资料情况　技术结论　　B. 计算原理与方法　计算结论

C. 利用已有资料情况　计算结论　　D. 计算原理与方法　技术结论

(9)对于测绘专业技术总结,以下选项中,不属于"工程测量"专业范畴的是(　　)。

A. 施工测量　　B. 航空摄影测量外业

C. 库区淹没测量　　D. 变形测量

(10)大地测量专业中"大地测量计算"技术总结包括概述、利用已有资料情况、(　　)、附

图与附表等内容。

A. 作业方法、技术结论　　B. 计算方法、计算结论

C. 计算方法、技术结论　　D. 作业方法、计算结论

(11)测绘技术总结是与测绘成果有直接关系的(　　)文件，是长期保存的重要技术档案。

A. 永久性　　B. 临时性　　C. 技术性　　D. 客观性

(12)在编写测绘技术总结过程中，测绘单位需要对测绘成果质量进行说明和评价，下列内容中，不属于质量说明和评价中应包含内容的是(　　)。

A. 成果质量精度统计分析

B. 说明测绘产品的质量检查报告的名称

C. 成果达到的技术质量指标

D. 上交成果资料目录清单

(13)(　　)是一个测绘项目在其最终成果(或产品)检查合格后，在各专业技术总结的基础上，对整个项目所做的技术总结。

A. 项目总结　　B. 产品质量总结

C. 方案总结　　D. 技术总结

(14)在测绘任务完成后，对测绘技术文件和技术标准、规范等执行情况，技术设计方案实施中出现的主要技术问题和处理方法，成果质量、新技术的应用等进行分析研究、认真总结并作出客观描述和评价的是(　　)。

A. 测绘成果总结　　B. 测绘成果分析

C. 测绘技术总结　　D. 测绘资料汇编

(15)对于测绘专业技术总结，以下选项中，不属于"地理信息系统"技术总结内容的是(　　)。

A. 引言　　B. 技术结论

C. 实际开发结果　　D. 经验与教训

(16)测绘(　　)是与测绘成果有直接关系的技术性文件，是长期保存的重要技术档案。

A. 技术设计　　B. 技术总结　　C. 技术规则　　D. 技术检验

2)多项选择题(每题2分。每题的备选项中，有2个或2个以上符合题意，至少有1个错项。错选，本题不得分；少选，所选的每个选项得0.5分)

(17)专业技术总结的主要内容中，包括"技术设计执行情况"。以下选项中，属于"技术设计执行情况"的是(　　)。

A. 作业区已有资料的利用情况　　B. 生产所依据的有关的技术标准和规范

C. 作业工作量安排及完成情况　　D. 新技术和新方法的应用情况

E. 总结专业测绘生产中的经验和教训

(18)测绘专业技术总结由四部分组成，其中第四部分为"上交和归档测绘成果及资料清单"。以下选项中，属于"上交资料清单"的是(　　)。

A. 所有作业人员身份证复印件

B. 测区所在行政区地图

C. 测绘成果质量检查报告

D. 测绘成果(或产品)的名称、数量、类型等

E. 其他需上交和归档的资料

(19)对于测绘专业技术总结,大地测量专业包括以下几个方面(　　)。

A. 重力测量　　B. 变形测量

C. 大地测量计算　　D. 线路测量

E. 平面控制测量与高程控制测量

(20)工程测量专业中“施工测量”技术总结包括以下内容(　　)。

A. 利用已有资料情况　　B. 作业方法与质量

C. 技术结论　　D. 计算成果质量与评价

E. 软件产品的主要功能和性能

(21)对于测绘专业技术总结,以下选项中,属于“工程测量”专业范畴的是(　　)。

A. 线路测量　　B. 重力测量

C. 库区淹没测量　　D. 变形测量

E. 航空摄影测量外业

(22)在编写测绘技术总结过程中,测绘单位需要对测绘成果质量进行说明和评价,下列内容中,属于质量说明和评价中应包含的内容的是(　　)。

A. 简要说明、评价测绘成果的质量情况

B. 说明测绘产品的质量检查报告的名称和编号

C. 成果质量精度统计分析

D. 产品达到的技术指标

E. 上交成果资料目录清单

(23)测绘技术总结通常由(　　)四部分组成。

A. 概述　　B. 技术设计执行情况

C. 成果质量说明评价　　D. 上交和归档的成果及其资料清单

E. 工作目标及工作量

(24)下列内容中,属于《测绘技术总结编写规定》(CH/T 1001—2005)的“概述”中主要内容的是(　　)。

A. 执行的技术标准及规范　　B. 任务来源、目标

C. 任务安排与完成情况　　D. 工程预算

E. 作业区概况和已有资料利用情况

(25)测绘技术总结编写依据有(　　)。

A. 技术设计书　　B. 内容真实、重点突出

C. 有关法规和技术标准　　D. 测绘任务合同书

E. 测绘产品的检查、验收报告

(26)根据《测绘技术总结编写规定》(CH/T 1001—2005),测绘技术总结的主要组成内容有(　　)。

A. 技术设计执行情况　　B. 评审标准

C. 成果质量说明与评价　　D. 检查验收意见

E. 上交和归档的成果及资料清单

(27)根据《测绘技术总结编写规定》(CH/T 1001—2005),下列内容中,属于上交和归档的测绘成果及其资料清单内容的有(　　)。

A. 测绘资质证书复印件　　B. 测绘人员测绘作业证复印件

C. 专业技术总结　　D. 测绘项目设计书

E. 质量检查报告

(28)对于测绘专业技术总结,以下选项中,属于"摄影测量与遥感"专业范畴的是(　　)。

A. 航空摄影测量内业　　B. 重力测量

C. 遥感　　D. 近景摄影测量

E. 库区淹没测量

(29)"地理信息系统"专业技术总结包括以下内容(　　)。

A. 引言　　B. 利用已有资料情况

C. 技术结论　　D. 开发工作评价

E. 实际开发结果

14.3　例题参考答案及解析

1)单项选择题(每题1分。每题的备选题中,只有1个最符合题意)

(1)A

解析:测绘技术总结分为两类:项目总结和专业技术总结。

(2)C

解析:测绘技术总结的编写依据有:测绘任务书、有关法规和技术标准、测绘成果的质量检查报告等。选项C(内容真实、重点突出),不是测绘技术总结编写的依据。

(3)A

解析:本题考查"测绘技术总结"编写要求。①项目总结:由承担项目的法人单位负责编写或组织编写。②专业技术总结:由具体承担相应测绘专业任务的法人单位负责编写。

(4)B

解析:测绘技术总结中的"概述"部分,应包括以下内容:任务来源、目标、工作量等;任务的安排与完成情况;作业区概况;已有资料利用情况等。选项B(工程预算),不属于"概述"部分应包括的内容。

(5)B

解析:专业技术总结中,"技术设计执行情况"编写的内容包括:生产所依据的有关的技术标准和规范;总结专业测绘生产中的经验和教训;新技术和新方法的应用情况等。选项B(作业工作量安排及完成情况),属于测绘专业技术总结中的"概述"内容。

(6)A

解析:"上交资料清单"包括:测绘成果(或产品)的名称、数量、类型等;专业技术总结报告;测绘成果质量检查报告;其他需上交和归档的资料等。

(7)A

解析:对于测绘专业技术总结,"大地测量"专业包括:平面控制测量、高程控制测量、重力测量、大地测量计算等。"变形测量"、"线路测量"属于工程测量专业范畴。

(8)A

解析:在工程测量专业中,“施工测量”技术总结包括:概述、利用已有资料情况、作业方法、技术结论、附图与附表等内容。

(9)B

解析:对于测绘专业技术总结,“工程测量”专业主要包括:控制测量、地形测图、施工测量、线路测量、竣工总图编绘与实测、变形测量、库区淹没测量等。选项B(航空摄影测量外业),属于摄影测量与遥感专业范畴。

(10)B

解析:在大地测量专业中,“大地测量计算”技术总结包括:概述、利用已有资料情况、计算方法、计算结论、附图与附表等内容。

(11)C

解析:本题主要考查“测绘技术总结”的性质。测绘技术总结是与测绘成果(或产品)有直接关系的“技术性文件”,是长期保存的重要技术档案。

(12)D

解析:本题考查“测绘成果质量说明和评价”。在编写测绘技术总结过程中,测绘单位需要对测绘成果质量进行说明和评价,具体内容包括:测绘成果的质量情况(包括必要的精度统计),产品(成果)达到的技术指标,说明测绘成果的质量检查报告的名称和编号等。

(13)A

解析:本题考查项目总结的概念。测绘技术总结分为“项目总结”和“专业技术总结”。对于工作量较小的项目,可根据需要将项目总结和专业技术总结合并为项目总结。“项目总结”,是一个测绘项目在其最终成果(或产品)检查合格后,在各专业技术总结的基础上,对整个项目所做的技术总结。

(14)C

解析:“测绘技术总结”,是在测绘任务完成后,对测绘技术文件和技术标准与规范等执行情况、技术设计方案实施中出现的主要技术问题和处理方法、成果质量、新技术的应用等进行分析研究、认真总结并作出客观描述和评价。

(15)B

解析:对于测绘专业技术总结,“地理信息系统”技术总结的内容包括:引言;实际开发结果;开发工作评价;经验与教训等。选项B(技术结论)不属于“地理信息系统”技术总结内容。

(16)B

解析:本题考查测绘技术总结的性质。“测绘技术总结”是与测绘成果有直接关系的技术性文件,是长期保存的重要技术档案。

2)多项选择题(每题2分。每题的备选项中,有2个或2个以上符合题意,至少有1个错项。错选,本题不得分;少选,所选的每个选项得0.5分)

(17)BDE

解析:专业技术总结的主要内容中,包括“技术设计执行情况”。“技术设计执行情况”包括:生产所依据的有关的技术标准和规范;说明和评价专业技术活动过程中,专业技术设计文件的执行情况;测绘生产过程中出现的主要技术问题和处理方法;新技术和新方法的应用情况;总结专业测绘生产中的经验和教训等。选项A(作业区已有资料的利用情况)、选项C(作业工作量安排及完成情况),均属于测绘专业技术总结中的“概述”内容。

(18)CDE

解析:在测绘专业技术总结中,“上交资料清单”包括:测绘成果(或产品)的名称、数量、类型等;专业技术总结报告;测绘成果质量检查报告;其他需上交和归档的资料等。选项A(所有作业人员身份证复印件)、选项B(测区所在行政区地图),不属于“上交资料清单”范围。

(19)ACE

解析:对于测绘专业技术总结,“大地测量”专业包括:平面控制测量、高程控制测量、重力测量、大地测量计算等。选项B(变形测量)、选项D(线路测量)属于工程测量专业范畴。

(20)ABC

解析:在工程测量专业中,“施工测量”技术总结包括:概述、利用已有资料情况、作业方法、技术结论、附图与附表等内容。选项D(计算成果质量与评价)、选项E(软件产品的主要功能和性能),不属于“施工测量”技术总结的范畴。

(21)ACD

解析:对于测绘专业技术总结,“工程测量”专业主要包括:控制测量、地形测图、施工测量、线路测量、竣工总图编绘与实测、变形测量、库区淹没测量等。选项B(重力测量)属于大地测量专业范畴,选项E(航空摄影测量外业)属于摄影测量与遥感专业范畴。

(22)ABCD

解析:在编写测绘技术总结过程中,测绘单位需要对测绘成果质量进行说明和评价,具体内容包括:测绘成果的质量情况(包括必要的精度统计),产品(成果)达到的技术指标,说明测绘成果的质量检查报告的名称和编号等。选项E(上交成果资料目录清单)不属于“测绘成果质量说明和评价”的内容。

(23)ABCD

解析:“测绘技术总结”通常由4部分组成:①概述;②技术设计执行情况;③成果质量说明评价;④上交和归档的成果及其资料清单。选项E(工作目标及工作量)不属于“测绘技术总结”的内容。

(24)BCE

解析:根据《测绘技术总结编写规定》,其“概述”部分的主要内容包括:说明测绘任务总的情况;任务来源、目标、工作量等;任务的安排与完成情况;作业区概况;已有资料利用情况等。选项A(执行的技术标准及规范)、选项D(工程预算)不属于“概述”的内容。

(25)ACDE

解析:测绘技术总结的“编写依据”有:测绘任务合同书;技术设计书;有关法规和技术标准;测绘产品的检查报告;测绘产品的验收报告等。选项B(内容真实、重点突出)不是测绘技术总结编写的依据。

(26)ACE

解析:根据《测绘技术总结编写规定》,“测绘技术总结”通常由4部分组成:①概述;②技术设计执行情况;③成果质量说明评价;④上交和归档的成果及其资料清单。选项B(评审标准)和选项D(检查验收意见),不属于“测绘技术总结”的内容。

(27)CDE

解析:在《测绘技术总结》中,“上交和归档测绘成果(或产品)及资料清单”主要包括:①测绘成果:说明其名称、数量、类型等,当上交的数量或范围有变化时,需附上交成果分布图;②文档资料:包括项目设计书及其有关的设计更改文件,项目总结,质量检查报告,必要时也包括专业技术设计书和专业技术总结，文档簿（图历簿）以及其他作业过程中形成的重要记录；③其他需上交和归档的资料。选项A（测绘资质证书复印件）、选项B（测绘人员测绘作业证复印件），不属于“上交和归档测绘成果清单”范围。

（28）ACD

解析：对于测绘专业技术总结，“摄影测量与遥感”专业包括：航空摄影、航空摄影测量外业、航空摄影测量内业、近景摄影测量、遥感等。选项B（重力测量）属于大地测量专业范畴，选项E（库区淹没测量）属于工程测量专业范畴。

（29）ADE

解析：“地理信息系统”专业技术总结的内容包括：引言；实际开发结果；开发工作评价；经验与教训等。选项B（利用已有资料情况）、选项C（技术结论），不属于“地理信息系统”专业技术总结内容。

15　测绘成果质量检查验收

15.1　考 点 分 析

15.1.1　测绘成果质量检查验收的基本规定

1)“二级检查与一级验收”制度

对测绘成果采用“二级检查与一级验收”制度，即：

(1)“过程检查”。测绘单位作业部门组织(过程检查采用全数检查)。

(2)“最终检查”。测绘单位质量管理部门组织(最终检查一般采用全数检查，涉及野外检查项的一般采用抽样检查)。

(3)“验收”。项目管理单位组织(验收一般采用抽样检查)。

2)提交检查验收的资料

(1)项目设计书、技术设计书、技术总结等。

(2)文档簿、质量跟踪卡等。

(3)数据文件，包括图库内外整饰信息文件、元数据文件等。

(4)作为数据源使用的原图或复制的二底图。

(5)图形或影像数据输出的检查图或模拟图。

(6)技术规定或技术设计书规定的其他文件资料。

(7)检查报告。

3)数学精度检测

(1)图类单位成果高程精度检测、平面位置精度检测及相对位置精度检测，检测点(边)应分布均匀、位置明显。检测点(边)数量视地物复杂程度、比例尺等具体情况确定，每幅图一般各选取20～50个。

(2)高精度检测时，中误差计算按式(15-1)执行：

$$M=\sqrt{\frac{\sum_{i=1}^{n}\Delta i^{2}}{n}} \tag{15-1}$$

式中：M——成果中误差；

n——检测点(边)总数；

Δi——较差。

提示：将检测值视为真值。

(3)同精度检测时，中误差计算按式(15-2)执行：

$$M = \sqrt{\frac{\sum_{i=1}^{n} \Delta i^2}{2n}} \tag{15-2}$$

式中：M——成果中误差；

n——检测点（边）总数；

Δi——较差。

提示：将检测值与原观测值视为双观测值。

4）抽样检查时样本量的确定

“二级检查与一级验收”制度中，“最终检查”应逐单位成果详查。对野外实地检查项，可抽样检查，样本量不应低于表15-1的规定。

样本量确定表 表15-1

批　量	样　本　量	批　量	样　本　量
≤20	3	121～140	12
21～40	5	141～160	13
41～60	7	161～180	14
61～80	9	181～200	15
81～100	10	≥201	分批次提交，批次数应最小，各批次的批量应均匀
101～120	11		

注：当样本量等于或大于批量时，则全数检查。

5）验收时抽取样本要求

（1）“二级检查与一级验收”制度中，“验收”一般采用抽样检查。样本应分布均匀，以“点”、“景”、“测段”、“幢”或“区域网”等为单位在检验批中随机抽取样本，一般采用简单随机抽样，也可根据生产方式或时间、等级等采用分层随机抽样。根据检验批的批量按照表15-1的规定确定样本量。

（2）特别注意，下列资料按100％提取样本原件或复印件：项目设计书、专业设计书、生产过程中的补充规定，技术总结、检查报告及检查记录，仪器检定证书和检验资料复印件，其他需要提供的文档资料等。

6）单位成果质量的等级划分

质量等级划分为4级：优级品、良级品、合格品、不合格品。

7）单位成果质量评定公式

（1）根据质量元素分值，评定单位成果质量分值，见式（15-3）：

$$S = \min S_i \qquad (i = 1,2,\cdots,n) \tag{15-3}$$

式中：S——单位成果质量得分值；

S_i——第 i 个质量元素的得分值；

min——最小值；

n——质量元素的总数。

注：①附件质量可不参与式（15-3）的计算；②当质量元素检查结果不满足规定的合格条件时，不计算分值，该质量元素为不合格。

(2)若质量元素拥有权值，则采用加权平均法计算单位成果质量得分。S值按式(15-4)计算：

$$S=\sum_{i=1}^{n}(S_{li}\cdot p_i) \tag{15-4}$$

式中：S——单位成果质量得分；

S_{li}——质量元素得分；

p_i——相应质量元素的权；

n——单位成果中包含的质量元素个数。

(3)根据式(15-3)或式(15-4)的结果，评定单位成果质量等级，见表15-2。

单位成果质量评定等级　　表15-2

质量得分	质量等级
90分≤S≤100分	优级品
75分≤S<90分	良级品
60分≤S<75分	合格品
质量元素检查结果不满足规定的合格条件	不合格品
位置精度检查中误差比例大于5%	
质量元素出现不合格	

8)批成果质量评定(见表15-3)

批成果质量评定　　表15-3

质量等级	判定条件	后续处理
合格批	样本中未发现不合格的单位成果或者发现的不合格成果的数量在规定的范围内，且概查时未发现不合格的单位成果	测绘单位对验收中发现的各类质量问题均应修改
不合格批	样本中发现不合格单位成果，或概查中发现不合格单位成果，或不能提交批成果的技术性文档(如设计书、技术总结、检查报告等)和资料性文档(如接合表、图幅清单等)	测绘单位对批成果逐一查改合格后，重新提交验收

9)数学精度评分方法(见表15-4)

数学精度评分方法　　表15-4

数学精度值	质量分数	数学精度值	质量分数
$0\leqslant M\leqslant 1/3M_0$	$S=100$分	$1/2M_0<M\leqslant 3/4M_0$	75分≤S<90分
$1/3M_0<M\leqslant 1/2M_0$	90分≤S<100分	$3/4M_0<M\leqslant M_0$	60分≤S<75分

表中：M_0——允许中误差的绝对值，$M_0=\sqrt{m_1^2+m_2^2}$；

m_1——规范或相应技术文件要求的成果中误差；

m_2——检测中误差(高精度检测时取$m_2=0$)；

M——成果中误差的绝对值；

S——质量分数(分数值根据数学精度的绝对值所在区间进行内插)。

注：多项数学精度评分时，单项数学精度得分均超过60分时，取其算术平均值或加权平均值。

10)测绘成果质量错漏和扣分标准(见表 15-5)

成果质量错漏扣分标准 表 15-5

差错类型	扣分值	差错类型	扣分值
A类	42分	C类	$4/t$ 分
B类	$12/t$ 分	D类	$1/t$ 分

注:1. A类:极重要检查项的错漏;B类:重要检查项的错漏,或检查项的严重错漏;C类:较重要检查项的错漏,或检查项的较重错漏;D类:一般检查项的轻微错漏。

2. 一般情况下取 $t=1$。需要进行调整时,以困难类别为原则,按《测绘生产困难类别细则》进行调整(平均困难类别 $t=1$)。

11)质量子元素评分方法

首先将质量子元素得分预置为 100 分,根据表 15-5 的要求对相应质量子元素中出现的错漏逐个扣分。S_2 的值按式(15-5)计算:

$$S_2 = 100 - [a_1 \cdot (12/t) + a_2 \cdot (4/t) + a_3 \cdot (1/t)] \tag{15-5}$$

式中:S_2 ——质量子元素得分;

a_1、a_2、a_3 ——分别为质量子元素中相应的 B 类错漏、C 类错漏、D 类错漏个数;

t——扣分值调整系数。

12)质量元素评分方法

采用加权平均法计算质量元素得分。S_1 的值按式(15-6)计算:

$$S_1 = \sum_{i=1}^{n} (S_{2i} \cdot p_i) \tag{15-6}$$

式中:S_1 ——质量元素得分;

S_{2i} ——质量子元素得分;

p_i ——相应质量子元素的权;

n——质量元素中包含的质量子元素个数。

15.1.2 "大地测量"成果的质量元素及检查项

1)GPS 测量成果的质量元素和检查项(见表 15-6)

GPS 测量成果的质量元素和检查项 表 15-6

质量元素	质量子元素	检查项
1. 数据质量	①数学精度	点位中误差,边长相对中误差等
	②观测质量	仪器检验项目与检验方法,观测方法;GPS 点水准联测,观测时段数,观测手簿记录等
	③计算质量	起算点选取,起始数据的正确性,起算点的兼容性及分布的合理性,各项外业验算项目等
2. 点位质量	①选点质量	点位布设及点位密度,点位观测条件,点之记等
	②埋石质量	埋石坑位的规范性,标石类型,标志类型,标石质量,托管手续内容等
3. 资料质量	①整饰质量	点之记、托管手续、观测手簿、计算成果等资料,技术总结、检查报告整饰等
	②资料完整性	技术总结编写,检查报告编写,检查上交资料的完整情况等

2)三角测量成果的质量元素和检查项(见表15-7)

三角测量成果的质量元素和检查项 表15-7

质量元素	质量子元素	检查项
1. 数据质量	①数学精度	最弱边相对中误差,最弱点中误差,测角中误差等
	②观测质量	仪器检验项目与检验方法,各项观测误差,成果取舍和重测的合理性,记簿计算的正确性等
	③计算质量	外业验算项目的齐全性,验算方法的正确性,验算数据的正确性,已知三角点选取,起始数据的正确性等
2. 点位质量	①选点质量	点位密度,点位选择,锁段图形权倒数值的符合性,展点图内容,点之记内容等
	②埋石质量	觇标的结构,标石的类型,标石的埋设,托管手续内容等
3. 资料质量	①整饰质量	选点、埋石及验算资料整饰,成果资料整饰,技术总结整饰,检查报告整饰等
	②资料完整性	技术总结内容,检查报告内容,上交资料的完整性等

3)导线测量成果的质量元素和检查项(见表15-8)

导线测量成果的质量元素和检查项 表15-8

质量元素	质量子元素	检查项
1. 数据质量	①数学精度	点位中误差符合性,边长相对精度,方位角闭合差,测角中误差等
	②观测质量	仪器检验项目与检验方法,各项观测误差,水平角和导线测距的观测方法,成果取舍,记簿计算等
	③计算质量	外业验算项目的齐全性,外业验算方法,验算数据的正确性,已知三角点选取,起始数据的正确性等
2. 点位质量	①选点质量	导线网网形结构,点位密度,点位选择,展点图内容的完整性,点之记内容,导线曲折度等
	②埋石质量	觇标的结构,标石的类型,标石的埋设和外部整饰,托管手续内容的齐全性等
3. 资料质量	①整饰质量	选点、埋石及验算资料整饰的齐全性,成果资料整饰,技术总结整饰,检查报告整饰等
	②资料完整性	技术总结内容的齐全性,检查报告内容,上交资料的完整性等

4)水准测量成果的质量元素和检查项(见表15-9)

水准测量成果的质量元素和检查项 表15-9

质量元素	质量子元素	检查项
1. 数据质量	①数学精度	每公里偶然中误差的符合性,每公里全中误差的符合性等
	②观测质量	测段、区段、路线闭合差,仪器检验项目与检验方法,测站观测误差,对已有水准点连测,观测和检测方法,记簿计算的正确性,注记的完整性等
	③计算质量	环闭合差,外业验算项目,已知水准点选取等
2. 点位质量	①选点质量	水准路线布设,点位密度,路线图绘制,点位选择,点之记内容等
	②埋石质量	标石类型,标石埋设规格,托管手续内容等
3. 资料质量	①整饰质量	观测、计算资料整饰,成果资料的整饰,技术总结整饰,检查报告整饰等
	②资料完整性	技术总结内容,检查报告内容,上交资料的齐全性等

5)光电测距成果的质量元素和检查项(见表15-10)

光电测距成果的质量元素和检查项 表15-10

质量元素	质量子元素	检查项
1.数据质量	①数学精度	主要检查边长精度超限
	②观测质量	仪器检验项目与检验方法,测距边两端点高差测定,气象元素测定情况,观测误差与限差的符合情况,外业验算的精度指标与限差的符合情况等
	③计算质量	外业验算项目,外业验算方法,观测成果采用的正确性
2.资料质量	①整饰质量	观测、计算资料整饰,成果资料整饰,技术总结整饰,检查报告整饰等
	②资料完整性	技术总结内容,检查报告内容,上交资料等

注:与其他测量成果比较,“质量元素”中无“点位质量”。

6)天文测量成果的质量元素和检查项(见表15-11)

天文测量成果的质量元素和检查项 表15-11

质量元素	质量子元素	检查项
1.数据质量	①数学精度	经纬度中误差,方位角中误差,正、反方位角之差等
	②观测质量	仪器检验项目与检验方法,经纬度、方位角观测方法,各项外业观测误差与限差,各项外业验算的精度指标与限差等
	③计算质量	外业验算项目,外业验算方法,验算结果,观测成果采用的正确性等
2.点位质量	①选点质量	主要检查点位选择的合理性
	②埋石质量	天文墩结构,天文墩类型及质量,天文墩埋设规格等
3.资料质量	①整饰质量	观测、计算资料整饰,成果资料整饰,技术总结整饰,检查报告整饰的规整性等
	②资料完整性	技术总结内容,检查报告内容,上交资料等

7)重力测量成果的质量元素和检查项(见表15-12)

重力测量成果的质量元素和检查项 表15-12

质量元素	质量子元素	检查项
1.数据质量	①数学精度	重力联测中误差,重力点平面位置中误差,重力点高程中误差符合性等
	②观测质量	仪器检验项目与检验方法,重力测线安排,重力点平面坐标和高程测定方法,外业观测误差与限差,外业验算的精度指标与限差等
	③计算质量	外业验算项目,外业验算方法,重力基线选取,起始数据的正确性等
2.点位质量	①选点质量	重力点布设位密度,重力点位选择,点之记内容等
	②埋石质量	标石类型,标石质量,标石埋设规格,照片资料,托管手续等
3.资料质量	①整饰质量	观测、计算资料整饰,成果资料整饰,技术总结整饰,检查报告整饰等
	②资料完整性	技术总结内容,检查报告内容,上交成果资料等

8)大地测量计算成果的质量元素和检查项(见表15-13)

大地测量计算成果的质量元素和检查项 表15-13

质量元素	质量子元素	检查项
1. 成果正确性	①数学模型	采用基准的正确性,平差方案及计算方法,平差图形选择,计算、改算、平差、统计软件功能的完备性等
	②计算正确性	外业观测数据取舍,仪器常数及检定系数选用,相邻测区成果处理,起算数据、仪器检验参数、气象参数选用,各项计算的正确性等
2. 成果完整性	①整饰质量	各种计算资料的规整性,成果资料,技术总结,检查报告等
	②资料完整性	成果表编辑或抄录的正确性,技术总结,精度统计资料,上交成果资料的齐全性等

15.1.3 "工程测量"成果的质量元素及检查项

1)平面控制测量成果的质量元素和检查项(见表15-14)

平面控制测量成果的质量元素和检查项 表15-14

质量元素	质量子元素	检查项
1. 数据质量	①数学精度	点位中误差,边长相对中误差等
	②观测质量	仪器检验项目与检验方法,观测方法,GPS点水准联测,观测手簿记录和注记,水平角和导线测距的观测方法,天顶距的观测方法等
	③计算质量	起算点选取,起始数据的正确性,起算点的兼容性及分布,各项外业验算项目等
2. 点位质量	①选点质量	点位布设及点位密度,点位满足观测条件,点位选择,点之记内容等
	②埋石质量	埋石坑位的规范性,标石类型,标石埋设规格,托管手续内容等
3. 资料质量	①整饰质量	点之记和托管手续、观测手簿、计算成果等资料,技术总结整饰,检查报告整饰等
	②资料完整性	技术总结编写,检查报告编写,检查上交资料等

2)高程控制测量成果的质量元素和检查项(见表15-15)

高程控制测量成果的质量元素和检查项 表15-15

质量元素	质量子元素	检查项
1. 数据质量	①数学精度	每公里高差中数偶然中误差,每公里高差中数全中误差,相对于起算点的最弱点高程中误差等
	②观测质量	仪器检验项目与检验方法,测站观测误差,测段、区段、路线闭合差,对已有水准点联测,观测条件选择的合理性,注记的完整性等
	③计算质量	外业验算项目,验算方法,已知水准点的选取,起始数据的正确性,环闭合差等
2. 点位质量	①选点质量	水准路线布设,点位选择及点位密度,水准路线图绘制,点之记内容等
	②埋石质量	标石类型,标石质量,标石埋设规格,托管手续内容等
3. 资料质量	①整饰质量	观测、计算资料整饰,各类报告、总结、附图、附表、簿册整饰,技术总结整饰,检查报告整饰等
	②资料完整性	技术总结,检查报告,提供成果资料等

3)大比例尺地形图的质量元素和检查项(见表15-16)

大比例尺地形图的质量元素和检查项 表15-16

质量元素	质量子元素	检查项
1.数学精度	①数学基础	坐标系统、高程系统的正确性,各类投影计算,图根控制测量精度,图廓尺寸、对角线长度、格网尺寸,控制点间图上距离与坐标反算长度较差等
	②平面精度	平面绝对位置中误差、相对位置中误差,接边精度
	③高程精度	高程注记点高程中误差,等高线高程中误差,接边精度
2.数据及结构正确性		文件命名,数据组织,数据格式,要素分层,属性代码,属性接边质量等
3.地理精度		地理要素的完整性,地理要素的协调性,注记和符号的正确性,综合取舍的合理性,地理要素接边质量
4.整饰质量		符号、线画、色彩质量,注记质量,图面要素协调性,图面、图廓外整饰质量
5.附件质量		元数据文件,检查报告、技术总结内容,成果资料的齐全性,各类报告、附图(接合图、网图)、附表、簿册整饰的规整性,资料装帧

4)线路测量成果的质量元素和检查项(见表15-17)

线路测量成果的质量元素和检查项 表15-17

质量元素	质量子元素	检查项
1.数据质量	①数学精度	平面控制测量、高程控制测量、地形图成果数学精度,点位或桩位测设成果数学精度,断面成果精度与限差的符合情况
	②观测质量	主要检查控制测量成果
	③计算质量	验算项目的齐全性和验算方法的正确性,平差计算及其他内业计算的正确性
2.点位质量	①选点质量	控制点布设及点位密度,点位选择的合理性等
	②埋石质量	标石类型,标石质量,标石埋设规格,点之记、托管手续内容的齐全性、正确性
3.资料质量	①整饰质量	观测、计算资料整饰,技术总结、检查报告整饰等
	②资料完整性	技术总结、检查报告内容,提供项目成果资料,各类报告、总结、图、表、簿册整饰等

5)管线测量成果的质量元素和检查项(见表15-18)

管线测量成果的质量元素和检查项 表15-18

质量元素	质量子元素	检查项
1.控制测量精度		主要检查平面控制测量、高程控制测量
2.管线图质量	①数学精度	明显管线点量测精度,管线点探测精度,管线开挖点精度,管线点平面、高程精度等
	②地理精度	检查管线数据各管线属性的正确性,管线图注记和符号的正确性,管线调查和探测综合取舍的合理性等
	③整饰质量	符号、线画质量,图廓外整饰质量,注记质量,接边质量
3.资料质量	①资料完整性	工程依据文件,工程凭证资料,探测原始资料,探测图表、成果表,技术报告书(总结)
	②整饰规整性	依据资料、记录图表归档的规整性,各类报告、总结、图、表、簿册整饰的规整性

6)变形测量成果的质量元素和检查项(见表15-19)

变形测量成果的质量元素和检查项 表15-19

质量元素	质量子元素	检查项
1.数据质量	①数学精度	基准网精度,水平位移、垂直位移测量精度
	②观测质量	仪器设备的符合性,各项限差的符合情况,观测方法,观测条件,观测周期,数据采集的连续性等
	③计算分析	计算项目的齐全性和方法的正确性,平差结果,成果资料的整理和整编,成果资料的分析等
2.点位质量	①选点质量	基准点、观测点布设,点位密度、位置选择的合理性
	②造埋质量	标石类型、标志构造的规范性和质量情况,标石、标志埋设的规范性
3.资料质量	①整饰质量	观测、计算资料整饰,技术报告、检查报告整饰等
	②资料完整性	技术报告、检查报告内容,提供成果资料项目的齐全性,技术问题处理的合理性等

7)施工测量成果的质量元素和检查项(见表15-20)

施工测量成果的质量元素和检查项 表15-20

质量元素	质量子元素	检查项
1.数据质量	①数学精度	控制测量精度,点位或桩位测设成果数学精度
	②观测质量	仪器检验项目与检验方法,水平角、天顶距、距离观测方法,观测条件,手工记簿计算的正确性,各项观测误差与限差的符合情况等
	③计算质量	验算项目,验算方法,平差计算,其他内业计算等
2.点位质量	①选点质量	控制点布设,点位密度,点位选择的合理性等
	②造埋质量	标石类型,标石质量,标石埋设规格,点之记内容,托管手续内容的齐全性等
3.资料质量	①整饰质量	观测、计算资料整饰,技术总结、检查报告整饰等
	②资料完整性	技术总结、检查报告内容,提供成果资料项目的齐全性等

8)水下地形测量成果的质量元素和检查项(见表15-21)

水下地形测量成果的质量元素和检查项 表15-21

质量元素	质量子元素	检查项
1.数据质量	①观测仪器	仪器选择合理性,仪器检验项目与检验方法等
	②观测质量	技术设计和观测方案,数据采集软件,观测要素的齐全性,观测时间、观测条件、观测方法等
	③计算质量	计算软件的可靠性,内业计算验算情况等
2.点位质量	①观测点位	工作水准点埋设、验潮站设立、观测点布设的合理性、代表性,周边自然环境
	②观测密度	相关断面线布设及密度,观测频率、采样率的正确性
3.资料质量	①观测记录	各种观测记录和数据处理记录的完整性
	②附件及资料	技术总结内容,提供成果资料,成果图绘制的正确性

15.1.4 “摄影测量与遥感”成果的质量元素及检查项

1)像片控制测量成果的质量元素和检查项(见表15-22)

像片控制测量成果的质量元素和检查项 表15-22

质量元素	质量子元素	检查项
1.数据质量	①数学精度	各项闭合差、中误差等精度指标的符合情况
	②观测质量	观测手簿的规整性和计算的正确性,计算手簿的规整性和计算的正确性
2.布点质量		控制点点位布设的正确性、合理性,控制点点位选择的正确性、合理性
3.整饰质量		控制点判、刺的正确性,控制点整饰规范性,点位说明的准确性
4.附件质量		主要检查布点略图、成果表

2)像片调绘成果的质量元素和检查项(见表15-23)

像片调绘成果的质量元素和检查项 表15-23

质量元素	检查项
1.地理精度	地物、地貌调绘的全面性、正确性,地物、地貌综合取舍的合理性,植被、土质符号配置的准确性、合理性,地名注记内容的正确性、完整性
2.属性精度	各类地物、地貌性质说明以及说明文字、数字注记等内容的完整性、正确性
3.整饰质量	各类注记的规整性,各类线划的规整性,要素符号间关系表达的正确性、完整性,像片的整洁度
4.附件质量	主要检查上交资料的齐全性、资料整饰的规整性

3)空中三角测量成果的质量元素和检查项(见表15-24)

空中三角测量成果的质量元素和检查项 表15-24

质量元素	质量了元素	检查项
1.数据质量	①数学基础	大地坐标系、大地高程基准、投影系等
	②平面精度	内业加密点的平面位置精度
	③高程精度	主要检查内业加密点的高程精度
	④接边精度	主要检查区域网间接边精度
	⑤计算质量	基本定向点权,内定向、相对定向精度,多余控制点不符值,公共点较差
2.布点质量		平面和高程控制点是否超基线布控,定向点、检查点设置的合理性,加密点点位选择的正确性、合理性
3.附件质量		上交资料的齐全性,资料整饰的规整性和点位略图

4)中小比例尺地形图的质量元素和检查项(见表15-25)

中小比例尺地形图的质量元素和检查项 表15-25

质量元素	质量子元素	检查项
1.数学精度	①数学基础	主要检查格网、图廓点、三北方向线
	②平面精度	平面绝对位置中误差,接边精度数学精度0.25(单位)
	③高程精度	高程注记点高程中误差,等高线高程中误差,接边精度

续上表

质量元素	质量子元素	检查项
2.数据及结构正确性		文件命名、数据组织的正确性，数据格式的正确性，要素分层的正确性、完备性，属性代码的正确性，属性接边的正确性
3.地理精度		地理要素的完整性、协调性，注记和符号的正确性，综合取舍的合理性，地理要素接边质量
4.整饰质量		符号、线划、色彩质量，注记质量，图面要素协调性，图面、图廓外整饰质量
5.附件质量		元数据文件的正确性，检查报告、技术总结内容，成果资料齐全，各类报告、附图、附表、簿册整饰

15.1.5 “地图编制”成果的质量元素及检查项

1）普通地图的编绘原图/印刷原图的质量元素和检查项（见表15-26）

普通地图的编绘原图/印刷原图的质量元素和检查项 表15-26

质量元素	检查项
1.数学精度	展点精度，平面控制点、高程控制点位置精度，地图投影选择的合理性
2.数据完整性与正确性	文件命名、数据组织和数据格式的正确性、规范性，数据分层的正确性、完备性
3.地理精度	制图资料的现势性、完备性，制图综合的合理性，图内各种注记的正确性，地理要素的协调性
4.整饰质量	地图符号、色彩的正确性，注记的正规、完整性，图廓外整饰要素的正确性
5.附件质量	图历簿填写的正确、完整性，图幅的接边正确性，分色参考图的正确性、完整性

2）专题地图的编绘原图/印刷原图的质量元素和检查项（见表15-27）

专题地图的编绘原图/印刷原图的质量元素和检查项 表15-27

质量元素	检查项
1.数据完整性与正确性	文件命名、数据组织和数据格式的正确性、规范性，数据分层的正确性、完备性
2.地图内容适用性	地理底图内容的合理性，专题内容的完备性、现势性、可靠性
3.地图表示的科学性	各种注记表达的合理性，分类、分级的科学性，色彩、符号与设计的符合性，表示方法选择的正确性
4.地图精度	图幅选择投影、比例尺的适宜性，制图网精度，地图内容的位置精度，专题内容的量测精度
5.图面配置质量	图面配置的合理性，图例的全面性、正确性，图廓外整饰的正确性、规范性、艺术性
6.附件质量	主要检查设计书质量，分色样图的质量

3）地图集的质量元素和检查项（见表15-28）

地图集的质量元素和检查项 表15-28

质量元素	质量子元素	检查项
1.整体质量	①图集内容思想性	主要检查思想正确性，图集宗旨、主题思想明确程度，要素表示正确性
	②图集内容全面性、完整性	主要检查图集内容的全面性、系统性，图集结构的完整性
	③图集内容统一性、协调性	主要检查图集内容的统一性、互补性，要素表达的协调性、可比性

续上表

质量元素	质量子元素	检查项
2. 图集内图幅质量	①数据完整性与正确性	主要检查文件命名、数据组织和数据格式的正确性、规范性。数据分层的正确性、完备性
	②地图内容适用性	主要检查地理底图内容的合理性,专题内容的完备性、现势性、可靠性
	③地图表示的科学性	各种注记表达的合理性,分类、分级的科学性,色彩、符号与设计的符合性,表示方法选择的正确性
	④地图精度	主要检查图幅选择投影、比例尺的适宜性,制图网精度,地图内容的位置精度,专题内容的量测精度
	⑤图面配置质量	主要检查图面配置的合理性,图例的全面性、正确性,图廓外整饰的正确性、规范性、艺术性
	⑥附件质量	主要检查设计书质量和分色样图的质量

4)印刷成品的质量元素和检查项(见表 15-29)

印刷成品的质量元素和检查项　表 15-29

质量元素	检查项
1. 印刷质量	主要检查套印精度、网线、线画粗细变形率,印刷质量和图形质量
2. 拼接质量	主要检查拼贴质量和折叠质量
3. 装订质量	平装主要检查折页、配页质量、订本质量、封面质量和裁切质量;精装主要检查折页、配页、锁线或无线胶粘质量,图芯脊背、环衬粘贴质量,封面质量等

5)导航电子地图的质量元素和检查项(见表 15-30)

导航电子地图的质量元素和检查项　表 15-30

质量元素	检查项
1. 位置精度	主要检查平面位置精度
2. 属性精度	主要检查属性结构、属性值的正确性
3. 逻辑一致性	道路网络连通性,拓扑关系的正确性,节点匹配的正确性,要素间关系的正确性和要素接边的一致性
4. 完整性与正确性	安全处理符合性,地图内容的现势性,兴趣点完整性,数学基础、数据格式文件命名、数据组织和数据分层的正确性和要素的完备性
5. 图面质量	各种注记表达的合理性、易读性,色彩、符号与设计的符合性,图形质量
6. 附件质量	主要检查附件的正确性、全面性,成果资料的齐全性

15.1.6 "地籍测绘"成果的质量元素及检查项

1)地籍控制测量成果的质量元素和检查项(见表 15-31)

地籍控制测量成果的质量元素和检查项 表15-31

质量元素	质量子元素	检查项
1. 数据质量	①起算数据	起算点坐标的正确性和相关控制资料的可靠性
	②数学精度	基本控制点精度的符合性
	③观测质量	检验项目与检验方法,观测方法的正确性,各种记录的规整性,各项观测误差的符合性
	④计算质量	主要检查平差计算的正确性
2. 点位质量	①选点质量	控制网布设,点位选择,点之记内容
	②埋设质量	标石类型,标志设置,标石埋设
3. 资料质量	①整饰质量	观测和计算资料整饰,成果资料整饰,技术总结和检查报告的规整性
	②资料完整性	成果资料,技术总结内容和检查报告内容

2)地籍细部测量成果的质量元素和检查项(见表15-32)

地籍细部测量成果的质量元素和检查项 表15-32

质量元素	质量子元素	检查项
1. 界址点测量	①观测质量	测量方法,观测手簿记录、属性记录和草图绘制,界址点测量方法,各项观测误差与限差
	②数学精度	界址点相对位置精度,界址点绝对位置精度,宗地面积量算精度
2. 地物点测量	①观测质量	测量方法,观测手簿记录、属性记录和草图绘制,地物、地类测量精度,各项观测误差与限差
	②数学精度	地物点相对位置精度和地物点绝对位置精度
3. 资料质量	①整饰质量	观测和计算资料整饰,成果资料整饰,技术总结和检查报告的规整性
	②资料完整性	成果资料,技术总结内容和检查报告内容

3)地籍图的质量元素和检查项(见表15-33)

地籍图的质量元素和检查项 表15-33

质量元素	质量子元素	检查项
1. 数学精度	①数学基础	图廓边长与理论值之差,公里网点与理论值之差,展点精度,两对角线较差,图廓对角线与理论之差
	②平面位置	主要检查界址点、线平面位置精度,地物点平面位置精度,地类界的平面位置精度
2. 要素质量	①地籍要素	主要检查地籍要素表示的正确性
	②其他要素	地物要素的正确性,综合取舍的合理性,各要素的协调性,图幅接边的正确性
3. 资料质量	①整饰质量	注记和符号的正确性,整饰的规整性、正确性
	②资料完整性	结合图、编图设计和总结的正确性、全面性

4)宗地图的质量元素和检查项(见表15-34)

宗地图的质量元素和检查项 表15-34

质量元素	质量子元素	检查项
1. 数学精度	①界址点精度	界址点平面位置精度和界址边长精度
	②面积精度	主要检查宗地面积的正确性
2. 要素质量	①地籍要素	宗地号、宗地名称、界址点符号及编号、界址线等
	②其他要素	主要检查地物、地类号等表示的正确性
3. 资料质量	①整饰质量	注记和符号的正确性,注记和符号的规范性
	②资料完整性	主要检查设计和总结的全面性

15.1.7 “测绘航空摄影”成果的质量元素及检查项

1)航空摄影成果的质量元素和检查项(见表 15-35)

航空摄影成果的质量元素和检查项 表 15-35

质量元素	检查项
1. 飞行质量	航摄设计,像片重叠度(航向和旁向),最大和最小航高之差,旋偏角,像片倾斜角,航迹,航线弯曲度,边界覆盖保证,像点最大位移值
2. 影像质量	最大密度 D_0,最小密度 D_{min},灰雾密度,反差,冲洗质量,影像色调,影像清晰度和框标影像
3. 数据质量	主要检查数据的完整性和正确性
4. 附件质量	摄区完成情况图、摄区分区图、分区航线结合图、摄区分区航线及像片结合图,各类注记、图表填写,成果包装

2)航空摄影扫描数据的质量元素和检查项(见表 15-36)

航空摄影扫描数据的质量元素和检查项 表 15-36

质量元素	检查项
1. 影像质量	影像分辨率,影像色调是否均匀、反差是否适中,影像清晰度,影像外观质量,框标影像质量
2. 数据正确性和完整性	原始数据的正确性,文件命名、数据组织和数据格式的正确性、规范性,存储数据的介质和规格的正确性,数据内容的完整性
3. 附件质量	元数据文件的正确性、完整性,上交资料的齐全性

3)卫星遥感影像的质量元素和检查项(见表 15-37)

卫星遥感影像的质量元素和检查项 表 15-37

质量元素	检查项
1. 数据质量	数据格式的正确性,影像获取时的“侧倾角”等
2. 影像质量	主要检查影像反差,影像清晰度,影像色调
3. 附件质量	主要检查影像参数文件内容的完整性

15.1.8 “地理信息系统”的质量元素及检查项

地理信息系统的质量元素和检查项见表 15-38。

地理信息系统的质量元素和检查项 表 15-38

质量元素	检查项
1. 资料质量	技术方案的完整性,数据处理与质量检查资料的齐全性,数据字典的规范性和齐全性,评审报告、检查验收报告、技术总结等资料的齐全性
2. 运行环境	硬件平台的符合性,软件平台(操作系统、数据库软件平台、GIS 软件平台、中间件、应用软件等)的符合性,网络环境的符合性
3. 数据(库)质量	数据组织的正确性,数据库结构的正确性,空间参考系的正确性,数据质量,各类基础地理数据的一致性

续上表

质量元素	检查项
4.系统结构与功能	系统结构的正确性，数据库管理方式的符合性，系统功能的符合性，服务器、客户端功能划分的正确性，系统效率的符合性和系统稳定性
5.系统管理与维护	安全保密管理情况，权限管理情况，数据备份情况和系统维护情况

15.1.9 "数字测绘成果"的质量元素及检查验收方法

1)"数字线划地形图"成果的质量元素(见表15-39)

"数字线划地形图"成果的质量元素　　表15-39

质量元素	质量子元素
1.空间参考系	①大地基准;②高程基准;③地图投影
2.位置精度	①平面精度;②高程精度;③地图投影
3.属性精度	①属性项完整性;②分类正确性;③属性正确性
4.完整性	①数据层完整性;②数据层内部文件完整性;③要素完整性
5.逻辑一致性	①概念一致性;②格式一致性;③拓扑一致性
6.时间准确度	①数据更新;②数据采集
7.元数据质量	①元数据完整性;②元数据准确性
8.表征质量	①几何表达;②地理表达
9.附件质量	①图历簿质量;②附属文档质量

2)"数字高程模型"成果的质量元素(见表15-40)

"数字高程模型"成果的质量元素　　表15-40

质量元素	质量子元素
1.空间参考系	①大地基准;②高程基准;③地图投影
2.位置精度	①平面精度;②高程精度
3.逻辑一致性	格式一致性
4.时间准确度	①数据更新;②数据采集
5.栅格质量	格网参数
6.元数据质量	①元数据完整性;②元数据准确性
7.附件质量	①图历簿质量;②附属文档质量

3)"数字正射影像图"成果的质量元素(见表15-41)

"数字正射影像图"成果的质量元素　　表15-41

质量元素	质量子元素
1.空间参考系	①大地基准;②高程基准;③地图投影
2.位置精度	平面精度
3.逻辑一致性	①格式一致性;②数据采集

续上表

质 量 元 素	质 量 子 元 素
4. 时间准确度	数据更新
5. 影像质量	①影像分辨率；②影像特性
6. 元数据质量	①元数据完整性；②元数据准确性
7. 表征质量	图廓整饰准确性
8. 附件质量	①图历簿质量；②附属文档质量

4)“数字栅格地图”成果的质量元素(见表 15-42)

“数字栅格地图”成果的质量元素 表 15-42

质 量 元 素	质 量 子 元 素
1. 空间参考系	地图投影
2. 逻辑一致性	格式一致性
3. 栅格质量	①影像分辨率；②影像特性
4. 元数据质量	①元数据完整性；②元数据准确性
5. 附件质量	①图历簿质量；②附属文档质量

5)“数字测绘成果”的质量检查验收方法

数字测绘成果的质量检查验收方法主要是对数字线划地形图、数字高程模型、数字正射影像图和数字栅格地图等成果进行质检的方法。质量检查的主要检查方法见表 15-43。

“数字测绘成果”质量检查验收的主要检查方法 表 15-43

检 查 方 法	简 要 说 明
1. 参考数据比对	①与高精度数据、专题数据、可收集到的国家各级部门公布、发布、出版的资料数据等各类参考数据对比，确定被检数据是否错漏或者获取被检数据与参考数据的差值。 ②该方法主要适用于室内方式检查矢量数据，如检查各类错漏、计算各类中误差等，也可用于实测方式检查影像数据、栅格数据，如计算各类中误差等
2. 野外实测	①与野外测量、调绘的成果对比，确定被检数据是否错漏或者获取被检数据与野外实测数据的差值。 ②该方法主要适用于实测方式检查矢量数据，如检查各类错漏、计算各类中误差等，也可用于实测方式检查影像数据、栅格数据，如计算各类中误差等
3. 内部检查	①检查被检数据的内在特性。 ②该方法可用于室内方式检查矢量数据、影像数据、栅格数据。如逻辑一致性中的绝大多数检查项，接边检查，栅格数据的数据范围，影像数据的色调均匀，内业加密保密点检查中误差等。 ③内部检查方式：计算机自动检查(通过软件自动分析和判断结果)，计算机辅助检查(人机交互检查)，人工检查

15.1.10 测绘成果质量检验报告编写

质量检验报告的主要内容包括：

(1)检查工作概况。应包括检验的基本情况，如检验时间、检验地点、检验方式、检验人员、检验的软硬件设备等。

(2)受检成果概况。简述成果生产基本情况，包括来源、测区位置、生产单位、单位资质等级、生产日期、生产方式、成果形式、批量等。

(3)检验依据。列出全部检验依据。

(4)抽样情况。包括抽样依据、抽样方法、样本数量等。

(5)检验内容及方法。阐述成果的各个检验参数及检验方法。

(6)主要质量问题及处理。按检验参数，分别叙述成果中存在的主要质量问题，并举例(图幅号、点号等)说明；质量问题的处理结果。

(7)质量统计及质量综述。

(8)验收结论。单位成果质量等级评定和批成果质量评定。

(9)附件。准备正确、齐全的附图、附表等附件。

15.2 例　题

1)单项选择题(每题1分。每题的备选项中，只有1个最符合题意)

(1)航空摄影成果的质量元素，包括(　　)、数据质量、附件质量。

A. 飞行质量、影像质量　　B. 飞行质量、要素质量

C. 影像质量、要素质量　　D. 要素质量、数学精度

(2)单位成果质量评定等级，视为不合格品的条件，以下描述错误的是(　　)。

A. 质量得分 S 在65分以下

B. 位置精度检查中误差比例大于5%

C. 质量元素检查结果不满足规定的合格条件

D. 质量元素出现不合格

(3)测绘产品质量监督检查机构要求测绘单位无偿提供检验样品时，如果测绘单位拒绝接受监督检查的，其产品质量按(　　)处理。

A.“批合格”　　B.“合格”　　C.“批不合格”　　D.“不合格”

(4)测绘产品质量监督检查的主要方式为抽样检验，其工作程序和检验方法，按照(　　)执行。

A.《测绘成果管理条例》　　B.《测绘质量监督管理办法》

C.《测绘产品质量监督检验管理办法》　　D.《测绘法》

(5)关于对外提供测绘成果的说法，错误的是(　　)。

A. 外国组织在我国境内从事测绘活动的成果归中方所有

B. 经中方合作单位同意后外方不可以携带出境，可以传输出境

C. 未经国家测绘局批准，不得向外方提供测绘成果

D. 未经依法批准，不得以任何形式携带出境

(6)测绘产品验收工作由(　　)组织实施。

A. 项目测绘单位　　B. 项目监理单位

C. 项目委托单位　　D. 项目验收单位

(7)地理信息系统的质量元素，包括资料质量、运行环境、(　　)、系统结构与功能、系统管理与维护。

A. 栅格质量　　B. 影像质量　　C. 附件质量　　D. 数据质量

(8)下列方法中，不属于数字测绘产品质量的检查方法的是(　　)。

A. 内部检查　B. 野外实测　C. 结构检查　D. 参考数据比对

(9)下列内容中，不属于卫星遥感影像中“影像质量”主要检查项的有(　　)。

A. 影像反差　B. 影像清晰度　C. 影像数量　D. 影像色调

(10)验收工作程序不包括(　　)。

A. 确定样本量；抽取样本　B. 作业过程检查

C. 单位成果质量评定　D. 批成果质量评定；编制检验报告

(11)质量评分方法不包括(　　)。

A. 数学精度评分方法　B. 观测质量评分方法

C. 资料元素评分方法　D. 质量错漏扣分标准

(12)测绘单位必须接受测绘主管部门和技术监督行政部门的质量监督管理，按照监督检查的需要，向测绘产品质量监督检验机构(　　)提供检验样品。

A. 无偿　B. 有偿　C. 有条件　D. 临时

(13)对野外实地检查项，可抽样检查，当批量数在 81～100 时，样本量为(　　)。

A. 7　B. 9　C. 10　D. 11

(14)下列类型中，测绘成果质量错漏极其严重的是(　　)。

A. A 类　B. B 类　C. C 类　D. D 类

(15)不属于线路测量成果的质量元素的是(　　)。

A. 点位质量　B. 平面精度　C. 数据质量　D. 资料质量

(16)在单位成果质量评定中，质量得分为 74 分的视为(　　)。

A. 优级品　B. 良级品　C. 合格品　D. 不合格品

(17)管线测量成果的管线图质量包括数学精度、地理精度和(　　)3 个质量子元素。

A. 附件质量　B. 选点质量　C. 计算质量　D. 整饰质量

(18)对野外实地检查项，可抽样检查，当批量数在 21～40 时，样本量为(　　)。

A. 3　B. 5　C. 7　D. 9

(19)C 类差错类型成果质量错漏扣分标准为(　　)。

A. 42 分　B. $12/t$ 分　C. $4/t$ 分　D. $1/t$ 分

(20)测绘产品验收工作应当在(　　)后进行。

A. 经过程检查合格　B. 经测绘单位法定代表人同意

C. 经最终检查合格　D. 经委托单位法定代表人同意

(21)在单位成果质量评定中，质量得分为 75 分的视为(　　)。

A. 优级品　B. 良级品　C. 合格品　D. 不合格品

(22)大比例尺地形图的质量元素，包括(　　)、数据及结构正确性、整饰质量、附件质量。

A. 数学精度、要素精度　B. 平面精度、点位质量

C. 高程精度、点位质量　D. 数学精度、地理精度

(23)对野外实地检查项，可抽样检查，当批量数在 181～200 时，样本量为(　　)。

A. 12　B. 13　C. 14　D. 15

(24)A 类差错类型成果质量错漏扣分标准为(　　)。

A. 42 分　B. $12/t$ 分　C. $4/t$ 分　D. $1/t$ 分

(25)在单位成果质量评定中，位置精度检查中误差比例大于(　　)视为不合格。

A. 2%　　B. 3%　　C. 5%　　D. 10%

(26)测绘产品检查过程中,当检查人员与被检查单位(或人员)在质量问题处理上有分歧时,负责裁定质量分歧的是(　　)。

A. 委托单位法定代表人　　B. 测绘单位法定代表人

C. 测绘单位总工程师　　D. 测绘单位上级质量管理机构

(27)测绘单位生产的测绘产品经最终检查并按照《测绘产品质量评定标准》评定产品质量后,负责最终测绘产品质量核定的机构是(　　)。

A. 测绘单位　　B. 测绘行政主管部门

C. 验收单位　　D. 监理单位

(28)《测绘产品检查验收规定》规定,测绘产品验收工作的组织实施机构是(　　)。

A. 项目承担单位　　B. 承担单位所在地测绘行政主管部门

C. 项目委托单位　　D. 委托单位所在地测绘行政主管部门

(29)对野外实地检查项,可抽样检查,当批量数在 121～140 时,样本量为(　　)。

A. 12　　B. 13　　C. 14　　D. 15

(30)对于测绘产品检查验收的描述,其中有误的是(　　)。

A. 验收采用全数检查

B. 最终检查应审核过程检查记录

C. 单位成果最终检查全部合格后,才能验收

D. 最终检查完成后,应编写检查报告,随成果一并提交验收

(31)D 类差错类型成果质量错漏扣分标准为(　　)。

A. 42 分　　B. $12/t$ 分　　C. $4/t$ 分　　D. $1/t$ 分

(32)测绘产品验收过程中,当检查人员与被检查单位(或人员)在质量问题处理上有分歧时,负责裁定质量分歧的是(　　)。

A. 委托单位法定代表人　　B. 测绘单位法定代表人

C. 测绘单位总工程师　　D. 测绘单位上级质量管理机构

(33)在单位成果质量评定中,等级为良级品的质量得分 S 范围为(　　)。

A. 80 分$\leqslant S<$90 分　　B. 70 分$\leqslant S<$80 分

C. 75 分$\leqslant S<$90 分　　D. 70 分$\leqslant S<$85 分

(34)水准测量成果"计算质量"子元素,其主要检查项包括(　　)、外业验算项目的齐全性、已知水准点选取的合理性。

A. 平差模型选择的合理性、起算数据的正确性

B. 环闭合差、平差模型选择的合理性

C. 环闭合差、起算数据的正确性

D. 环闭合差、数学模型设计的合理性

(35)在高程精度的检测过程中,每幅图的检测点视具体情况而定,一般不少于(　　)个点,要求在图中均匀分布,四周可适当多分布几个点。

A. 10　　B. 20　　C. 30　　D. 50

(36)地籍细部测量成果的质量元素,包括(　　)、地物点测量和资料质量。

A. 整饰质量　　B. 要素质量　　C. 数学精度　　D. 界址点测量

(37)测绘成果最终检查由测绘单位的(　　)负责实施。

A. 注册测绘师　　B. 项目质量负责人

C. 总工程师　　D. 质量管理机构

(38)检测点(边)数量视地物复杂程度、比例尺等具体情况确定,每幅图一般各选取(　　)个。

A. 10～20　　B. 20～50　　C. 50～80　　D. 80～100

(39)B类差错类型成果质量错漏扣分标准为(　　)。

A. 42分　　B. $12/t$ 分　　C. $4/t$ 分　　D. $1/t$ 分

(40)数字正射影像图单位产品中影像模糊、面积超过图上(　　)的属于严重缺陷。

A. $5cm^2$　　B. $10cm^2$　　C. $20cm^2$　　D. $30cm^2$

(41)在单位成果质量评定中,质量得分为89分的视为(　　)。

A. 优级品　　B. 良级品　　C. 合格品　　D. 不合格品

2)多项选择题(每题2分。每题的备选项中,有2个或2个以上符合题意,至少有1个错项。错选,本题不得分;少选,所选的每个选项得0.5分)

(42)地理信息系统的质量元素包括(　　)等。

A. 数据库质量　　B. 运行环境

C. 逻辑一致性　　D. 系统管理与维护

E. 数据格式的正确性

(43)施工测量成果的"计算质量"主要检查项有(　　)。

A. 验算项目的齐全性　　B. 控制点布设的合理性

C. 平差计算的正确性　　D. 验算方法的正确性

E. 仪器检验项目与检验方法

(44)空中三角测量成果"计算质量"的主要检查项包括(　　)。

A. 计算软件的可靠性　　B. 公共点较差

C. 内定向、相对定向精度　　D. 多余控制点不符值

E. 内业加密点的平面位置精度

(45)地图集的质量元素包括整体质量和图集内图幅质量,而整体质量包括(　　)等质量子元素。

A. 图面配置质量　　B. 图集内容思想性

C. 地图精度　　D. 图集内容统一性、协调性

E. 图集内容全面性、完整性

(46)测绘产品验收工作程序有(　　)。

A. 组成批成果;确定样本量　　B. 作业过程检查

C. 批成果质量评定　　D. 最终计算结果检查

E. 编制检验报告

(47)下列方法中,属于数字测绘产品质量的检查方法的是(　　)。

A. 结构检查　　B. 内部检查

C. 附件检查　　D. 野外实测

E. 参考数据比对

(48)数字测绘产品的质量检查可以使用的方式有(　　)。

A. 计算机自动检查
B. 自行校准
C. 计算机辅助检查
D. 标准对比
E. 人工检查

(49)下列内容中,属于卫星遥感影像中"影像质量"主要检查项的有(　　)。

A. 影像反差
B. 影像数量
C. 影像清晰度
D. 影像色调
E. 摄影面积

(50)《数字测绘产品检查验收规定和质量评定》规定了(　　)等产品检查验收工作的要求、内容、验收比例及质量检测方法与评定。

A. 数字线划地形图
B. 大比例尺地形图
C. 数字栅格地图
D. 数字正射影像图
E. 数字高程模型

(51)管线测量成果的质量元素包括(　　)。

A. 管线图质量
B. 控制测量精度
C. 计算质量
D. 点位质量
E. 资料质量

(52)GPS 测量成果的质量元素包括(　　)。

A. 卫星质量
B. 点位质量
C. 空气质量
D. 数据质量
E. 资料质量

(53)下列选项中,属于地理信息系统质量元素的是(　　)。

A. 运行环境
B. 附件质量
C. 系统结构与功能
D. 逻辑一致性
E. 资料质量

(54)在单位成果质量评定中,质量等级包括(　　)。

A. 优级品　　B. 良级品　　C. 中级品
D. 合格品　　E. 不合格品

15.3 例题参考答案及解析

1)单项选择题(每题 1 分。每题的备选项中,只有 1 个最符合题意)

(1)A

解析:本题考查航空摄影成果的质量元素和检查项。航空摄影成果的质量元素包括:①飞行质量;②影像质量;③数据质量;④附件质量。见表 15-35。

(2)A

解析:单位成果质量评定等级见表 15-2,表中数据需记忆。质量得分 S 满足:60 分$\leqslant S<$75 分,为合格品。选项 A,描述不正确。

(3)C

解析:《测绘质量监督管理办法》第十一条规定:测绘单位必须接受测绘主管部门和技术监督行政部门的质量监督管理,按照监督检查的需要,向测绘产品质量监督检验机构无偿提供检验样品。拒绝接受监督检查的，其产品质量按“批不合格”处理。

(4)C

解析:《测绘质量监督管理办法》第十六条规定:测绘产品质量监督检查的主要方式为抽样检验，其工作程序和检验方法，按照《测绘产品质量监督检验管理办法》执行。测绘产品质量监督检验的结果，按“批合格”、“批不合格”判定。

(5)B

解析:依法对外提供测绘成果，要做到:①经国家批准的中外经济、文化、科技合作项目，凡涉及对外提供我国涉密测绘成果的，要依法报国家测绘局或者省、自治区、直辖市测绘行政主管部门审批后再对外提供;②外国的组织或者个人经批准在中华人民共和国领域内从事测绘活动的，所产生的测绘成果归中方部门或单位所有，未经国家测绘局批准，不得向外方提供，不得以任何形式将测绘成果携带或者传输出境;③严禁任何单位和个人未经批准擅自对外提供涉密测绘成果。选项B，描述不正确。

(6)C

解析:本题考查测绘产品检查验收组织实施的单位。测绘产品的验收工作由“项目委托单位”组织实施。

(7)D

解析:地理信息系统各质量元素包括:①资料质量;②运行环境;③数据质量;④系统结构与功能;⑤系统管理与维护。见表15-38。

(8)C

解析:数字测绘产品质量检查的主要产品有:数字线划地形图、数字高程模型、数字正射影像图、数字栅格地图等。数字测绘产品质量检查的主要检查方法有:参考数据比对、野外实测、内部检查。见表15-43。

(9)C

解析:本题考查卫星遥感影像的质量元素和检查项。“影像质量”主要检查:影像反差、影像清晰度、影像色调。见表15-37。

(10)B

解析:验收工作程序为:①组成批成果;②确定样本量;③抽取样本;④检查;⑤单位成果质量评定;⑥批成果质量评定。选项B(作业过程检查)，不属于验收工作程序。

(11)B

解析:质量评分的方法有:①数学精度评分方法;②质量错漏扣分标准;③质量子元素评分方法;④资料元素评分方法。选项B(观测质量评分方法)，不属于质量评分方法。

(12)A

解析:根据《测绘质量监督管理办法》第十一条规定:测绘单位必须接受测绘主管部门和技术监督行政部门的质量监督管理，按照监督检查的需要，向测绘产品质量监督检验机构无偿提供检验样品。拒绝接受监督检查的，其产品质量按“批不合格”处理。

(13)C

解析:本题考查样本量的确定。参考表15-1，表中数据需记忆。对野外实地检查项，可抽样检查，当批量数在81～100时，样本量为10。

(14)A

解析:参考成果质量错漏分类标准。A类:极重要检查项的错漏;B类:重要检查项的错漏,或检查项的严重错漏;C类:较重要检查项的错漏,或检查项的较重错漏;D类:一般检查项的轻微错漏。

(15)B

解析:线路测量成果的质量元素包括:点位质量、资料质量、数据质量,见表15-17。选项B(平面精度),属于大比例尺地形图的质量元素。

(16)C

解析:单位成果质量评定等级见表15-2,表中数据需记忆。质量得分S满足:60分$\leqslant S <$75分,为合格品。

(17)D

解析:在管线测量成果中,管线图质量包括3个质量子元素:数学精度、地理精度、整饰质量,见表15-18。

(18)B

解析:本题考查样本量确定表。参考表15-1,表中数据需记忆。对野外实地检查项,可抽样检查,当批量数在21~40时,样本量为5。

(19)C

解析:参考成果质量错漏扣分标准,见表15-5,表中数据需记忆。C类差错类型成果质量错漏扣分标准为$4/t$分。

(20)C

解析:本题考查测绘产品验收工作实施。测绘产品验收工作应当在单位成果最终检查全部合格后进行。

(21)B

解析:本题考查单位成果质量评定等级,见表15-2,表中数据需记忆。质量得分S满足:75分$\leqslant$S$<$90分,为良级品。

(22)D

解析:大比例尺地形图的质量元素特性结构包括:①数学精度;②数据及结构正确性;③地理精度;④整饰质量;⑤附件质量。见表15-16。

(23)D

解析:本题考查样本量确定表的内容。其批量与样本量的关系,见表15-1。对野外实地检查项,可抽样检查,当批量数在181~200时,样本量为15。

(24)A

解析:参考成果质量错漏扣分标准,见表15-5,表中数据需记忆。A类差错类型成果质量错漏扣分标准为42分。

(25)C

解析:本题考查单位成果质量评定等级,见表15-2。"位置精度检查中误差比例大于5%"视为不合格品。

(26)C

解析:质量检查,当验收人员与被检查单位(或人员)在测绘成果质量问题的处理上有分歧时:①属检查中的,由测绘单位的总工程师裁定;②属验收中的,由测绘单位上级质量管理机构裁定。

(27)C

解析:本题考查测绘产品质量核定的机构。根据《测绘产品质量评定标准》的规定,产品质量由生产单位评定,验收单位负责核定。

(28)C

解析:本题考查测绘产品检查验收。验收工作,可由项目委托单位组织验收,也可由该单位委托具有检验资格的检验机构验收。

(29)A

解析:本题考查样本量确定表的内容。其批量与样本量的关系,见表 15-1。对野外实地检查项,可抽样检查,当批量数在 121～140 时,样本量为 12。

(30)A

解析:本题主要考查测绘产品检查验收制度。测绘产品检查验收有关规定:验收一般采用抽样检查;最终检查应审核过程检查记录;最终检查完成后,应编写检查报告,随成果一并提交验收;单位成果最终检查全部合格后,才能验收;等等。选项 A,描述不正确。

(31)D

解析:参考成果质量错漏扣分标准,见表 15-5。D 类差错类型成果质量错漏扣分标准为 $1/t$ 分。

(32)D

解析:质量检查,当验收人员与被检查单位(或人员)在测绘成果质量问题的处理上有分歧时:①属检查中的,由测绘单位的总工程师裁定;②属验收中的,由测绘单位上级质量管理机构裁定。

(33)C

解析:单位成果质量评定等级见表 15-2,表中数据需记忆。质量得分 S 满足:75 分$\leqslant S<$ 90 分,为良级品。

(34)C

解析:本题考查高程控制测量“计算质量”主要检查项。水准测量成果“计算质量”子元素,其主要检查项包括:外业验算项目的齐全性;验算方法的正确性;已知水准点选取的合理性;起算数据的正确性;环闭合差的符合性。见表 15-15。

(35)B

解析:根据《数字测绘产品检查验收规定》,图类单位成果高程精度检测、平面位置精度检测及相对位置精度检测,检测点(边)应分布均匀、位置明显。检测点(边)数量视地物复杂程度、比例尺等具体情况确定,每幅图一般各选取 20～50 个。

(36)D

解析:根据主要测绘产品的质量元素规定,“地籍细部测量”的质量元素包括:界址点测量、地物点测量、资料质量。见表 15-32。

(37)D

解析:根据关键词“负责实施”,故是由某部门或者某机构来实施,而不是个人。测绘成果最终检查由测绘单位的“质量管理机构”负责实施。

(38)B

解析:本题主要考查《数字测绘产品检查验收规定》。数字地形图平面检测点应是均匀分布、随机选取的明显地物点。平面和高程检测点的数量视地物复杂程度、比例尺等具体情况确定,每幅图一般各选取 20～50 个点。

(39)B

解析:参考成果质量错漏扣分标准,见表 15-5。B 类差错类型成果质量错漏扣分标准为 $12/t$ 分。

(40)D

解析:本题主要考查数字正射影像图单位产品缺陷分类的内容。①影像地面分辨不符合规定,影像模糊、面积超过图上 $30cm^2$ 的属于严重缺陷;②外观质量差,致使重要地物要素损失或一般地形要素大面积损失;③彩色影像图的色彩严重失真。

(41)B

解析:本题考查单位成果质量评定等级,见表 15-2,表中数据需记忆。质量得分 S 满足:75 分$\leqslant S<$90 分,为良级品。

2)多项选择题(每题 2 分。每题的备选项中,有 2 个或 2 个以上符合题意,至少有 1 个错项。错选,本题不得分;少选,所选的每个选项得 0.5 分)

(42)ABD

解析:"地理信息系统"的质量元素包括:①资料质量;②运行环境;③数据质量;④系统结构与功能;⑤系统管理与维护。见表 15-38。选项 C(逻辑一致性)、选项 E(数据格式的正确性),不属于"地理信息系统"的质量元素。

(43)ACD

解析:施工测量成果的质量元素中"计算质量"的检查项,包括:验算项目的齐全性、验算方法的正确性、平差计算及其他内业计算的正确性。见表 15-20。选项 B(控制点布设的合理性)、选项 E(仪器检验项目与检验方法),不属于"计算质量"的检查项。

(44)BCD

解析:本题考查空中三角测量成果的"计算质量"检查项。其主要检查项包括:基本定向点权;内定向、相对定向精度;多余控制点不符值;公共点较差。见表 15-24。

(45)BDE

解析:"整体质量"是地图集的质量元素之一。"整体质量"包括 3 个质量子元素:①图集内容思想性;②图集内容全面、完整性;③图集内容统一、协调性。见表 15-28。

(46)ACE

解析:本题考查测绘产品验收工作程序,包括:组成批成果;确定样本量;检查;单位成果质量评定;批成果质量评定;编制检验报告。选项 B(作业过程检查)、选项 D(最终计算结果检查),不属于"测绘产品验收工作程序"。

(47)BDE

解析:"数字测绘产品"主要有:数字线划地形图、数字高程模型、数字正射影像图、数字栅格地图等。数字测绘产品质量检查的主要检查方法有:①参考数据对比;②野外实测;③内部检查。见表 15-43。

(48)ACE

解析:数字测绘产品质量检查验收方法,包括:①计算机自动检查;②计算机辅助检查;③人工检查。见表 15-43。

(49)ACD

解析:本题考查卫星遥感影像的质量元素和检查项。卫星遥感影像中"影像质量"主要检查项包括:①影像反差;②影像清晰度;③影像色调。见表 15-37。

(50)ACDE

解析:《数字测绘产品检查验收规定和质量评定》中规定了数字线划地形图、数字栅格地图、数字正射影像图、数字高程模型等产品检查验收工作的要求、内容、验收比例及质量检测方法与评定。

(51)ABE

解析:"管线测量成果"的质量元素包括:①控制测量精度;②管线图质量;③资料质量。见表 15-18。选项 C(计算质量)、选项 D(点位质量),不属于"管线测量成果"的质量元素。

(52)BDE

解析:根据主要测绘产品(大地测量成果)的质量元素,"GPS 测量成果"的质量元素包括:①数据质量;②点位质量;③资料质量。见表 15-6。

(53)ACE

解析:本题考查地理信息系统的质量元素内容。"地理信息系统"的质量元素包括:①资料质量;②运行环境;③数据(库)质量;④系统结构与功能;⑤系统管理与维护。见表 15-38。

(54)ABDE

解析:本题考查单位成果质量评定等级,见表 15-2。在单位成果质量评定中,质量等级包括:优级品、良级品、合格品、不合格品。

附 录

《中华人民共和国测绘法》

（2002年8月29日第九届全国人民代表大会常务委员会第二十九次会议修订通过，2002年8月29日中华人民共和国主席令第75号公布，自2002年12月1日起施行）

第一章 总 则

第一条 为了加强测绘管理，促进测绘事业发展，保障测绘事业为国家经济建设、国防建设和社会发展服务，制定本法。

第二条 在中华人民共和国领域和管辖的其他海域从事测绘活动，应当遵守本法。

本法所称测绘，是指对自然地理要素或者地表人工设施的形状、大小、空间位置及其属性等进行测定、采集、表述以及对获取的数据、信息、成果进行处理和提供的活动。

第三条 测绘事业是经济建设、国防建设、社会发展的基础性事业。各级人民政府应当加强对测绘工作的领导。

第四条 国务院测绘行政主管部门负责全国测绘工作的统一监督管理。国务院其他有关部门按照国务院规定的职责分工，负责本部门有关的测绘工作。

县级以上地方人民政府负责管理测绘工作的行政部门（以下简称测绘行政主管部门）负责本行政区域测绘工作的统一监督管理。县级以上地方人民政府其他有关部门按照本级人民政府规定的职责分工，负责本部门有关的测绘工作。

军队测绘主管部门负责管理军事部门的测绘工作，并按照国务院、中央军事委员会规定的职责分工负责管理海洋基础测绘工作。

第五条 从事测绘活动，应当使用国家规定的测绘基准和测绘系统，执行国家规定的测绘技术规范和标准。

第六条 国家鼓励测绘科学技术的创新和进步，采用先进的技术和设备，提高测绘水平。

对在测绘科学技术进步中作出重要贡献的单位和个人，按照国家有关规定给予奖励。

第七条 外国的组织或者个人在中华人民共和国领域和管辖的其他海域从事测绘活动，必须经国务院测绘行政主管部门会同军队测绘主管部门批准，并遵守中华人民共和国的有关法律、行政法规的规定。

外国的组织或者个人在中华人民共和国领域从事测绘活动，必须与中华人民共和国有关部门或者单位依法采取合资、合作的形式进行，并不得涉及国家秘密和危害国家安全。

第二章 测绘基准和测绘系统

第八条 国家设立和采用全国统一的大地基准、高程基准、深度基准和重力基准，其数据由国务院测绘行政主管部门审核，并与国务院其他有关部门、军队测绘主管部门会商后，报国务院批准。

第九条 国家建立全国统一的大地坐标系统、平面坐标系统、高程系统、地心坐标系统和重力测量系统，确定国家大地测量等级和精度以及国家基本比例尺地图的系列和基本精度。具体规范和要求由国务院测绘行政主管部门会同国务院其他有关部门、军队测绘主管部门制定。

在不妨碍国家安全的情况下，确有必要采用国际坐标系统的，必须经国务院测绘行政主管部门会同军队测绘主管部门批准。

第十条 因建设、城市规划和科学研究的需要，大城市和国家重大工程项目确需建立相对独立的平面坐标系统的，由国务院测绘行政主管部门批准；其他确需建立相对独立的平面坐标系统的，由省、自治区、直辖市人民政府测绘行政主管部门批准。

建立相对独立的平面坐标系统，应当与国家坐标系统相联系。

第三章　基础测绘

第十一条 基础测绘是公益性事业。国家对基础测绘实行分级管理。

本法所称基础测绘，是指建立全国统一的测绘基准和测绘系统，进行基础航空摄影，获取基础地理信息的遥感资料，测制和更新国家基本比例尺地图、影像图和数字化产品，建立、更新基础地理信息系统。

第十二条 国务院测绘行政主管部门会同国务院其他有关部门、军队测绘主管部门组织编制全国基础测绘规划，报国务院批准后组织实施。

县级以上地方人民政府测绘行政主管部门会同本级人民政府其他有关部门根据国家和上一级人民政府的基础测绘规划和本行政区域内的实际情况，组织编制本行政区域的基础测绘规划，报本级人民政府批准，并报上一级测绘行政主管部门备案后组织实施。

第十三条 军队测绘主管部门负责编制军事测绘规划，按照国务院、中央军事委员会规定的职责分工负责编制海洋基础测绘规划，并组织实施。

第十四条 县级以上人民政府应当将基础测绘纳入本级国民经济和社会发展年度计划及财政预算。

国务院发展计划主管部门会同国务院测绘行政主管部门，根据全国基础测绘规划，编制全国基础测绘年度计划。

县级以上地方人民政府发展计划主管部门会同同级测绘行政主管部门，根据本行政区域的基础测绘规划，编制本行政区域的基础测绘年度计划，并分别报上一级主管部门备案。

国家对边远地区、少数民族地区的基础测绘给予财政支持。

第十五条 基础测绘成果应当定期进行更新，国民经济、国防建设和社会发展急需的基础测绘成果应当及时更新。

基础测绘成果的更新周期根据不同地区国民经济和社会发展的需要确定。

第四章　界线测绘和其他测绘

第十六条 中华人民共和国国界线的测绘，按照中华人民共和国与相邻国家缔结的边界条约或者协定执行。中华人民共和国地图的国界线标准样图，由外交部和国务院测绘行政主管部门拟订，报国务院批准后公布。

第十七条 行政区域界线的测绘，按照国务院有关规定执行。省、自治区、直辖市和自治州、县、自治县、市行政区域界线的标准画法图，由国务院民政部门和国务院测绘行政主管部门拟订，报国务院批准后公布。

第十八条 国务院测绘行政主管部门会同国务院土地行政主管部门编制全国地籍测绘规划。县级以上地方人民政府测绘行政主管部门会同同级土地行政主管部门编制本行政区域的地籍测绘规划。

县级以上人民政府测绘行政主管部门按照地籍测绘规划，组织管理地籍测绘。

第十九条 测量土地、建筑物、构筑物和地面其他附着物的权属界址线，应当按照县级以上人民政府确定的权属界线的界址点、界址线或者提供的有关登记资料和附图进行。权属界址线发生变化时，有关当事人应当及时进行变更测绘。

第二十条 城市建设领域的工程测量活动，与房屋产权、产籍相关的房屋面积的测量，应当执行由国务院建设行政主管部门、国务院测绘行政主管部门负责组织编制的测量技术规范。

水利、能源、交通、通信、资源开发和其他领域的工程测量活动，应当按照国家有关的工程测量技术规范进行。

第二十一条 建立地理信息系统，必须采用符合国家标准的基础地理信息数据。

第五章 测绘资质资格

第二十二条 国家对从事测绘活动的单位实行测绘资质管理制度。

从事测绘活动的单位应当具备下列条件，并依法取得相应等级的测绘资质证书后，方可从事测绘活动：

(一)有与其从事的测绘活动相适应的专业技术人员；

(二)有与其从事的测绘活动相适应的技术装备和设施；

(三)有健全的技术、质量保证体系和测绘成果及资料档案管理制度；

(四)具备国务院测绘行政主管部门规定的其他条件。

第二十三条 国务院测绘行政主管部门和省、自治区、直辖市人民政府测绘行政主管部门按照各自的职责负责测绘资质审查、发放资质证书，具体办法由国务院测绘行政主管部门商国务院其他有关部门规定。

军队测绘主管部门负责军事测绘单位的测绘资质审查。

第二十四条 测绘单位不得超越其资质等级许可的范围从事测绘活动或者以其他测绘单位的名义从事测绘活动，并不得允许其他单位以本单位的名义从事测绘活动。

测绘项目实行承发包的，测绘项目的发包单位不得向不具有相应测绘资质等级的单位发包或者迫使测绘单位以低于测绘成本承包。

测绘单位不得将承包的测绘项目转包。

第二十五条 从事测绘活动的专业技术人员应当具备相应的执业资格条件，具体办法由国务院测绘行政主管部门会同国务院人事行政主管部门规定。

第二十六条 测绘人员进行测绘活动时，应当持有测绘作业证件。

任何单位和个人不得妨碍、阻挠测绘人员依法进行测绘活动。

第二十七条 测绘单位的资质证书、测绘专业技术人员的执业证书和测绘人员的测绘作业证件的式样，由国务院测绘行政主管部门统一规定。

第六章 测 绘 成 果

第二十八条 国家实行测绘成果汇交制度。

测绘项目完成后，测绘项目出资人或者承担国家投资的测绘项目的单位，应当向国务院测绘行政主管部门或者省、自治区、直辖市人民政府测绘行政主管部门汇交测绘成果资料。属于基础测绘项目的，应当汇交测绘成果副本；属于非基础测绘项目的，应当汇交测绘成果目录。负责接收测绘成果副本和目录的测绘行政主管部门应当出具测绘成果汇交凭证，并及时将测绘成果副本和目录移交给保管单位。测绘成果汇交的具体办法由国务院规定。

国务院测绘行政主管部门和省、自治区、直辖市人民政府测绘行政主管部门应当定期编制测绘成果目录，向社会公布。

第二十九条 测绘成果保管单位应当采取措施保障测绘成果的完整和安全，并按照国家有关规定向社会公开和提供利用。

测绘成果属于国家秘密的，适用国家保密法律、行政法规的规定；需要对外提供的，按照国务院和中央军事委员会规定的审批程序执行。

第三十条 使用财政资金的测绘项目和使用财政资金的建设工程测绘项目，有关部门在批准立项前应当征求本级人民政府测绘行政主管部门的意见，有适宜测绘成果的，应当充分利用已有的测绘成果，避免重复测绘。

第三十一条 基础测绘成果和国家投资完成的其他测绘成果，用于国家机关决策和社会公益性事业的，应当无偿提供。

前款规定之外的，依法实行有偿使用制度；但是，政府及其有关部门和军队因防灾、减灾、国防建设等公共利益的需要，可以无偿使用。

测绘成果使用的具体办法由国务院规定。

第三十二条 中华人民共和国领域和管辖的其他海域的位置、高程、深度、面积、长度等重要地理信息数据，由国务院测绘行政主管部门审核，并与国务院其他有关部门、军队测绘主管部门会商后，报国务院批准，由国务院或者国务院授权的部门公布。

第三十三条 各级人民政府应当加强对编制、印刷、出版、展示、登载地图的管理，保证地图质量，维护国家主权、安全和利益。具体办法由国务院规定。

各级人民政府应当加强对国家版图意识的宣传教育，增强公民的国家版图意识。

第三十四条 测绘单位应当对其完成的测绘成果质量负责。县级以上人民政府测绘行政主管部门应当加强对测绘成果质量的监督管理。

第七章 测量标志保护

第三十五条 任何单位和个人不得损毁或者擅自移动永久性测量标志和正在使用中的临时性测量标志，不得侵占永久性测量标志用地，不得在永久性测量标志安全控制范围内从事危害测量标志安全和使用效能的活动。

本法所称永久性测量标志，是指各等级的三角点、基线点、导线点、军用控制点、重力点、天文点、水准点和卫星定位点的木质觇标、钢质觇标和标石标志，以及用于地形测图、工程测量和形变测量的固定标志和海底大地点设施。

第三十六条 永久性测量标志的建设单位应当对永久性测量标志设立明显标记，并委托当地有关单位指派专人负责保管。

第三十七条 进行工程建设，应当避开永久性测量标志；确实无法避开，需要拆迁永久性测量标志或者使永久性测量标志失去效能的，应当经国务院测绘行政主管部门或者省、自治区、直辖市人民政府测绘行政主管部门批准；涉及军用控制点的，应当征得军队测绘主管部门的同意。所需迁建费用由工程建设单位承担。

第三十八条 测绘人员使用永久性测量标志，必须持有测绘作业证件，并保证测量标志的完好。

保管测量标志的人员应当查验测量标志使用后的完好状况。

第三十九条 县级以上人民政府应当采取有效措施加强测量标志的保护工作。

县级以上人民政府测绘行政主管部门应当按照规定检查、维护永久性测量标志。

乡级人民政府应当做好本行政区域内的测量标志保护工作。

第八章 法律责任

第四十条 违反本法规定，有下列行为之一的，给予警告，责令改正，可以并处十万元以下的罚款；对负有直接责任的主管人员和其他直接责任人员，依法给予行政处分：

（一）未经批准，擅自建立相对独立的平面坐标系统的；

（二）建立地理信息系统，采用不符合国家标准的基础地理信息数据的。

第四十一条 违反本法规定，有下列行为之一的，给予警告，责令改正，可以并处十万元以下的罚款；构成犯罪的，依法追究刑事责任；尚不够刑事处罚的，对负有直接责任的主管人员和其他直接责任人员，依法给予行政处分：

（一）未经批准，在测绘活动中擅自采用国际坐标系统的；

（二）擅自发布中华人民共和国领域和管辖的其他海域的重要地理信息数据的。

第四十二条 违反本法规定，未取得测绘资质证书，擅自从事测绘活动的，责令停止违法行为，没收违法所得和测绘成果，并处测绘约定报酬一倍以上二倍以下的罚款。

以欺骗手段取得测绘资质证书从事测绘活动的，吊销测绘资质证书，没收违法所得和测绘成果，并处测绘约定报酬一倍以上二倍以下的罚款。

第四十三条 违反本法规定，测绘单位有下列行为之一的，责令停止违法行为，没收违法所得和测绘成果，处测绘约定报酬一倍以上二倍以下的罚款，并可以责令停业整顿或者降低资质等级；情节严重的，吊销测绘资质证书：

（一）超越资质等级许可的范围从事测绘活动的；

（二）以其他测绘单位的名义从事测绘活动的；

（三）允许其他单位以本单位的名义从事测绘活动的。

第四十四条 违反本法规定，测绘项目的发包单位将测绘项目发包给不具有相应资质等级的测绘单位或者迫使测绘单位以低于测绘成本承包的，责令改正，可以处测绘约定报酬二倍以下的罚款。发包单位的工作人员利用职务上的便利，索取他人财物或者非法收受他人财物，为他人谋取利益，构成犯罪的，依法追究刑事责任；尚不够刑事处罚的，依法给予行政处分。

第四十五条 违反本法规定，测绘单位将测绘项目转包的，责令改正，没收违法所得，处测绘约定报酬一倍以上二倍以下的罚款，并可以责令停业整顿或者降低资质等级；情节严重的，吊销测绘资质证书。

第四十六条 违反本法规定，未取得测绘执业资格，擅自从事测绘活动的，责令停止违法行为，没收违法所得，可以并处违法所得二倍以下的罚款；造成损失的，依法承担赔偿责任。

第四十七条 违反本法规定，不汇交测绘成果资料的，责令限期汇交；逾期不汇交的，对测绘项目出资人处以重测所需费用一倍以上二倍以下的罚款；对承担国家投资的测绘项目的单位处一万元以上五万元以下的罚款，暂扣测绘资质证书，自暂扣测绘资质证书之日起六个月内仍不汇交测绘成果资料的，吊销测绘资质证书，并对负有直接责任的主管人员和其他直接责任人员依法给予行政处分。

第四十八条 违反本法规定，测绘成果质量不合格的，责令测绘单位补测或者重测；情节严重的，责令停业整顿，降低资质等级直至吊销测绘资质证书；给用户造成损失的，依法承担赔偿责任。

第四十九条 违反本法规定，编制、印刷、出版、展示、登载的地图发生错绘、漏绘、泄密，危害国家主权或者安全，损害国家利益，构成犯罪的，依法追究刑事责任；尚不够刑事处罚的，依法给予行政处罚或者行政处分。

第五十条 违反本法规定，有下列行为之一的，给予警告，责令改正，可以并处五万元以下的罚款；造成损失的，依法承担赔偿责任；构成犯罪的，依法追究刑事责任；尚不够刑事处罚的，对负有直接责任的主管人员和其他直接责任人员，依法给予行政处分：

（一）损毁或者擅自移动永久性测量标志和正在使用中的临时性测量标志的；

（二）侵占永久性测量标志用地的；

（三）在永久性测量标志安全控制范围内从事危害测量标志安全和使用效能的活动的；

（四）在测量标志占地范围内，建设影响测量标志使用效能的建筑物的；

（五）擅自拆除永久性测量标志或者使永久性测量标志失去使用效能，或者拒绝支付迁建费用的；

（六）违反操作规程使用永久性测量标志，造成永久性测量标志毁损的。

第五十一条 违反本法规定，有下列行为之一的，责令停止违法行为，没收测绘成果和测绘工具，并处一万元以上十万元以下的罚款；情节严重的，并处十万元以上五十万元以下的罚款，责令限期离境；所获取的测绘成果属于国家秘密，构成犯罪的，依法追究刑事责任：

（一）外国的组织或者个人未经批准，擅自在中华人民共和国领域和管辖的其他海域从事测绘活动的；

（二）外国的组织或者个人未与中华人民共和国有关部门或者单位合资、合作，擅自在中华人民共和国领域从事测绘活动的。

第五十二条 本法规定的降低资质等级、暂扣测绘资质证书、吊销测绘资质证书的行政处罚，由颁发资质证书的部门决定；其他行政处罚由县级以上人民政府测绘行政主管部门决定。

本法第五十一条规定的责令限期离境由公安机关决定。

第五十三条 违反本法规定，县级以上人民政府测绘行政主管部门工作人员利用职务上的便利收受他人财物、其他好处或者玩忽职守，对不符合法定条件的单位核发测绘资质证书，不依法履行监督管理职责，或者发现违法行为不予查处，造成严重后果，构成犯罪的，依法追究刑事责任；尚不够刑事处罚的，对负有直接责任的主管人员和其他直接责任人员，依法给予行政处分。

第九章 附　　则

第五十四条 军事测绘管理办法由中央军事委员会根据本法规定。

第五十五条 本法自 2002 年 12 月 1 日起施行。

《测绘生产质量管理规定》

（1997 年 7 月 22 日国家测绘局发布）

第一章　总　　则

第一条　为了提高测绘生产质量管理水平，确保测绘产品质量，依据《中华人民共和国测绘法》及有关法规，制定本规定。

第二条　测绘生产质量管理是指测绘单位从承接测绘任务、组织准备、技术设计、生产作业直至产品交付使用全过程实施的质量管理。

第三条　测绘生产质量管理贯彻"质量第一、注重实效"的方针，以保证质量为中心，满足需求为目标，防检结合为手段，全员参与为基础，促进测绘单位走质量效益型的发展道路。

第四条　测绘单位必须经常进行质量教育，开展群众性的质量管理活动，不断增强干部职工的质量意识，有计划、分层次地组织岗位技术培训，逐步实行持证上岗。

第五条　测绘单位必须健全质量管理的规章制度。甲级、乙级测绘资格单位应当设立质量管理或质量检查机构；丙级、丁级测绘资格单位应当设立专职质量管理或质量检查人员。

第六条　测绘单位应当按照国家的《质量管理和质量保证》标准，推行全面质量管理，建立和完善测绘质量体系，并可自愿申请通过质量体系认证。

第二章　测绘质量责任制

第七条　测绘单位必须建立以质量为中心的技术经济责任制，明确各部门、各岗位的职责及相互关系，规定考核办法，以作业质量、工作质量确保测绘产品质量。

第八条　测绘单位的法定代表人确定本单位的质量方针和质量目标，签发质量手册；建立本单位的质量体系并保证其有效运行；对提供的测绘产品承担产品质量责任。

第九条　测绘单位的质量主管负责人按照职责分工负责质量方针、质量目标的贯彻实施，签发有关的质量文件及作业指导书；组织编制测绘项目的技术设计书，并对设计质量负责；处理生产过程中的重大技术问题和质量争议；审核技术总结；审定测绘产品的交付验收。

第十条　测绘单位的质量管理、质量检查机构及质量检查人员，在规定的职权范围内，负责质量管理的日常工作。编制年度质量计划，贯彻技术标准及质量文件；对作业过程进行现场监督和检查，处理质量问题；组织实施内部质量审核工作。

各级质量检查人员对其所检查的产品质量负责，并有权予以质量否决，有权越级反映质量问题。

第十一条　生产岗位的作业人员必须严格执行操作规程，按照技术设计进行作业，并对作业成果质量负责。

其他岗位的工作人员，应当严格执行有关的规章制度，保证本岗位的工作质量。因工作质量问题影响产品质量的，承担相应的质量责任。

第十二条　测绘单位可以按照测绘项目的实际情况实行项目质量负责人制度。项目质量负责人对该测绘项目的产品质量负直接责任。

第三章　生产组织准备的质量管理

第十三条　测绘单位承接测绘任务时，应当逐步实行合同评审（或计划任务评审），保证具有满足任务要求的实施能力，并将该项任务纳入质量管理网络。合同评审结果作为技术设计的一项重要依据。

第十四条　测绘任务的实施，应坚持先设计后生产，不允许边设计边生产，禁止没有设计进行生产。

技术设计书应按测绘主管部门的有关规定经过审核批准，方可付诸执行。市场测绘任务根据具体情况编制技术设计书或测绘任务书，作为测绘合同的附件。

第十五条　测绘任务实施前，应组织有关人员的技术培训，学习技术设计书及有关的技术标准、操作规程。

第十六条　测绘任务实施前，应对需用的仪器、设备、工具进行检验和校正；在生产中应用的计算机软件及需用的各种物资，应能保证满足产品质量的要求，不合格的不准投入使用。

第四章　生产作业过程的质量管理

第十七条　重大测绘项目应实施首件产品的质量检验，对技术设计进行验证。

首件产品质量检验点的设置，由测绘单位根据实际需要自行确定。

第十八条　测绘单位必须制定完整可行的工序管理流程表，加强工序管理的各项基础工作，有效控制影响产品质量的各种因素。

第十九条　生产作业中的工序产品必须达到规定的质量要求，经作业人员自查、互检，如实填写质量记录，达到合格标准后，方可转入下工序。下工序有权退回不符合质量要求的上工序产品，上工序应及时进行修正、处理。退回及修正的过程，都必须如实填写质量记录。

因质量问题造成下工序损失，或因错误判断造成上工序损失的，均应承担相应的经济责任。

第二十条　测绘单位应当在关键工序、重点工序设置必要的检验点，实施工序产品质量的现场检查。现场检验点的设置，可以根据测绘任务的性质、作业人员水平、降低质量成本等因素，由测绘单位自行确定。

第二十一条　对检查发现的不合格品，应及时进行跟踪处理，作出质量记录，采取纠正措施。不合格品经返工修正后，应重新进行质量检查；不能进行返工修正的，应予报废并履行审批手续。

第二十二条　测绘单位必须建立内部质量审核制度。经成果质量过程检查的测绘产品，必须通过质量检查机构的最终检查，评定质量等级，编写最终检查报告。

过程检查、最终检查和质量评定，按《测绘产品检查验收规定》和《测绘产品质量评定标准》执行。

第五章　产品使用过程的质量管理

第二十三条　测绘单位所交付的测绘产品，必须保证是合格品。

第二十四条　测绘单位应当建立质量信息反馈网络，主动征求用户对测绘质量的意见，并为用户提供咨询服务。

第二十五条 测绘单位应当及时、认真地处理用户的质量查询和反馈意见。与用户发生质量争议时，按照《测绘质量监督管理办法》的有关规定处理。

第六章 质量奖惩

第二十六条 测绘单位应当建立质量奖惩制度。对在质量管理和提高产品质量中作出显著成绩的基层单位和个人，应给予奖励，并可申报参加测绘主管部门组织的质量评优活动。

第二十七条 对违章作业，粗制滥造甚至伪造成果的有关责任人；对不负责任，漏检错检甚至弄虚作假、徇私舞弊的质量管理、质量检查人员，依照《测绘质量监督管理办法》的相应条款进行处理。测绘单位对有关责任人员还可给予内部通报批评、行政处分及经济处罚。

第七章 附 则

第二十八条 本规定由国家测绘局负责解释。

第二十九条 本规定自发布之日起施行。1988 年 3 月国家测绘局发布的《测绘生产质量管理规定》(试行)同时废止。

参 考 文 献

[1] 国家测绘地理信息局职业技能鉴定指导中心.测绘管理与法律法规[M].北京:测绘出版社,2012.

[2] 杨敏.测绘管理与法律法规[M].天津:天津大学出版社,2012.

[3] 张万峰.中国测绘法律制度概论[M].北京:人民交通出版社,2007.

[4] 姚承宽.测绘行政管理基础[M].西安:西安地图出版社,2006.

[5] 曹康泰,陈邦柱.中华人民共和国测绘法释义[M].北京:法律出版社,2004.

[6] 卞耀武.中华人民共和国招标投标法释义[M].北京:法律出版社,2001.

[7] 李维森,谢经荣,等.中华人民共和国测绘成果管理条例释义[M].北京:中国法制出版社,2006.

[8] 张万峰.测绘法律知识读本[M].北京:法律出版社,2006.

[9] 郑文先.以成本管理为中心加强测绘项目管理[J].地矿测绘,2003,19(1):35-37.

[10] 国家测绘局.测绘与地理信息标准化指导与实践[M].北京:测绘出版社,2008.

[11] 周萌萌,黄鑫雄.谈测绘项目管理[J].现代测绘,2008,31(4):46-48.

[12] 宗蕴璋.质量管理[M].2版.北京:高等教育出版社,2008.

[13] 姚承宽.测绘管理探索与实践[M].福州:福建省地图出版社,2005.

[14] 胡康生.中华人民共和国合同法释义[M].北京:法律出版社,1999.

[15] 龚益鸣.现代质量管理学[M].北京:清华大学出版社,2008.

[16] 国家测绘局.CH/T 1004—2005 测绘技术设计规定[S].北京:测绘出版社,2005.

[17] 国家测绘局.GB/T 19996—2005 公开版地图质量评定标准[S].北京:中国标准出版社,2005.